国家社科基金重点项目"跨域生态环境整体性协作治理模式研究"（18AZD004）

国家社科基金丛书
GUOJIA SHEKE JIJIN CONGSHU

我国跨区域生态环境治理
"共建共治"机制研究

Study on the Mechanism of "Common Construction and Common Governance"
for Cross-regional Ecological and Environmental Governance in China

戴胜利　著

人民出版社

责任编辑：祝曾姿
封面设计：石笑梦
版式设计：胡欣欣

图书在版编目（CIP）数据

我国跨区域生态环境治理"共建共治"机制研究/戴胜利 著. —北京：
　人民出版社,2024.1
ISBN 978－7－01－026209－3

Ⅰ.①我…　Ⅱ.①戴…　Ⅲ.①生态环境-环境综合整治-研究-中国
　Ⅳ.①X321.2

中国国家版本馆 CIP 数据核字（2024）第 045064 号

我国跨区域生态环境治理"共建共治"机制研究
WOGUO KUAQUYU SHENGTAIHUANJING ZHILI GONGJIAN GONGZHI JIZHI YANJIU

戴胜利　著

人民出版社 出版发行
（100706　北京市东城区隆福寺街 99 号）

北京九州迅驰传媒文化有限公司印刷　新华书店经销

2024 年 1 月第 1 版　2024 年 1 月北京第 1 次印刷
开本:710 毫米×1000 毫米 1/16　印张:17.5
字数:220 千字

ISBN 978－7－01－026209－3　定价:66.00 元

邮购地址 100706　北京市东城区隆福寺街 99 号
人民东方图书销售中心　电话（010）65250042　65289539

目　　录

第一章　绪　论

第一节　选题背景与研究意义

一、研究背景

生态环境是人居发展的基石,是人民日益增长的美好生活需要的重要保证,是中华民族迈向伟大复兴的文明之源。生态环境治理问题事关我国经济社会发展稳定和人民健康福祉。当前,我国生态环境问题较为严峻。党的十八大以来,习近平总书记多次就新时代生态文明建设发表重要讲话、作出重要指示,深刻指出随着我国经济社会不断发展,生态环境治理的老问题仍有待解决,新问题越来越突出、越来越紧迫。[①] 党的十九大提出生态文明建设必须坚持的方针是:节约优先、保护优先、自然恢复。这一方针充分体现了生态文明建设规律的内在要求,准确反映了我国生态文明建设面临突出矛盾和问题的客观现实,明确指出了推进生态文明建设的着力方向,是我们建设生态文明的重要指导方针。[②] 这是习近平总书记深刻洞察我国生态文明发展面对的问题

[①] 洪银兴、刘伟、高培勇、金碚、闫坤、高世楫、李佐军:《"习近平新时代中国特色社会主义经济思想"笔谈》,《中国社会科学》2018 年第 9 期。

[②] 李捷:《习近平新时代中国特色社会主义思想对毛泽东思想的坚持、发展和创新》,《湘潭大学学报(哲学社会科学版)》2019 年第 1 期。

提出的治本之策,是习近平新时代中国特色社会主义思想在生态文明建设方面的集中体现。党的十九大报告作出我国社会主要矛盾已经转化为人民日益增长的美好生活需要和不平衡不充分的发展之间的矛盾的重大论断,把坚持人与自然和谐共生纳入新时代坚持和发展中国特色社会主义的基本方略。[①]国务院对实施国家节水行动、统筹山水林田湖草沙系统治理、加强基础设施网络建设等提出明确要求,进一步深化了生态文明工作的内涵,指明了我国生态文明建设的发展方向。[②]

习近平总书记在党的十九大报告中指出"绿水青山就是金山银山",充分表明环境治理在当今时代背景下的重要性。而跨区域生态环境治理作为其中重要一环,治理系统工程复杂,如何治理好跨区域生态环境污染一直是环境治理的一个难点。尽管当前中国的生态环境治理取得了显著的成就,我们依然要清醒地认识到,我国生态环境质量改善从量变到质变的拐点还没有到来,现阶段生态环境的改善总体上还是中低水平的提升。[③] 从国内环境来看,空气污染、水质恶化、固体废弃物排放、海洋污染等典型环境问题仍然十分突出,严重的水污染、大气污染、沙漠化、资源枯竭等问题已经直接影响到人们的生活,环境恶化已经成为影响中国未来发展最严重的挑战之一,由环境问题而引发的群体性冲突事件已经成为影响社会稳定的主要因素之一。从国际环境来看,作为全球最大的发展中国家,我国在全球生态环境保护中承担着义不容辞的责任和使命。在 2020 年 9 月举办的第七十五届联合国大会上,中国首次提出"双碳"目标,即中国力争二氧化碳排放量在 2030 年前达到峰值,2060 年前实现碳中和的目标。[④] 面对这一宏伟目标,中国必须坚持走生态优先、绿色低

[①] 赵中源:《新时代社会主要矛盾的本质属性与形态特征》,《政治学研究》2018 年第 2 期。

[②] 华启和:《山水林田湖草生命共同体建设的江西实践》,《福建师范大学学报(哲学社会科学版)》2020 年第 3 期。

[③] 黄润秋:《推进生态环境治理体系和治理能力现代化》,《环境保护》2021 年第 9 期。

[④] 胡鞍钢:《中国实现 2030 年前碳达峰目标及主要途径》,《北京工业大学学报(社会科学版)》2021 年第 3 期。

碳的发展之路。在这样的宏观背景下,各级政府的治理行为正在发生着显著的改变。

党的十八大以来,在党中央的坚强领导下,各级政府、各个部门开始探索跨区域生态环境治理,以"河湖长制"为代表的治理模式就是对传统条块分割的区域独立治理的一次革新。这一制度取得了良好的治理效果和历史成就,也为进一步探索跨区域生态环境治理奠定了坚实的基础。当前我国的生态环境治理问题已经逐渐走向了深水区,取得了很多成就,但同时也要面对更加复杂的环境。"河湖长制"的治理模式是一次对生态环境治理的极佳实践,但是生态环境治理不仅包括水体,更包括山林湖草等多种模式的自然环境,面对城市、城郊、农村等多种模式的社会环境,治理的难度和阻力也更加明显。在这样的背景下,进一步探索跨区域生态环境治理,构建一套完整的跨区域生态环境治理体系就显得尤为关键。

这种因跨区域环境治理的多环节、多地域特点而诱发的跨区域环境治理的"碎片化"障碍,导致地方环境治理陷入制度性"集体行动困境"。值得注意的是,环境问题不仅仅关乎生态领域,而且会引发突出的社会问题。这些客观的现实问题是对国家治理能力的考验,直接指向"如何实现跨区域环境治理的有效性"这一根本性问题。有鉴于此,本书围绕如何破解跨区域生态环境问题,重点关注中国跨区域环境治理的困境与成因、各主体针对跨域环境问题展开的跨域合作治理沿革及现状、跨域生态环境整体性协作治理的具体模式及其主要表现、如何在未来更好地优化整体性协作治理模式等一系列亟待回答的理论性与现实性问题。

二、研究意义

(一) 理论意义

本书在党的十九大报告提出的"节约优先、保护优先、自然恢复"方针的指导下,系统性地研究针对生态环境治理的跨区域模式,根据我国的实际情况,思考当前跨区域生态环境治理的困境与机遇,并基于此设计总体实施路径,为针对跨区域生态环境治理保护进行了理论总结。该研究报告针对跨区域生态环境治理中的政治、经济、文化、社会环境、管理模式等方面,对跨区域生态环境治理进行了有益的理论探索。

跨区域生态环境治理需要多主体协同参与。在资源保护、污染治理、资源开发等方面,需要政府、社会、市场协同合作,划分权责范围。该项研究有利于协同治理理论在资源保护和开发方面的拓展。本研究将有利于区域治理理论在生态环境保护和自然资源开发上的应用。本书将立足于我国生态环境治理现状,运用区域治理理论,制定切实可行的发展战略,实现区域治理的良好发展。这是对区域治理理论在生态环境方面的有益延伸,也有利于丰富和发展可持续发展理论。本书在跨区域生态环境治理的基础上,进一步探索生态和谐模式下的资源保护和开发利用,在生态环境保护的基础上实现对经济发展的推动,探索生态保护和经济效益协同发展的可持续发展之路。

当前,学术界对跨区域生态环境治理的理论研究多集中在政府间关系冲突、政府与污染企业博弈及政府与社会其他组织合作等方面,纯粹关于跨区域生态环境与高质量发展共建、共治理论的研究比较少。

其次,开展中外理论之间的对话。虽然整体性协作治理的系统性思维与习近平总书记提出的"人类命运共同体"思想不谋而合,但该理论起源于西方,整体性治理理论与本土理论展开对话的环节不可或缺。如何将整体性治理、协作治理等理论与已有的制度理论相结合,也将是本研究开展的重要工作。

最后,挖掘具有中国特色的理论基础。合作无小事,在我国的跨域环境问题上,中央政府与地方政府、地方政府之间、地方政府与企业、地方政府与非政府组织、地方政府与公众等等主体之间皆有合作的影子,但这种合作机制蕴含了丰富的中国实践特色,并不能完全用西方的理论加以解释,"党全面领导下的政府负责制"是我国环境治理体系的根本特征,针对跨区域环境问题的协调与合作,更是离不开党中央的权威和集中统一领导。因此,本书力图挖掘跨区域环境治理中的中国特色理论基础,深入剖析中国共产党在整体性协作治理模式中的积极作用。以上对于发展中国特色理论具有十分重要的价值。

(二) 现实意义

随着经济的高速发展,水资源作为人类重要的自然资源,正面临严重的污染问题,尤其是跨区域生态环境中的水污染问题日益突出。党的十九大报告指出:"坚持人与自然和谐共生。建设生态文明是中华民族永续发展的千年大计。"近年来,我国环保意识和环保行动力正在不断增强。流域污染问题日益严重,制约了我国经济社会的发展,也成为危害人民群众生命健康的一大隐患。中国统计年鉴的年度数据表明,近年来,我国部分地区的废水、废气、固体废物和土地重金属污染排放总体呈现出上升的趋势。政府投入的环境治理投资总额数目庞大,给我国造成了巨大的经济损失,同时也催生了公共突发环境事件,给人民群众的生产生活和政府的公信力都带来了极大的损害。面对众多纷繁复杂、种类各异的环境污染问题,各级地方政府和社会组织也积极地采取了多种措施进行环境治理,但收效甚微,难以取得根本实效。本领域相关学者研究表明,我国环境污染治理的三大特征是污染排放量大、治理不彻底和监管不到位。从行政管理的学科视角分析可以发现,在我国目前的生态环境监管体制当中,由于各级地方政府与各个职能部门都或多或少承担着对生态环境的相应监管责任,各治理主体间相互博弈,出现了利益难以协调统一的情况。导致当前我国跨区域的生态环境监管呈现出"九龙治水,越治越乱"的状态,对改善我国生态环境、减轻环境污染、满足人们对美好生活的向往具有重要意义。

习近平总书记指出:生态文明建设是中华民族永续发展的千年大计。党中央和人民群众必须树立和践行绿水青山就是金山银山的理念,坚持人与自然和谐共处的发展要求。不仅要创造更多物质财富和精神财富来满足人民对美好生活的向往，更要提供更多优质的生态产品以满足人民对优美生态环境的向往。① 目前，我国的社会矛盾已经从人民日益增长的物质文化需要与落后的社会生产之间的矛盾转化为人民日益增长的美好生活需要和不平衡不充分的发展之间的矛盾。人民对美好生活的向往不仅仅局限于对经济收入增长的向往，同时也是对生态环境日益改善的向往。在党和人民的共同努力下，环境保护的效果持续显现，我们要打好环境保护、污染防治这场攻坚战，加快脚步弥补生态环境这块最大短板，真正实现人与自然的和谐共生、和谐共处。

由于大量社会公共问题日益跨区域化，传统区域部门性的治理模式逐渐陷入"治理失灵"的困境，于是一种创新性的跨区域治理模式应运而生。虽然目前我国重点流域水污染治理工作取得了不错的成效，但部分地区仍存在污水排放不达标、废水处理不得当的现象，这就导致水体环境质量较差。到目前为止，我国跨区域水污染仍较为严重，且截至 2018 年第一季度全国地表水仍有接近 1/10 的断面水质为劣 V 类。其中海河流域、黄河流域、长江流域以及珠江流域的部分河段存在水质较差的情况。在经济社会的不断发展下，跨区域生态环境污染问题日益得到重视，引发了学术界的热烈探讨。基于府际关系视角，有学者将我国跨区域生态环境污染问题的根源归于地方政府的个体利益与集体利益的冲突②，还有学者指出制度创新是解决我国跨区域生态环境污染的关键所在，必须全方位地考虑制度环境与组织安排。③ 基于区域公共管理视角，有学者指出传统行政区在治理跨区域水污染问题上出现瓶颈，仅仅依靠单一的行政主体已经无法有效解决这一问题，必须积极推进观念、环境

---

① 方世南：《习近平生态文明思想的永续发展观研究》，《马克思主义与现实》2019 年第 2 期。

② 田玉麒、陈果：《跨域生态环境协同治理：何以可能与何以可为》，《上海行政学院学报》2020 年第 2 期。

③ 洪银兴、刘伟、高培勇、金碚、闫坤、高世楫、李佐军：《"习近平新时代中国特色社会主义经济思想"笔谈》，《中国社会科学》2018 年第 9 期。

以及组织创新,发挥第三部门的作用。① 通过地方政府间的广泛合作,有效解决我国跨区域生态环境治理的问题。② 基于利益博弈的视角,有学者指出利益共荣使得流域内的上下游区域之间的合作成为可能,而流域内的各行政主体之间的利益关系可通过绩效考核、生态补偿政策、区域利益赔偿机制等措施实现平衡。③ 也有学者将我国水环境污染归因于传统粗放的经济发展模式以及不合理的水环境管理制度,通过建立生态补偿、促进联合执法机制建设来解决这一问题。④

(三) 实践意义

在实践意义上,由于早期"先污染、后治理"的发展思路,我国在经济发展取得巨大成就的同时,出现了一系列严重的环境污染、资源浪费、生态破坏等问题。党的十八大以来,生态文明建设在我国被提到了前所未有的高度,加快改善生态环境,尤其是以水质环境的改善、空气质量的改善等与公民息息相关的生态系统的优化,既是国家可持续发展的必然要求,同时也是政府改善民生、提升群众幸福感的重要一环。近年来,国家针对大气污染(如京津冀地区)、跨区域水环境污染(尤其是长江流域和黄河流域)制定了一系列战略规划和实施计划(如"京津冀协同发展战略""长江大保护""黄河大保护"),在地方政府合作共治环境问题上取得了一定的成效,但并没有从根本上解决环境问题。本研究将进一步深化对跨域环境治理的认识。

第一,本研究有利于区域发展战略的推广。当前生态文明建设被提升到国家战略高度,生态环境治理不仅仅是对生态资源的维护,更是在保障生态文

---

① 郑正、蔡禾、洪大用、雷洪、李培林、李强、王思斌、张文宏、周晓虹:《"转型与发展:中国社会建设四十年"笔谈》,《社会》2018 年第 6 期。

② 张雪:《跨区域环境治理中纵向府际关系协调探析》,《地方治理研究》2019 年第 1 期。

③ 邓纲、许恋天:《我国流域生态保护补偿的法治化路径——面向"合作与博弈"的横向府际治理》,《行政与法》2018 年第 4 期。

④ 金凤君:《黄河流域生态保护与高质量发展的协调推进策略》,《改革》2019 年第 11 期。

明的同时构建一套跨区域的、可复制的生态文明治理模式,在保护的基础上进行有益的治理与开发,保障人民生命财产安全,以生态环境资源的永续利用来支撑经济社会的可持续发展。

本研究旨在为跨区域生态环境治理提供研究参考,保障生态安全,维护山水林田湖草沙的自然功能、社会功能和生态功能的良性发展。有利于协调好保护与发展之间的关系,有利于协调处理生态资源保护与经济社会发展、生态资源开发利用与保护、生态资源保护与污染防治的关系。通过跨区域生态环境治理,有望实现生态环境资源的全面开发和利用。

第二,本研究有利于带动我国综合实力的发展。跨区域生态环境治理的中心任务是通过提升政府间沟通与协调的能力,提升生态环境治理的能力和效果,在保护环境的基础上,进一步推动跨区域经济发展。以本书研究的重点案例为代表,我国资源丰富、河湖林草众多,通过对生态资源的合理开发和分配,生态资源的分配会更加合理,满足经济发展的需要,推动企业的转型升级,同时通过生态环境保护战略的制定,带动和发展一批高新技术企业,对相关区域的生态资源进行更加高效的开发和利用;通过跨区域生态环境治理,推动我国经济结构转型升级,推动我国的经济发展。在未来,跨区域生态环境治理路径可以进一步扩展,以期在更广大的范围内实现生态治理的全面优化,并进一步带动社会各方面的发展。

第三,本研究有利于我国的绿色发展。我国必须坚持走生产发展、生活富裕、生态良好的文明发展道路,探索新型绿色发展模式,发展绿色经济,建设绿色城市,构建绿色交通,倡导绿色生活,构建节约资源、保护环境的空间格局、产业结构、生产方式、生活方式,形成人与自然和谐发展的现代化建设新格局,实现可持续发展和永续发展。我国制定的生态环境保护战略必然涉及江河沿岸的水污染治理、水生态环境保护以及水生态资源开发。我国的生态环境保护战略要与我国的建设紧密结合起来。通过对水利设施的建设以及维护,实现对江河流域的旱涝灾害的有效防控,同时通过对有条件的江河航运条件的升级和改善,提高江河的通航能力,推动江河的综合发展。

环境治理以属地为界,而环境污染则并不会以行政区划为界,面对跨区域环境问题,各地方政府同为"一条绳上的蚂蚱",除了合作共治别无选择,而作为合作共治的代表模式,整体性协作治理模式容纳政府、市场、公民等多元化主体,面对复杂的跨区域环境问题,各主体之间为什么会合作、为什么不合作、如何合作、合作的效果如何等等问题的回答都有待于进一步挖掘。传统的单一政府治理模式饱受批评,在新的时代背景下,新型协作治理模式的探索成为当前地方政府跨区域环境治理的重要现实议题。对此,鉴于当前大气污染、跨流域污染等问题的严峻性,本书立足于整体性协作治理模式,强调破除传统属地思维带来的"地方保护主义""各自为战"观念,强化政府间的横向、纵向、斜向联系,同时结合我国的生态环境治理实际,充分利用高效的行政动员和舆论动员机制,厘清跨区域协作治理困境背后的成因与制度障碍,分析地方政府合作的动因,进而归纳出跨区域环境治理的三大现实意义。

首先,跨区域生态环境共建、共治有助于破解生态保护与社会经济发展的矛盾困境,为政府和决策者提供提升跨区域环境共建、共治的能力的理论参考和实践经验。就实践层面而言,我国政府在对跨区域生态环境治理中却出现了政府失灵的现象。为此,本课题将围绕我国跨区域生态环境监管体制在运行过程中遇到的具体障碍,构建跨区域生态环境共同建设、协同治理的机制,力求为我国各级政府在跨区域生态环境治理中发挥作用提供一些较有价值的参考意见。

其次,跨区域生态环境的共同建设与共同治理是我国生态环境治理中的重点和难点。对跨区域生态环境的共建、共治是事关全民福祉和千秋万代的关键问题。如果处理不当,就难以满足人民群众对美好生态环境的需求。就跨域生态环境的治理而言,不是某一个人或者某一个地区能够单独解决的,而是需要多方的协同与合作的。

最后,结合国内外跨区域生态环境治理的实际情况和成功经验提出相关对策建议,既有利于提升我国各级政府的跨区域生态环境共建、共治的能力,又有利于为我国生态环境监管体制提供有益借鉴。

（四）应用价值

跨区域生态环境共建、共治能力的提升和传统跨区域生态环境监管体制的改善,在某种程度上可以成为撬动我国生态环境监管体制改革的支点。经济社会发展的原有方式与我国现有的国情不相匹配。从长远来看,只有转变经济发展方式、实施中国特色社会主义生态文明建设才是实现我国经济社会可持续发展的唯一道路。用生态文明理念指导我国的经济建设和社会发展,提高全民生态文明意识,摒弃过去不合理的经济发展方式,这将对我国产业结构的调整带来深远的影响。产业结构的调整朝着生态文明的方向发展,经济社会才能实现持续、健康发展。因而,当前加强中国特色社会主义生态文明建设,绝对不是纸上谈兵,也非权宜之计,而是我国经济社会实现可持续发展的客观要求。

本研究构建的跨区域生态环境共建、共治机制对完善我国区域环境保护协同机制的总体发展方针至关重要。多年以来,我国延续着发达国家走过的"先污染、再治理"的社会发展的老路治理,区域生态环境呈现出"九龙治水"却越治越乱的状态。但生态环境治理是功在当代、利在千秋的事业。要清醒认识保护生态环境、治理环境污染的紧迫性和艰巨性,清醒认识加强生态文明建设的重要性和必要性,经济发展应不以破坏生态环境为代价。

生态文明建设是事关全民福祉和千秋万代的大问题,不解决好人口、资源和环境等生态问题,经济发展就失去了意义。就跨行政区的生态文明建设而论,不是某一个人或者某一个地区能够单独解决的,需要协同合作。但如何协同? 如何合作? 由于这些机制尚未健全,有待进一步探究。生态环境的治理作为我国生态文明建设中的难点、重点,应引起极大的重视,因而本研究具有重大的应用价值。

跨区域生态环境共建、共治机制的能力提升和传统跨区域生态环境监管体制的改善,在某种程度上可以成为撬动我国生态环境监管体制改革的支点。理论上,政府在生态环境治理中所发挥的作用是不容忽视的。既要弥补市场失灵,也要及时调整政策力度。实际上,我国政府在跨区域生态环境治理中却出现了政府失灵的现象,那么汲取国外跨区域生态环境治理的成功经验不失为是一种快速有效的方法。我国国情与国外大不相同,因此,不可完全复制国外的案例。可适当取其精华,与我国的实际情况相结合,形成具有中国特色的、符合中国国情的一套方法论。力求为我国各级政府在跨区域生态环境治理中发挥作用提供一些较有价值的参考意见。本课题在某种程度上讲是改革我国传统生态环境监管体制的前哨站,具有极其重要的意义和应用价值。

第二节　研究现状与文献述评

一、跨区域生态环境的相关研究

(一) 环境保护

从历史上看,生态兴则文明兴,生态衰则文明衰。文明古国都发源于生态环境良好的地区。在步入中国特色社会主义新时代的今天,我国社会主要矛盾已经转化为人民日益增长的美好生活需要和不平衡不充分的发展之间的矛盾。经过40多年的改革开放,我国经济社会取得巨大发展成就,人民的幸福感和获得感大幅提升,但与此同时,我国的生态环境问题也日趋严峻,扭转环境恶化、提高环境质量是广大人民群众的热切期盼。建设良好生态环境是最普惠的民生福祉,是推动我国高质量发展的必然要求。就长江经济带而言,陈吉宁在十二届全国人大五次会议上指出长江经济带生态保护存在四个方面的问题:一是流域的系统性保护不足,生态功能退化严重,缺乏整体性。二是污染物的排放基数大。废水、化学需氧量、氨氮的排放总量分别占全国的43%、

37%和43%,饮用水安全的保障任务非常艰巨。三是沿江化工行业环境风险隐患突出,守住环境安全的底线挑战很大。四是部分地区城镇开发建设严重挤占生态空间,发展和保护的矛盾仍然突出。关于长江经济带生态保护的相关研究,主要集中在生态保护和绿色发展战略及其实现途径、生态补偿模型与机制的构建、生态与经济社会协调发展等方面,学者们提出了宏观的战略路径,也对微观的机制设计进行了提议,对于长江经济的保护开发具有一定的指导意义。

彭智敏指出,为践行习近平总书记"走生态优先、绿色发展之路"的发展观,一应坚持"生态优先、绿色发展"原则。二应严格主体功能区原则。三应正确处理好经济发展与环境保护关系。四应对长江上游水电开发持"慢思维"态势。以修复长江经济带生态环境作为切入点,基于生态足迹理论与方法,测算了长江经济带各省市生态足迹、生态承载力、生态赤字及生态投入与生态补偿标准,并探讨了长江经济带生态补偿的政策思路。① 冯秀萍指出,构建长江经济带横向生态补偿机制,是推动长江经济带生态治理体系和治理能力现代化的本质要求,今后应当进一步深化合作共识、完善体制机制、创新补偿方式、强化技术支撑,实现生态补偿常态化、制度化、市场化、合理化发展。② 王维利用综合评价法和耦合协调模型对长江经济带经济发展、生态保护、能源建设和教育质量及其协调发展的时空格局进行分析,就长江经济带发展提出加快传统经济向绿色经济发展转型、提高资源环境的生态承载力、降低单位GDP 的能源消耗量和提升科技成果的经济转化率的发展建议。③ 刘冬等在研究长江上游生态功能定位的基础上,分析上游生态环境问题,识别生态屏障建设面临的难题,提出了按照"功能分区—工程措施—制度保障"三个层次来建

---

① 彭智敏:《实现长江经济带生态保护优先绿色发展的路径》,《决策与信息》2016 年第4 期。

② 冯秀萍:《构建长江经济带横向生态补偿机制的进展与建议》,《河北环境工程学院学报》2020 年第6 期。

③ 王维:《长江经济带"4E"协调发展时空格局研究》,《地理科学》2017 年第9 期。

设长江上游生态屏障体系的思考建议,以实现"最大的绿色覆盖、最优的水源水质、最小的水土流失"三个目标,保障长江中下游的生态安全,保障长江全流域的经济、社会、生态的可持续发展。① 赵小姣从立法理念更新和法律制度体系的塑造、重塑以流域为核心的执法体制、绿色司法理念和绿色权责共享等四个角度提出构建长江经济带绿色发展改革需要的法治体系。②

　　长江经济带在我国区域发展中占有重要地位,是我国经济密度最大、最重要的经济区域之一。推动长江经济带发展,是党中央、国务院作出的既利当前又惠长远的重大决策部署。2016 年 9 月,国家颁布《长江经济带发展规划纲要》,强调长江经济带要以生态优先为统领。2017 年中央经济工作会议明确指出,推动高质量发展,是保持经济持续健康发展的必然要求,是适应我国社会主要矛盾和全面建成小康社会,全面建设社会主义现代化国家的必然要求,是遵循经济规律发展的必然要求。2018 年 4 月,习近平总书记在深入推动长江经济带发展座谈会上指出,要以推动长江经济带高质量发展来引领我国经济高质量发展,为新时代高质量发展谋篇布局。对长江经济带高质量发展的研究,学者们从五大发展理念、供求关系、评价指标体系建设等方面展开研究。刘鸿渊等认为,长江上游城市群高质量发展面临着整体创新发展能力弱等方面的现实困境,在新时代新发展总体要求下,长江上游城市群高质量发展的首要任务是进一步明确其指导思想。长江上游城市高质量发展应坚持五大发展理念,以五大发展理念去统筹其高质量发展,指导其高质量发展实践。坚持以创新发展为动力,以协调发展为手段,以绿色发展为导向,以开放发展为突破。③ 任保平等从目标、内涵、价值判断、要求等四方面对高速增长与高质量发展进行比较,指出高质量发展的内涵更加丰富,主要包括五个方面:一是经

---

① 刘冬、杨悦、邹长新:《长江经济带大保护战略下长江上游生态屏障建设的思考》,《环境保护》2019 年第 18 期。

② 赵小姣:《长江经济带绿色发展的法治化思考》,《兰州学刊》2021 年第 2 期。

③ 刘鸿渊、蒲萧亦、刘菁儿:《长江上游城市群高质量发展:现实困境与策略选择》,《重庆社会科学》2020 年第 9 期。

济发展的高质量,二是改革开放的高质量,三是城乡发展的高质量,四是生态环境的高质量,五是人民生活的高质量。① 曾刚等从复合生态系统、区域创新系统、关系经济地理理论的角度,构建了长江经济带城市协同发展能力评价指标体系,并借助空间相关、齐普夫(Zipf)规模位序分析等定量方法,对长江经济带城市协同发展能力进行分析。② 罗来军等指出,在思想认识、管理体制、科学技术和政策制定等方面,长江经济带发展还面临着一些现实挑战。应在改善生态环境、促进转型发展、探索体制机制改革等方面着力,发挥区域协商合作机制作用,建立健全生态补偿与保护长效机制。③

(二) 合作治理

就政府职能而言,保护生态环境、提升公民生活环境质量是服务型政府义不容辞的职责。因此,面对跨区域生态环境问题(尤其是突发性跨区域环境污染危机)时,政府主体角色是否及时"进场",直接影响突发性环境问题处理的有效性。与此同时,由于行政区域的界限一直存在,跨区域环境问题也不可能被消除,进而导致"邻避事件""恶意排放"等现象层出不穷,直接影响了国家整体治理能力,因此,常态化的政府间合作机制的建立是必不可少的。为此,研究者们基于跨区域环境治理的政府层级,从横向层面与纵向层面,对地方政府为何合作、如何合作、合作的有效性如何等问题展开了深入研究。

府际关系一直是研究国家治理的核心关系,它关注的是各层级政府相互间的关系,从关系的向度上来看,既有横向上的府际关系,还有纵向上的府际关系,以及少有人关注的斜向上的府际关系。府际关系具体包括横向上的跨地区政府间的关系,以及纵向的行政隶属关系,其中府际关系关注的基本问题

---

① 任保平、李禹墨:《新时代我国高质量发展评判体系的构建及其转型路径》,《陕西师范大学学报(哲学社会科学版)》2018 年第 3 期。

② 曾刚、曹贤忠、王丰龙:《长江经济带城市协同发展格局及其优化策略初探》,《中国科学院院刊》2020 年第 8 期。

③ 罗来军、文丰安:《长江经济带高质量发展的战略选择》,《改革》2018 年第 6 期。

包括关系向度上的管理幅度、关系内容上的管理权利、关系实质上的管理收益等。在政府间互动实践中,府际关系的表现形式是多种多样的,中华人民共和国要建立的府际关系,实际上是一个中央集权与地方分权平衡、地方自主与全国统筹协调的府际关系,①是各地方政府间的权利配置与利益分配关系。面对跨区域生态环境问题,各个行政边界相邻的两个或者多个行政辖区必定会因解决这一跨区域问题而形成多样化的府际关系,这种合作与竞争并存、自主权与自主性相交织的复杂政府间关系,将直接影响该跨区域生态环境问题的治理绩效。按照属地管理的原则,跨区域生态环境问题涉及多个地方政府部门,不同地方政府形式的出现本身也使得很多问题成为"区域性问题"。地方政府间问题的"跨区域特性使得碎片化的地方政府有了集体行动的必要,以有效地管理区域性问题、尽量减少负外部性并使规模经济最大化"。② 面对这些问题,有研究者主张通过建立统一的大政府来解决区域性问题,然而,就跨区域生态环境问题而言,建立一个统一的大政府的步子可能迈得过大,全球生态系统的密切相关性也决定了这种成立统一大政府的方式并不会改变生态环境问题的跨区域特性,而对地方政府来说,每一个地方政府都有足够的政治权力来抵抗各种形式的统一,因为提供区域范围的服务和政府职能可能导致额外的税收负担。③ 因此,建立统一的大政府以应对跨区域生态环境治理的做法并不具备可行性和经济价值性。那么,如何基于现有的国家治理结构,在不改变已有的行政建制的情况下,促进跨区域生态环境的有效治理? ——答案必定是:合作。尤其是区域范围内的各地方政府间开展实质性、长期性的有效合作。

---

① 林尚立:《重构府际关系与国家治理》,《探索与争鸣》2011 年第 1 期。
② Feiock,Richard C.,Rational Chioce and Regional Governance,Journal of Urban Affairs,2007(1),pp.47-63.
③ Lin Ye,Regional Government and Governance in China and the United States,Public Administration Review,2009(69),pp.116-121.

1.跨区域环境治理中的合作议题

从横向政府间关系来看,许多研究者将我国生态环境治理的困境归结为体制性困境,政府部门间的利益壁垒、条块冲突,严重制约了环境治理的部门协作和环保政策的有效执行。[①] 因此,跨区域环境问题的治理,一方面,需要从顶层设计层面上寻找药方,合理划分地方政府的事权与财权,尤其是针对跨行政区问题上的政府职能调整问题。在正式制度上,可以从决策机制上推动地方政府之间围绕共同面对的环境问题形成共同决策、共同执行政策的制度化机制。[②] 除了正式制度之外,通过非正式渠道开展合作在跨区域环境治理中也十分常见,地方政府可以使用协议、兼并和契约等方式与社会建立灵活的合作网络,进行自主治理。[③] 另一方面,需要在微观治理实践中加强合作,在体制机制变革之外,横向上的府际合作并不单单指政府部门之间的合作,还需要不同层级政府之间、地方政府之间,以及与各地方政府与区域内的民间组织、企业厂商、社会公众等一起建立合作的伙伴关系。[④] 但同时也需要认识到,工业化带来的各种污染问题最终会跨越国界和阶层,进而形成风险社会,面对这些突发性环境危机所形成的风险时,许多国家的官僚和专家的意见在治理过程中起决定作用,民众参与公共政策的层面和程度都受到很大限制,公众要么无法参与环境决策进行意见表达,要么公众的意见表达被决策者所忽视。此外,在跨区域治理问题上,有研究者提出了区域协作中的行政型网络治理、领导型网络治理、共享型网络治理等三种结构类型。[⑤] 这三种结构类型的

---

① Stern R. E., From Dispute to Decision: Suingpolluters in China, China Quarterly, 2011(206), pp.294-312.

② 杨龙:《府际关系调整在国家治理体系中的作用》,《南开学报(哲学社会科学版)》2015年第6期。

③ Ostrom V., Bish R. L., Ostrom E., Localgovernment in the United States., San Francisco: ICS Press, 1988, pp.72-80.

④ 朱喜群:《生态治理的多元协同:太湖流域个案》,《改革》2017年第2期。

⑤ Provan K., Kenis P., Modes of Network Governance: Structure, Management, and effectiveness, Journal of Public Administration Research and Theory, 2008(2), pp.229-252.

解释同样适用于分析跨区域生态环境治理中的政府间协作网络。

2. 中央政府在跨区域环境治理中的角色

在属地管理原则的基础上,地方政府环境政策执行偏差往往被归结为环境治理失效的主要原因,也即是说,地方政府通常被视为辖区内环境治理责任的主要承担者。由于跨区域环境问题涉及多个地方政府,如何对治理责任进行清晰界定成为环境治理过程中最大的难题。随着跨区域环境治理研究的逐渐深入,许多研究者意识到,由于过于强调地方政府在环境治理中的作用,导致中央政府的责任与作用往往被忽视。因此,一个围绕环境治理主体的根本性问题是:对环境治理起着决定性作用的究竟是地方政府还是中央政府。在中国环境管理体制中,中央政府被界定为环境政策的制定者,地方政府是环境政策执行者。因此,政策执行偏差往往被归结为地方政府及官员的治理失败,在探究失败归因时,已有研究多围绕地方政府所处的内部环境和外部制度结构等方面进行归纳。在中央政府的角色和作用方面,有实证研究从微观层面出发,聚焦中央政府官员的作用,中央政府垂直交流的官员去治理环境污染的意图并不强[1],进一步剖析了中央政府官员行为对地方环境治理的影响作用及行为逻辑。

就纵向府际关系而言,假设地方对中央政策在执行中存在不忠诚,是"地方保护主义"的一种体现,将批评指向地方的政策执行者,将重新集权作为应对执行偏差的政策建议。[2] 从具体分权现实来看,中央政府对地方政府实行自上而下的经济管理分权,这种特有的财政分权形式引起了地方政府间对于经济发展的激烈竞争,而对环境保护等非经济方面的竞争缺乏动力。[3]

---

[1]　张楠、卢洪友:《官员垂直交流与环境治理——来自中国 109 个城市市委书记(市长)的经验证据》,《公共管理学报》2016 年第 1 期。

[2]　冉冉:《中国地方环境政治:政策与执行之间的距离》,中央编译出版社 2015 年版,第 13—15 页。

[3]　Oi,Jean C., Fiscal Reform and the Economic Foundations of Local State Corporatism in China, World Politics, 1992, 45(01), pp.99-126.

自上而下传导的压力型体制造成了地方政府对经济发展等"硬指标"的重视,而忽视了环境保护等"软指标"的治理。[①] 在这种自上而下的压力型体制之下,中央政府通过发包方式向下级地方政府进行"行政逐级发包",进而将诸如环境保护、公共服务提供等溢出效应明显的公共服务发包给了地方政府,使得地方政府在环境治理方面缺乏横向合作的联系。[②] 这是纵向政府间关系对横向政府间关系产生影响的重要方面。对此,为有效改善环境治理绩效,有学者对垂直管理持负面评价,强调要弱化地方政府的经济增长压力,在环境治理问题上进行管理体制改革,建立起中央政府与地方政府环境治理事权与财权相匹配的制度体系。[③] 总体而言,关于中央政府对地方环境治理的介入,形成了支持介入和谨慎反对两大阵营。

3. 政府嵌入区域合作治理的研究

以上研究从宏观层面对中央政府对地方环境治理的影响进行了评价,但这种粗略的评价并不符合中央政府介入的实际,这其中牵涉的根本问题是中央政府介入区域合作的程度和方式会直接影响介入效果。因此,研究更多地关注中央政府应该在何种程度、以何种方式介入到区域合作中去。对于该问题的回答,已有研究围绕着"纵向嵌入式治理"展开。

首先,纵向政府嵌入区域合作治理的角色认知。回溯中国国家治理进程可知,中央政府与地方政府的关系一直处于"集权—分权"关系调适过程中,中央政府究竟在地方政府治理中扮演着什么角色,存在着多种争论。可以达成共识的是,在过去,中央政府在区域合作中占据着"主导者"地位,在传统计划经济管理体制之下,地方政府的一切行为都要听从中央政府的命令和调遣,彼时的"地方保护主义"盛行,中央政府主导着区域合作行动的展开,但是这

[①] 荣敬本、崔之元、何增科等:《从压力型体制向民主合作体制的转变:县乡两级政治体制改革》,中央编译出版社 1998 年版,第 28 页。

[②] 周黎安:《转型中的地方政府:官员激励与治理》,格致出版社 2018 年版,第 200—210 页。

[③] 王猛:《府际关系、纵向分权与环境管理向度》,《改革》2015 年第 8 期。

种中央强势主导的区域合作行动缺乏深厚的根基,在实践运行中并不一定有效。例如,在区域经济合作上,1983 年国务院授权建立上海经济区,1992 年国务院授权在华南和西南地区成立经济合作区,经过一段时间的发展,这种中央政府主导的区域经济合作被认为成效十分有限。① 然而,传统中央政府主导区域合作的案例并不能完全证明中央政府应该在区域合作中"离场",原因在于,现实中仍然存在着由于中央政府、省级政府等纵向政府缺位所导致的区域经济发展不平衡、基础设施不配套、资源环境问题突出、利益协调机制不完善等系列问题。② 这些现实问题的存在引出一个区域合作中需要回答的核心问题:如何在纵向政府嵌入区域合作的同时,充分保持地方政府合作的自主性与积极性? 由于我国的行政管理体制属于党委统一领导体制,纵向政府嵌入地方政府合作往往也是通过党委领导"挂帅"的方式促进合作,从中国共产党作为执政党的本质来看,党委是领导者,而不是执行者,更不是完全"操控者"。从这个角度出发,我们能够推理出纵向政府在区域环境合作治理中应当扮演的角色,那就是纵向政府不应该成为区域合作的"旁观者",更不应该充当区域合作的"主宰者",而是应该"嵌入"到区域合作网络中,使之成为区域合作网络中的有机组成部分,并通过网络参与者之间的互动来实现预期目标。③

其次,纵向政府嵌入区域合作治理的积极意义与影响因素。任何政府治理事务的制度环境都处在正式制度与非正式制度相交织的环境之中,从制度的属性来看,纵向政府的嵌入具有显著的正式权威特性,这使得纵向关系往往成为降低地方政府合作交易成本的治理渠道的首选。正所谓"老大难老大

① 谢庆奎:《中国政府的府际关系研究》,《北京大学学报(哲学社会科学版)》2000 年第1 期。

② 邢华:《我国区域合作治理困境与纵向嵌入式治理机制选择》,《政治学研究》2014 年第5 期。

③ 张艳娥:《嵌入式整合:执政党引导乡村社会自治良性发展的整合机制分析》,《湖北社会科学》2011 年第6 期。

难,老大重视就不难",而"老大"的权威和注意力分配具有层层传导的作用,这种现象生动反映了地方一把手在治理公共事务中的重要作用。纵向政府不仅在中国的国家治理实践中具有重要作用,其有效性在西方国家的治理中同样被证明。需要强调的是,纵向政府在区域合作中的作用并非一成不变,而是受到多重因素的影响,从区域合作机制自身来看,这种治理机制首先要受到合作性质的影响,是"避害型"合作还是"趋利型"合作决定了地方政府的动力,当地方政府出于动力较强的"趋利"动机时,纵向政府只需稍加引导即可,而当地方政府出于"避害"动机进行合作时,纵向政府的强制作用将会更加突出。

另外,纵向政府在区域合作中的作用还要受到合作风险、区域差异以及地方政府自主权等因素的影响,对于欠发达地区的区域合作而言,纵向政府的激励和扶持作用要更加突出,而对于地方政府自主性较高的欠发达地区而言,纵向政府则只需要扮演着公平秩序的维持者角色,不需要对地方政府的区域合作进行过多的干预。这些多样化的影响因素意味着,为实现区域合作治理最优化,面对不同的区域合作类型与合作情形(如特定的制度环境),纵向政府要因地制宜进行角色调适,而不能采取"一刀切"的方式进行无差别治理,也即是说,纵向政府在嵌入区域合作的过程中,要因交易成本高低和区域合作特点而异,根据不同的区域合作特征,合理把握纵向关系嵌入的程度、时机与方式,兼顾地方政府的自主性与积极性,避免纵向关系陷入区域合作的"主宰者"或者"旁观者"的极端化情境。当前,关于纵向关系如何嵌入地方环境治理的问题,中国进行了积极的尝试,一方面,从官员激励角度出发,广泛开展的环境治理评奖评优,将环境治理指标同地方官员的政绩直接挂钩,实行环保约谈制度和"一票否决制",这极大地改进了地方环境治理绩效。[①] 另一方面,从官员惩罚约束角度出发,在全国范围内广泛推行中央环保督察制度,促进环境

---

① 吴建南、文婧、秦朝:《环保约谈管用吗?——来自中国城市大气污染治理的证据》,《中国软科学》2018 年第 11 期。

治理实现"党政同责"和"一岗双责",被视为中国有史以来环保监管力度最大的制度化行动,属于典型的由纵向政府推行的强制惩罚手段和有选择的激励措施。与此同时,地方政府自身也会意识到,一旦强制性惩罚力度加大,为了解决这些共同属于多个地区的环境问题,各地方政府不得不通过合作的方式来实现共赢,否则的话,将会面临共同的处罚。然而,实际合作过程并非一帆风顺,存在着广泛的"搭便车"等机会主义风险,面临着复杂的沟通协调情形以及利益分配困境,因此其交易成本往往非常高昂,中央政府的强制监管手段同时也具有成本高昂的特征。在此情形下,公共部门之外的非政府组织、上级政府等往往成为地方政府寻求帮助的对象。通过上级政府的纵向嵌入并结合社会组织的网络特性,地方政府力图构建其最优的治理机制,以降低交易成本,从而弱化合作的风险,并各自从合作中获取最大的合作净收益。①

最后,纵向嵌入式治理的理论解释。如何从学理上解释这种中央政府或省级政府嵌入区域合作的实践呢?一方面,从关系结构上看,这种纵向政府的作用过程反映的是纵向政府间关系与横向政府间关系的复杂联结,类似于现有研究提出的"嵌入式自治"理论。②"嵌入式自治"理论认为,在国家治理过程中,为了跳出"零和博弈"的困境,实现国家与地方的有效沟通合作并进而达成正和博弈的理想状态,必须要推动国家与地方的紧密互嵌,③而不能使国家悬浮于地方治理之上。在西方的区域治理研究中,制度性集体行动分析框架不仅能够从横向层面解释地方政府间的合作行为,同时也能够为理解纵向关系嵌入式治理提供理论基础。具体来看,制度性集体行动理论认为,

① Hawkins C.V., Andrew S.A., Understanding Horizontal and Vertical Relations in the Context of Economic Development Joint Venture Agreements, Urban Affairs Review, 2011(3), p.47.

② 何艳玲:《"嵌入式自治":国家—地方互嵌关系下的地方治理》,《武汉大学学报(哲学社会科学版)》2009 年第 4 期。

③ 邢华:《我国区域合作治理困境与纵向嵌入式治理机制选择》,《政治学研究》2014 年第 5 期。

区域合作治理机制可以被视为为了解决地方政府所面临的制度性集体性行动问题而采取的一系列制度安排,在这些制度安排的基础之上,不同行动者的介入将会使得实践中的治理机制呈现出不同类型。而按照新制度经济学的观点,这些不同类型的治理机制面临着不同程度的交易成本,即在政府主体在交易过程中,所产生的交易费用,这种交易费用是无处不在的。① 从这个意义上讲,所谓的"合作"可以被视为政府为了降低交易成本而采取的一系列针对特定"问题"的规避行动。这些问题不是普通的公共问题,而是处在特殊情形下的问题,具体表现为:在分散化权威的情况之下,由于存在着正的或者负的外部性、规模经济性、共有产权等因素,问题中的各行动主体是息息相关的,某一方的决策会对另一方产生显著影响,或者某一方的行动取决于另一方的行动(如常见的公地悲剧、囚徒困境)。因此,可以推导出,单个地方政府基于自身短期利益而制定的决策,无法实现区域整体最优的结果,即是"个体的理性决策往往导致集体的非理性决策",需要通过强制手段或有选择性的激励来达成有益于集体的目标。② 而这种强制手段和有选择性的激励制度,往往来自纵向上级政府的制度安排。

二、跨区域生态环境的文献述评

跨区域环境治理研究兼具理论与实践价值,现有研究成果丰硕且价值斐然,跨区域环境治理研究与中国区域经济环保一体化发展背景相伴而生,从整体上讲,这一研究尚处于宏观区域治理"增量"嬗变研究阶段。③ 通过梳理国

---

① [美]弗鲁博顿、[德]芮切特:《新制度经济学:一个交易费用分析范式》,姜建强、罗长远译,格致出版社、上海三联书店、上海人民出版社 2015 年版,第 31 页。

② [美]曼瑟尔·奥尔森:《集体行动的逻辑》,陈郁、郭宇峰、李崇新译,生活·读书·新知三联书店、上海人民出版社 1995 年版,第 59—60 页。

③ 陈瑞莲、杨爱平:《从区域公共管理到区域治理研究:历史的转型》,《南开学报(哲学社会科学版)》2012 年第 2 期。

内外跨区域环境整体性协作治理的相关研究,总体而言,中国跨区域环境治理研究具有显著的跨学科性,融合了经济学、政治学、公共管理学等多个学科,研究势头正盛,研究主题更加多元,研究共识更为聚焦,混合性研究方法使用更广,呈现出系统化、纵深化发展之势。这种研究趋势契合中国特殊的生态文明建设话语情境,其演进路径与国家层面的环境治理战略相一致。但是,由于跨区域生态环境问题本身的复杂性,以及研究现实条件的制约等因素,现有研究也存在着明显的不足之处,关于已有研究的价值及其不足,本书做出了如下述评。

首先,在研究热点的演变上,国内跨区域环境治理研究以大气环境治理和水环境治理为主要研究对象,主要围绕"治理有效性"议题展开研究,对于如何实现治理有效性的问题,前期研究集中于讨论跨区域环境治理中的"合作"行为本身,重点回答跨区域环境治理主体间要不要合作(合作的必要性、条件)以及怎么合作(合作模式、合作路径、合作中的利益分配)等相关问题。随着研究逐渐深化,部分研究者跳出"合作"行为议题本身,不再争论要不要合作,而是更多地基于区域比较研究,开始关注在中国特殊政治环境与区域差异性背景之下,如何实现更好的合作(不同合作模式的效果评价、动态合作过程、合作中的权力结构机制)。但在现有研究中,研究者将环境治理合作中的主体大致分为:政府、企业、社会组织、公众几大类,从中国的国家治理实践来看,这样的划分忽视了中国共产党在环境治理中的主体作用,对于政党如何领导地方政府的治理逻辑等微观机制的研究尚显不足。从环境治理历史发展过程来看,对于当前与未来的环境治理实践而言,合作仍然是未来的主旋律,未来的跨区域环境治理研究也应更多地聚焦于探究如何实现更好的合作等议题,尤其对合作治理中政党的作用及其运作逻辑进行深入分析。

其次,在研究整体演进逻辑上,跨区域环境治理研究与中国生态文明建设话语情境演变具有一致性。从生态文明理念共识的形成,到围绕落实理念所形成的国家制度体系和治理实践,话语情境的变更对学者们的研究更是起着风向标的作用。总体来看,现有研究对跨区域环境治理中的合作类型的划分,都隐含着一个标准,即"自主权的大小",政府主导型模式、合作治理模式、公民参与模式、多元协同共治、网络化治理模式等,都直观展现了中央政府与地方政府关系、地方政府间关系、国家与社会关系的变化。但值得深入探讨的是,实践中的治理模式并不具有"唯一性",都是多种治理元素组合而成的复杂治理模式,也即是说,研究者们在分析跨区域生态环境治理时要立足于当地实践,根植于治理实际,提炼出恰当的、符合中国治理语境的治理模式,而不是单方向套用看似有效的合作治理、网络治理模式去解释环境治理实践,这样的研究取向极有可能忽视实践中隐藏着的具有中国特色政治情境的影响因素。因此,未来的跨区域环境治理研究现实要以中国生态文明建设的话语情境的变迁为契机,树立复杂性与动态性思维,在过程中把握治理实践,例如关注科层制运行下的网络化治理、整体性思维下的协作治理模式等主题,以推进跨区域环境治理研究的历史演变,并提炼精细化的有效理论成果与治理实践经验。

再次,在具体研究主题与研究方法使用上,已有研究围绕跨区域环境问题与治理困境、治理模式与协同合作机制、治理绩效评估、治理创新实践及治理优化对策五个方面的核心主题进行了系统研究。在研究方法使用上,定量研究主要被用于评估区域环境治理的整体绩效,而定性研究则被用于分析中观或微观的治理困境、地方政府行为策略、环境政策执行偏差等研究议题,混合性研究处于初步发展阶段。但是,跨区域环境治理本身就是一个涉及多个学科的研究主题,从我国学术界目前可供提炼的本土性理论成果来看,学术界无论是对跨区域环境治理的研究具有体量不足的特征。当前,中国正处于生态文明建设制度深化阶段,如何为全球生态环境治理提供具有特色的"中国方案",是我们作为生态大国与经济大国的使命和责任。为此,未来的研究要进一步扩展已有研究方法的丰富性与适用性,引入国际前沿的研究方法,进一步深化研究主题,加强对跨区域环境治理"前端"的顶层法律法规、差异性合作制度的设计、针对性的政策安排,"中端"治理过程中的权力运行逻辑、地方政府行为逻辑、行动者网络互动、官员行为特质,以及"末端"治理的创新制度效用逻辑、区域治理模式的适应性、区域协同网络的影响效应及中国跨区域环境治理模式的经验总结等议题的综合研究。

最后,关于中国共产党在跨区域环境治理中的主体角色的研究尚显不足。尽管党的十八大以来我国的生态环境治理取得了显著的成就,但客观地说,我国生态环境质量改善从量变到质变的拐点还没有到来,现阶段生态环境的改善还有很长的路要走。环境经济学者认为,环境治理效率不高的关键因素在于有限的环境治理投入;环境社会学者的答案则是未能充分唤醒社会公众力量在环境治理中的作用;在环境政治学者看来,中国地方环境政策执行偏差是地方环境治理面临的最大障碍,由此影响了环境治理绩效的改善。本书认为,在中国的环境治理场域中,上述学科对于绩效偏差产生的因素归结皆有其现实依据。但值得注意的是,近年来,中国的环境治理虽未完全形成现代化意义上的环境治理体系,但整体的环境治理绩效已然得到了极大的改观,尤其是十八以来的环境治理面貌,呈现出焕然一新的局面。无论是环境经济学的"市场"功劳、环境社会学的"公民"作用,还是环境政治学的"政府"执行力的提升,都离不开核心领导者"政党"核心功能的发挥,这是各学科所达成的共识所在。纵观已有研究,诸多环境政治学者对中国共产党在环境治理中的政治引领、制度建设、思想宣传等方面的作用进行了系统阐述,关注到了中国共产党在生态环境治理体系现代化进程中的领导者角色。这些研究兼具理论与实践价值,对于环境治理及政党功能主题研究价值斐然。然而,已有研究对中国共产党在环境治理中的角色及作用阐述仍然较为宏观,往往局限在对中国共产党的"领导"作用的分析上,这种单一作用的分析容易忽视中国共产党在环境政策执行和监督等其他方面的实际作用。中国共产党作为治理型政党,不仅主导着环境治理领域的政策制定与执行,还能够在政策执行过程中起着利益表达和力量聚合的作用,同时在环境治理效果监督和评估中扮演着"环保钦差"的角色。因此,在未来的研究中,有必要突破过去研究中政党与政府笼统性分析的研究取向,在政党系统、政府系统、社会系统等多个主体系统之内,将政党作为环境治理的关键主体,从而研究中国共产党领导下的跨区域环境治理的整体性协作治理模式。

第三节　研究内容与研究方法

一、研究内容

我国生态环境保护的现状,包括生态资源保护的情况、跨区域生态环境治理建设的情况。本节从几个方面整合梳理生态环境保护发展情况,为研究的开展打下良好的基础。

跨区域生态环境治理的必要性,主要包括跨区域生态环境治理面临的主要问题、我国现阶段开展跨区域生态环境治理所拥有的主要优势、现阶段跨区域生态环境治理可以抓住和利用的机遇、现阶段跨区域生态环境治理所面临的挑战。通过对问题、优势、机遇和挑战的清醒把握和认识,为全面开展跨区域生态环境治理奠定基础。

国内外生态环境保护的发展案例。本研究将列举国内外跨区域生态环境治理的发展案例,详细分析不同地区在生态环境保护过程中所体现的不同特点和经验,分析在推广跨区域生态环境治理过程中所应当采取和使用的技术方法和手段,通过总结不同地区的经验和教训,为跨区域生态环境治理提供借鉴。

二、研究思路

首先,通过收集现阶段生态环境保护现状和当前跨区域生态环境治理的情况相关资料,理清生态环境保护面临的主要挑战和问题,掌握可以利用的优势和资源,从而对跨区域生态环境治理的"共建共治"机制奠定基本的认识基础。

其次,选取部分地区的案例进行重点分析,从而进一步了解不同地区对于跨区域生态环境治理的认识,从中梳理出当前的总体治理脉络,归纳治理经验,对其生态环境保护的有益经验进行总结,将其吸纳到生态环境保护战略的制定中来,从而提出综合全面的治理模式,为有针对性地制定"共建共治"机制及路径提供参考。

再次,结合文献资料和现实情况,分析制定跨区域生态环境治理的总体设计,从整体上布局生态环境保护战略。

最后,根据总体设计,制定生态环境保护发展的实施路径,将发展战略落实到具体的实施规划上来,全面开展和实施生态环境保护战略。将理论落到实处,从而进一步提升理论的实践性。

我国跨区域生态环境"共建共治"机制及其实现路径等方面的研究是一项复杂的系统工程。本书将按照"一条主线,两个目标,三大问题,四个主体"的思路开展研究。

1. 一条主线:紧紧围绕我国跨区域生态环境"共建共治"机制的协调发展这条主线。这条主线既贯穿于本研究活动的始终,又将生态文明建设中的两大板块,即"生态环境共建""生态环境共治"相互连接,使其成为一个整体。为上一阶段的生态环境治理的"共商共筹"模式与下一阶段的跨区域生态环境治理的"共赢共享"模式打下坚实的研究基础。

2. 两个目标:第一是在我国生态环境监管体制的理论基础上,提升我国生态环境监管体制的实际治理的能力;第二是坚持"生态优先"原则,在确保经济社会与生态环境共发展、共生存的同时,保证我国生态环境可以得到有效保护。

3. 三大问题:系统剖析并确定我国生态环境治理及区域生态与经济"共

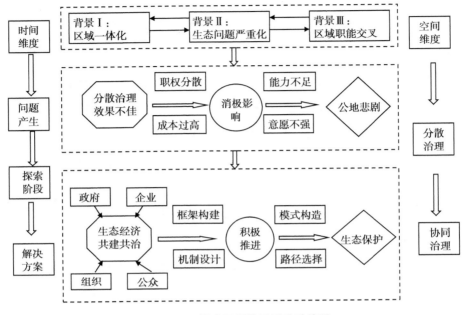

图 1-1 双维度逻辑演进思路路线图

建共治"的协调发展的重点、难点与突破点。立足于这三大问题(重点、难点、突破点),全面开展提升我国生态环境实际治理能力的探索活动。

4. 四个主体:从政府、企业、社会组织、公众这四个主体入手探讨我国生态环境治理及区域生态与经济的"共建共治"协调发展机制。

本书主要以长江经济带为例展开研究。长江经济带是生态文明建设的先行示范带,涉及诸多不同类型的城市。由于各个城市的发展阶段、地域特色不同,其治理模型、模式、机制、路径选择以及对策、措施都存在较大差别。本研究遵循理论探索与实证研究相结合的总体思路,围绕长江经济带生态与经济如何协调发展这个主轴,最终构建以生态与经济"共建共治"的协调发展为目标的规则体系。

三、研究方法

研究方法是在研究中发现新现象、新事物,或提出新理论、新观点,揭示事物内在规律的工具和手段。任何研究都需要一定的方法。要以科学的研究方法作为指导来研究生态环境保护战略的这一课题。科学、合理的方法论对于任何一个研究主题都至关重要。同时,方法论的选择必须遵循特定的规范,其中最重要的一点是必须体现论题的特殊性,能够展现理论分析的创新性。

(一) 理论分析与实践总结相结合

本研究将运用区域经济学和生态学等学科的理论与方法,深入揭示生态环境保护中面临的机遇和挑战,重点分析生态环境保护建设中的要点,探讨影响生态环境保护建设的因素,分析这些因素的影响机制,结合理论与实践,构建生态环境保护的发展战略。从经济角度分析我国跨区域生态环境"共建共治"机制,侧重考虑我国区域生态环境利益分配的内在发展规律,比如各个区域之间在利益分配中涉及的经济结构上的差异。从社会角度分析我国生态环境保护的机制,侧重考虑造成长江经济带沿线不同城市间的经济差异的社会性原因,并从社会学理论的视角解释这种差异的成因和影响。开展对我国跨区域生态环境"共建共治"治理机制的研究,强调要综合分析我国生态环境建设水平差异的成因。

(二) 比较分析与历史分析相结合

本研究在分析生态环境保护的发展现状时,从生态环境保护建设历史变迁的角度出发,探讨生态环境保护的发展规律。在对国内外生态环境保护案例经验进行归纳和总结时,主要采用比较分析法,探讨生态环境保护过程中存在的诸多问题,从问题出发找到生态环境保护发展的要点。通过比较研究,能够更加准确地了解生态环境与经济"共建共治"的协调发展的利弊。通过反复地比较分析,寻找最符合现阶段我国国情、最适合我国生态环境保护机制的模式和路径。

（三）规范分析法和实证分析法相结合

区域协调发展战略背景下经济发展问题属于与过去和现在、国内和国外、经济和社会等存在密切关联的问题。研究区域协调发展战略背景下的经济发展问题，需要在对过去的经验和问题进行总结的基础上反思当前的机遇和挑战，综合吸收国内外的研究经验，再对经济发展与社会进步相互作用等方面进行全面梳理，规范相关做法，验证其实践效果，找出发展过程中的不足加以改善。我国生态文明建设是一个包括若干子系统的庞大工程。尽管分解研究对解决生态文明建设中的某些具体问题更有针对性，但若缺乏系统与整体的研究，则会顾此失彼，最终将不利于对整个问题的解决。

（四）文献研究法

阅读图书馆的各类资源，从中提取出需要的资料和数据。查阅大量有关书籍和材料，通过研究相关文献，归纳总结以往学者的研究成果。在本研究的准备过程中，一方面对与生态文明建设有关的国内外文献进行了大量检索和搜集，以便能够较准确地把握目前国内外生态文明发展研究的脉络，为进行我国跨区域生态环境"共建共治"机制的研究打下良好的基础。另一方面，通过对政府部门公开发布的各地统计数据、各项活动的开展情况等资料的查阅，把握我国生态环境保护的现状及其存在的问题，并准确地对症下药，提出对策与建议。本研究大量收集生态保护和资源开发的相关资料，并进行整理和分析。

（五）案例分析法

案例分析法是通过深入研究有代表性的事物或现象，从而获得总体认识的科学分析方法。运用科学的手段和方法，对有关社会现象进行有目的、系统性的考察，以此来搜集大量资料，并对这些资料进行认真分析和研究，以达到清晰了解事物内部结构及其相互关系和发展变化趋势的目的。本研究将综合运用各种调查研究方法,如实地调研、数据分析等方法。结合研究内容,对我国生态文明建设形成更加全面、深刻的理解和把握。研究中,选择国内外生态环境保护战略实施较好的区域作为典型案例进行分析,为生态环境保护战略的制定提供参考。

第二章　核心概念与理论基础

第一节　核心概念

一、跨区域

从字面上讲,"区域"主要指行政区域,是国家按照行政区划界限将本国领土范围划分的若干个不同的区域,而跨区域即是指从区域界面上来讲,跨越不同行政区划或地理区域。行政区划是伴随着国家的产生而产生的,因此,跨区域问题则是指跨越了多个行政区划而产生的公共问题。所谓的跨区域生态环境问题,是指发生在不同行政区划或地理区域之间的生态环境问题,进一步讲,某一地区的生态环境问题会通过某些介质扩散到另一地区或多个地区,造成跨区域环境污染或破坏。这种跨区域环境问题具有流动性、外溢性与共生性,因而其治理过程中涉及多层次的利益相关主体。[①]"治理"概念化的关键在于定义其过程,通过该过程,人类规范同一环境中的相互依存。在这些环境中,每一种环境都是共同体成员共享价值观的来源。因此,"治理"关注于保护和增强公共领域,这当中就包含着有形的和无形的价值观,共享的问题(从

[①]　范永茂、殷玉敏:《跨界环境问题的合作治理模式选择——理论讨论和三个案例》,《公共管理学报》2016 年第 2 期。

一个家庭到整个地球)构成了治理的议程。① 因此,从菲沃克对于"治理"概念化的阐述来看,治理是一个将有形与无形价值观落实于行动者身处环境中的公共领域的治理过程,对此,生态环境治理可以被理解为:全球共同体成员(生态环境系统具有全球性)将生态文明、人类命运共同体等体现生态价值的观念落实到生态环境问题的治理过程。这一治理过程包括一整套相关的程序:提出规则、援用规则、实施规则和强制执行规则。这套程序需要去创造和维持一套"使用中的规则",这些规则在实际上控制着治理过程中的行动者行为。这里的程序与规则即为治理过程中一系列制约行动者行为的制度设计。当前,随着我国社会经济的迅猛发展,跨区域生态环境问题日益突出。跨区域意为根据土地边界,将行政区域范围内的空间视作一个整体进行人为划分,由几个单独的跨行政区构成的一个新的区域名称,即为跨区域。常见的跨区域有京津冀地区、珠江三角洲地区、长江经济带及长三角地区。环境污染具有无边界性和跨区域性,环境治理应亦如是。2016 年,"十三五"规划提出,需厚植发展优势,破解发展难题,以总体改善生态环境质量。在区域发展方面,始终坚持生态优先、绿色发展的理念,加强区域间的协调协作与综合治理。2020年,"十四五"规划指出,要高质量推进环境协同治理的发展,完善共建共享共治共赢的环境治理体系。当前,我国跨区域生态环境治理成效较为突出的地区主要为经济较为发达的部分沿海地区,就特定区域签订区域性行政协议,如《长江三角洲区域环境合作倡议书》《泛珠三角区域环境保护合作协议》《泛珠三角区域合作框架协议》《泛珠三角区域环境保护合作专项规范》等。这些协议虽就一些跨区域的环境问题达成了协议,但缺乏相关制度支持,无监督机制,彼此间的约束性不强。②

---

① ［美］菲沃克:《大都市治理:冲突、竞争与合作》,许源源、江胜珍译,重庆大学出版社2012 年版,第 13—14 页。

② 全永波:《海洋环境跨区域治理的逻辑基础与制度供给》,《中国行政管理》2017 年第1 期。

二、生态环境治理

生态环境作为生态系统中的子系统,对人类生存与发展的影响尤为深远。生态环境治理是指在人类经济社会的发展进程中,由于资源枯竭及环境恶化等生态环境问题的出现,造成对人类社会的威胁,并构成一系列严峻挑战。

作为国家治理体系和治理能力现代化的重要内容,生态环境的治理急不可待。由于环境污染具有无边界性与交叉流动性,故对生态环境的治理仅凭"一地之力"是难以完成的,需借助不同行政区域的力量,协同合作、"共建共治",合力完成对跨区域生态环境治理的宏伟目标。首先要对"环境问题"这一概念有所认识,因为环境问题的广泛存在,所以才需要对环境问题进行治理。那么,什么是"环境问题"或者说是"环境退化"呢?阿恩·纳斯认为,环境问题即为我们周围之物的破坏,我们身处其中的直接之物的破坏。这并不仅仅指物理自然,而是指我们生活于其中的一切,是指我们在其中能够确认我们自己的所有格式塔,这里有两个相关的格式塔,即为自然和生命。① 从这个意义上讲,环境问题泛指广义上的发生在围绕着人的生活的一切事物的破坏,既包括自然生态系统的破坏,同时也包括人为系统(如公共设施、建筑物)的破坏,因此,环境问题的破坏是具有"多样性"的。由于这种广义上的环境问题涵盖了人类生活中的一切系统,很难将其作为一个笼统的整体研究对象而加以分析,因此,本研究中的环境问题主要指人类活动对于自然生态系统所造成的一系列破坏行动。换句话说,运用中国生态政治话语来说,环境问题的治理即为如何实现"人与自然和谐共生"的问题,从国家治理范畴而言,生态环境治理暂不包括人类活动对公共基础设施、公共建筑物等人为系统的破坏活动。

在"生态环境治理"一词中,"治理"占有举足轻重的重要战略地位。"治

---

① [挪威]阿恩·纳斯:《生态,社区与生活方式:生态智慧纲要》,曹荣湘译,商务印书馆2020年版,第12页。

理"源于古希腊语,其本意为"操纵"与"控制"。本与"统治"交叉使用,混淆不清。古往今来,在不同学科领域,关于"治理"的发展进程有迹可循。1989年,世界银行在概括当时非洲的情形时,首次使用"治理危机"。此后,"治理"在政治发展研究中广为流传,尤其符合后殖民地与发展中国家的政治状态。1992年,世界银行所发表的年度报告题名为"治理与发展",让世人再次接触到"治理"。1995年,全球治理委员会对治理作出如下界定,认为治理是各种公共或私人的个人和机构管理其共同事务的诸多方式的总和,具备以下特征:①治理是一个过程。②治理过程的基础是协调。③治理不是一种正式的制度,而是一种持续的互动。1996年,经济合作与发展组织发布"促进参与式发展与善治的项目评估"。1997年,联合国教科文组织提出名为《治理与联合国教科文组织》的文件。1998年,《国际社会科学杂志》出了"治理"专号。① 自20世纪90年代以来,治理一词的适用范围有所扩大,从政治学领域过渡引用到社会经济领域。自此,"治理"与"统治"便有了清晰的边界。

　　世界著名的公共管理学家罗茨认为:"治理"即"统治"含义发生新变化,意味着关于旧的统治方式的改善与新的统治含义的产生,并以新的方法来对社会进行调节。治理可用于对国家管理活动、公司管理活动、社会控制体系、社会协调网络及善治的治理,在不同的使用场景,治理所发挥的功能与效益大有不同。库伊曼和范·弗利艾特表示,治理的概念非但不受外部结构或秩序的约束,还需要通过制定规则和依靠各种相互影响的行为方式来发挥作用。格里·斯托克对目前推崇的主要的治理理念进行归纳总结,认为治理是对传统的权威提出新的挑战,并提出,只要公众认可,任何公共机构都可以成为权力拥有者。在治理理念提出的同时,世界银行随之提出"善治"的目标,认为政府要想实现善治,需对政治权力进行规范化处理,并把握好七个基本要素,包含有回应、高效、达成共识、透明公开、法律规范化、参与和问责、公平与包

---

① 俞可平主编:《治理与善治》,社会科学文献出版社2000年版,序言第10页。

容。善治,顾名思义为政府部门发挥自身的作用,运用权力去引导、控制和规范公民的活动,对公共事务进行有效的治理,并增进公共利益。本质是政府与公民对公共事务的合作管理与协同治理,体现了政民间协调互动的一种新颖关系。但一般意义上的善治仅包含五个基本要素,分别为合法性、透明性、责任性、法治与回应。其中,法治是善治的基本要求,其本意是法律面前人人平等,作为公共政治管理的最高准则,直接目标是规范公民的行为,制约政府的行为。① 随着经济社会的不断发展,治理一词有了更加广泛的含义。从局限的政府治理延伸到社会治理,甚至环境治理中来。

三、"共建共治"

(一)"共建共治"的内涵

跨区域生态环境"共建共治"是指通过制度创新的方式整合行政区域范围内的资源,打破传统部门的边界,共同建设、治理辖区内的生态环境。在生态环境保护与治理建设的过程中,各部门、各行政区域为保护自身利益,难以避免利益冲突的产生,形成了诸多难以调解的公共问题。相较于以往的区域治理,跨区域生态环境"共建共治"更多强调的是多元主体合作与府际间的协同合作治理。

跨区域生态环境共治的模式主要有科层型治理、市场型治理和自治型治理,提倡通过上下级行政部门联动、政企与社会组织多方参与及公民自治的方式来共同解决存在于环境领域的公共问题。跨区域生态环境的"共建共治"理论的提出,在生态治理方面可发挥较大效用。在环境治理过程中,环境的质量直接影响人们的生活质量,每一位个体都不能独善其身,都是与环境息息相关的直接受益人。从协同治理、"共建共治"的角度出发,不同以往的条块分割与各自为政,充分发挥区域资源效益、实现跨区域资源最优配置、调动各参

---

① 俞可平主编:《全球治理引论》,《马克思主义与现实》2002 年第 1 期。

与主体的积极性,本着合作—竞争—共赢的理念对跨区域生态环境进行"共建共治"。长江经济带作为跨区域治理极具代表性的研究对象,本研究以此为切口,对跨区域生态环境的"共建共治"进行有益尝试。

(二)"共建共治"特征

外部性。众所周知,环境问题往往具有显著的正外部性与负外部性,正外部性是指环境治理所产生的收益共享,而负外部性是指某一方所造成的环境破坏的损害共担。正外部性与负外部性的双重特性,决定了跨区域生态环境问题本身的复杂性。跨区域生态环境问题本身作为一种公共池塘资源,具有典型的非排他性与竞争性。与此同时,由于我国东、中、西部地区在自然资源环境、经济发展水平、人文社会素养、政府治理能力及水平等多方面存在着显著的差异,因此,这种跨区域性的生态环境问题所造成的影响在全国范围内也存在着显著的差异性,例如在政府治理能力上,东部沿海地区相对于西部内陆地区而言,明显拥有更强的治理能力,其治理效果也呈现出极大的差异性。以流域治理为例,一方面,上游辖区所产生的企业污染(即负外部性)往往会增加对中下游地区的减排负担,同时也会对后者的公民生活造成极大的负面影响,而由于污染具有流动性,其成本难以准确核算,由此增加了对上游地区加以明确惩罚的难度。另一方面,当污染产生后,流域辖区内的主体治理行为又会使得整个辖区民众受益(即正外部性),因此,可能存在的情况是,下游地区想着上游地区会治理故而不采取积极行动,由于承受了较大的损害,下游地区付出治理成本的意愿也大大降低,因此,整个流域境内可能存在着广泛的"搭便车"行为,这种行为不仅发生于地方政府之间,也有可能是企业和公众常采用的环境保护行为。

治理主体多元。虽然从字面意思上讲,跨区域主要指横向区域的跨越,但由于中国层级化管理体制的特征,跨区域往往还涉及纵向政府间的跨越,因此,在治理主体上,我国的跨区域生态环境问题具有显著的多层次属性。除了治理主体上的多层次,跨区域环境问题本身就是一个多元化利益主体相交织的问题,具体表现在:经济属性的利益主体(以企业为代表)、政治属性的利益主体(以政府为代表)、社会属性的利益主体(以社会组织和公众为代表)相互交叉关联,治理者、受损者、污染者、受益者关系复杂,行政区划的壁垒、经济发展水平的差异更使得跨区域环境治理关系呈现复杂和多层次性。① 从根本上讲,这些多层次性的治理主体与多元化的利益主体之间并非"角色固化",环境问题的系统性与不可分割性决定了污染者、受益者、受损者之间的角色转化,在环境问题上,没有任何一个人和国家能够独善其身,其中所涉及的治理主体与利益主体实为"一荣俱荣、一损俱损"的关系,这也决定了跨区域生态环境问题的有效治理,必须要树立整体性思维,吸纳多方主体力量对该问题进行协作化治理。

政党引导治理。中国的跨区域生态环境问题具有典型的政党治理特性。当前的环境治理体制强调"党政同责",但这并不意味着"党政同职""党政同权",政党与政府因其性质的不同在环境治理中的功能角色、治理方式、运行逻辑等方面会存在差异。党和国家领导人的讲话为政府工作重点转向的风向标,党内生态文明话语的变化对我国生态环境治理工作的展开具有统领性作用。这种党委领导之下的管理体制展现出了对生态环境治理的优势,党组织凭借其组织设置上所具有"跨界"和"跨部门"的整合属性,能够超越科层组织的专业及本位局限,从而更加有效地对跨区域生态环境问题进行针对性治理。与此同时,在环境利益上,区域内各行为主体具有紧密的依赖关系,党组织的统领作用进一步接近了这种依赖关系。此外,由于跨行政区环境治理的议题超出了单一行政区政府的管辖范围,单凭某一地方政府无法实现跨行政区环境治理,我国在官员政绩考核上,坚持党管干部的原则,将政党作用与政府作用紧密地绑定在一起,这种模式一方面决定了同一层级地方政府间的竞争关

---

① 范永茂、殷玉敏:《跨界环境问题的合作治理模式选择——理论讨论和三个案例》,《公共管理学报》2016 年第 2 期。

系,另一方面也为政党协调这些竞争中的地方政府的关系提供了有效的指挥棒,从而使得区域环境系统内的任何政府及其官员的行为的行动变化,都能在总体上处于政党的监管和调控范围之内。

综上,中国的跨区域生态环境治理主要是指:为满足辖区内的总体环境治理需求,若干区域内(如长江流域、黄河流域等)不具有直接隶属关系的行政主体,在纵向政府主导或行政主体间自主地运用签订契约、达成协议、口头交流等正式与非正式方式主动或被动开展合作、协商与交流,并通过制度化的资源整合、职能调整、机构重组等方式,实现对跨越多个行政辖区的环境公共事务进行治理的动态化过程。就治理主体而言,既包括中央政府、地方政府等公共部门,又包括环保企业、环保社会组织以及社会公众等非公共部门。就治理对象而言,跨区域生态环境的对象包括常见的大气污染、水污染以及固废污染等内容。最终达到区域内各方主体共同受益的目的。跨区域生态环境治理具有显著的差异化的外部性、治理主体多层次属性以及政党治理特性。

第二节　理论基础

一、环境规制理论

(一) 环境规制的内容

我国经济发展已迈入新常态,从"既要金山银山,也要绿水青山"到现如今的"金山银山不如绿水青山",凸显出中央政府对环境问题的高度关注。可见,原有的粗放发展模式已不适应我国国情,因而转向绿色可持续发展模式,催生了环境规制。环境规制是以保护生态环境为目的,对污染公共环境的各种行为进行规制处理的过程。环境规制的制定者是中央政府,实施者是各地方政府。在环境规制政策执行过程中,各地方政府可因地制宜,根据实际情况进行政策调整,意味着各地方政府在执行相关政策措施时具有较大的自由裁量权,易造成政策执行偏差。① 且中央政府进行环境规制的目标与地方政府有所出入,在中央政府的引领下,地方政府需协同配合完成中央政府下达的各项指令,造成地方政府为追逐财政利益,往往进行象征性、选择性、消极性执行并牟利性地获取。在这种情形下,易造成相邻地区复制模仿环境规制政策执行强度,导致政策雷同失效的局面。

在跨区域生态环境治理过程中,由于资源消耗及环境污染对社会发展带来的负外部性作用,促使相关部门制定一系列政策措施、采取行政手段进行干预,倒逼环境规制的产生。目前环境规制的形式主要有两种,一是排污达标,二是购买排污许可证。环境规制激励企业投入资金进行治污减排,而政府作为无形的手,从中调节,通过发放补贴的方式修正市场扭曲现象。在环境规制政策实施伊始,出现环境污染跨地域转移现象。由于不同区域推行的政策措施不同,环境规制所发挥的作用也存在较大差异,对地域的影响程度不同。当前我国环境规制普遍呈现"非完全执行"现象,被各行政单位视为利益博弈工具。就区域间的环境规制如何进行策略互补,也是本书的核心研究问题之一。

（二）环境规制的类型

在我国生态环境保护的体制现状中,环境规制不再是简单的某一指标。我国学者通常将其分为显性与隐形两种。常见的显性环境规制在我国主要经历三个发展阶段,由命令控制型发展为激励型环境规制,再演变为自愿型环境规制,且每个阶段分别经历事前规制、事中规制与事后规制。

命令控制型环境规制又称行政型环境规制,属于行政规制层面。在行政命令与行政立法的支撑下,行动方案及政策条例出台,环境规制得以对相关环境行为进行干预与规制。当前,我国的行政管理模式在政策执行的过程中,易使地方本末倒置,逐底竞争,加上信息不对称及目标不一致等客观因素的影

① 张华:《地区间环境规制的策略互动研究——对环境规制非完全执行普遍性的解释》,《中国工业经济》2016 年第 7 期。

响,易造成治理困境。在此种情境下,需运用强制性环境规制手段,要求各行政区域因地制宜地推进关于跨区域生态环境协同治理政策的实施。

激励型环境规制又称市场型环境规制,属于经济规制层面。通过限定污染源排放、制定污染排放标准、奖惩机制及市场监管等方式,体现市场型环境规制的作用。市场作为环境资源消耗及环境污染的主要来源之一,直接关乎生态环境治理的结果。使用市场型环境规制的适度手段,有利于缓解环境污染。除了直接影响,市场型环境规制政策还间接作用于环境治理,如社会经济的快速发展对生态环境的空间溢出影响,需借助政策手段进行体制改革;规制强度的变化对生态环境的治理效果也存在一定的影响。

自愿型环境规制又称公众参与型环境规制,属于消费规制层面。基于"波特假说",自愿型环境规制是环境规制政策执行过程中的创新产物,有利于推动研发创新的进程,加强政府部门对企业的监管职能。[1] 以往粗放式的经济发展模式为生态环境协同治理增添了不少负担,加上传统的环境规制治理成效有限,自愿型环境规制恰巧弥补了传统规制的不足。为顺应绿色发展理念、维护生态环境效益、持续改善环境绩效,政府部门需加大力度推行公众参与型环境规制,提倡多方主体共同承担协同治理重任。

二、公共产品理论

(一) 公共产品理论的内容

经济社会的发展离不开各种产品(物品)的支撑,根据是否投入了人的体力与智力,可将产品分为天然产品与人为产品。[2] 天然产品即大自然生态环境中固有的阳光、空气、水等。人为产品表现为投入了大量人类的智慧与体力

---

① 秦颖、孙慧:《自愿参与型环境规制与企业研发创新关系——基于政府监管与媒体关注视角的实证研究》,《科技管理研究》2020年第4期。

② 黎明主编:《公共管理学》,高等教育出版社2003年版,第29页。

劳动,所创造出的新鲜产物。在本研究中,更为关注人为产品。根据人为产品的性质,又可将其分为私人产品与公共产品两大类。私人产品多是指个人在生活中所需消费的物质生产生活资料,而公共产品则是社会全体成员在生活中所需消费的物质生产生活资料。

早在1954年,美国著名经济学家萨缪尔森(Samuelson)在《公共支出纯理论》中对公共产品作出定义:"任何人对公共产品的消费与使用不会减少其他人对公共产品的消费与使用",这是基于公共产品具有其独特的非竞争性与非排他性的特征。[①] 非竞争性体现在每一个使用公共产品的人之间存在非竞争关系,在享有公共产品带来的权益时,个人的消费并不会影响其他人从中受益,每个人都可以从中受益,且受益对象之间不存在利益冲突,供给公共产品的成本也不会有所增加。非排他性表现为个人在享受公共产品带来的权益时无法避免与排除他人对公共产品的消费权利,可能导致个人在享受生态环境带来的效益时,却无人承担生态环境的维护成本费用,造成"搭便车"的现象产生。1965年,布坎南(Buchanan)创立了以公共选择问题为研究对象的公共选择理论(Public Choice),深刻指出萨缪尔森理论的不足,并在萨缪尔森理论基础上,提出"俱乐部产品",称萨缪尔森定义的公共产品应属于纯粹的公共产品,细致地按照一定标准进行划分(如图2-1所示)。此后,公共产品理论得到不断深化,为政府部门实现有效供给提供了重要评判依据。

(二) 公共产品的分类

准公共产品和纯公共产品。在日常生活中,常见的第一类准公共产品有图书馆、电影院和公园。该类产品最大的特点是可容纳的人数有限,与一般情况下俱乐部中的私人物品有异曲同工之处,需要通过限制人数保证消费的质

---

① 吴仲平、周公旦:《公共产品理论视角下公共图书馆社会合作路径选择》,《图书馆》2020年第10期。

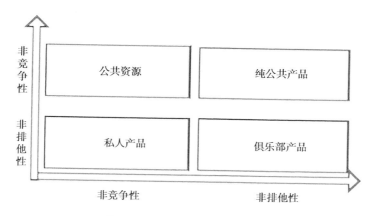

图 2-1　公共产品的类别划分

量,又被称为俱乐部产品。第二类准公共产品多是以公共资源为代表,如公共渔场、公共牧场。具有明显的竞争性特征,具有向个人开放的非排他性却无法有效排他,对于此类产品,无法将个人排除在消费外。纯公共产品可较容易区分,如国防、外交、公共安全、法律法规、宏观经济政策及环境保护与生态平衡等。

混合物品及公共中间品。混合物品的种类较多,如教育、卫生、科技等。以卫生为例,其直接受益人是社会成员。一个人在卫生条件完善的基础设施配合下,可以在生病的时候接受医疗服务,保持身体健康,过上更加幸福的生活。而公共中间品则多是指代未能被最终消费的公共物品,消费主体多为厂商。

公共服务与公共产品。公共服务多是面向大众的服务,用于满足人们基本的生活需求,既可以表现为有形产品,又可以无形出现。作为公共产品的特殊表达形式,常见的有政府服务、社会保障及社会福利方面。

在本研究中,环境便是典型的公共产品。随着人类社会的高速发展,生态环境满目疮痍。作为最为常见的公共产品之一,区域生态环境的承载力对区域经济发展的极限有深远的影响。因环境自身所具有的公共产品的属性,若不加以重视区域生态环境间的协同治理,易再次引发"公地悲剧"。

三、公共治理理论

（一）公共治理的内容

公共治理是一种以政府为主导，多种社会组织并存合作的新型社会公共管理模式，作为补充政府管理和市场调节不足的一种社会管理方式，如今已逐渐成为公共管理的重要理念与价值追求。① 其实质是，为保证公共管理取得最大效益化，政府进行权力的部分转移，将部分职能转接给社会及公民，实现公共效益。具备以下四个特征：一是管理主体多元化，公共治理的管理主体不唯一，有政府、公共机构、非政府组织、私营机构等。二是治理客体宽泛化，在政府的有限权力范围内，公共治理的客体可拓展为公共事务及各类组织团体。三是治理责任社会化，强调的是政府将部分职权转移给社会公民，从而减轻政府负担。四是治理手段多样化。公共治理在传统的治理层面上进行拓展延伸，采取更具有包容性的方式，协调各方利益。面向公共治理模式的变革，从统治到管理再到治理，政府部门推行简政放权的方式，为公民参与公共治理提供渠道。本研究倡导多元主体参与跨区域生态环境治理，各行政区域单位为推进我国的绿色可持续发展贡献一份力量。

（二）公共治理的优势

具有分权导向。在传统意义上的管理，政府部门是权力中心，也是唯一的管理者。但在公共治理过程中，政府不再是唯一的权力核心，而是连同社会公民一同参与公共治理。政府部门在其中扮演引导者的角色，社会成员及非政府组织机构则一起承担管理公共事务的责任。生态环境治理作为生态可持续发展的必由之路，需由多方主体参与协作、协同治理，从而形成环境治理绿色机制。

---

① 徐双敏主编：《公共管理学》，北京大学出版社 2007 年版，第 105 页。

具有社会导向。在以往的管理过程中,权力的集中有利于提高政府的权威及资源的合理配置。而公共治理的理念要求政府将权力下放,社会成员及社会团体组织积极参与其中,落实人民的权利,推动民主化与法治化的过程。当前,仅凭传统的以政府为核心的权威型环境治理已不适用于我国国情。我国尤其重视绿色生态,发展经济绝不以破坏环境为代价。公共治理的提出恰巧可以解决这一点。

具有市场导向。亚当·斯密认为,在市场的自发作用下,有一只"看不见的手"在充当社会经济的调节器。虽然市场机制对社会资源的配置起到一定的作用,却不是万能的。治理理论提到,以往人们只注重利用政府的力量对市场进行宏观调控,却忽略了运用市场的力量去弥补政府在管理实践过程中产生的不足之处。生态环境治理的质量与区域经济社会发展的质量相向而行。生态环境问题的解决意味着企业家投资的增多,在一定程度上对本区域的经济发展具有推动作用。因此,适当的政府干预可以确保公共治理的持续性与公平性。

(三) 公共治理分类

1.整体性治理

整体性就是把研究对象看作是由各个构成要素所形成的有机整体,从整体与部分相互依赖、相互制约的关系中揭示研究对象的特征和规律。整体性治理理论是英国学者佩里·希克斯在其代表性著作《整体性政府》和《圆桌中的治理——整体性政府的策略》中所阐述的核心理论思想。整体性治理理论是对传统科层制带来的结构僵化和新公共管理导致的职能碎片化问题的一种策略性回应,具体来讲,整体性治理主要是在服务供给、规则实施、政策制定、监管控制等政府治理过程中实现整合,它体现在政府的不同层级或同一层级内部,政府不同职能部门之间、政府和私人部门之间、非政府组织之间等三个维度。[①]

---

① Perri , Diana Leat, Kimberly Sletzer and Gerry Stoker, Towards Holistic Government: The New Reform Agenda, New York: Palgrave, 2002.

由此可见,整体性治理理论不仅面向政府内部的改革,同时还包括政府与其外部非公共部门之间的关系的调整。整体性治理契合 21 世纪政府改革的实际需要,因此在佩里的初始阐述基础之上,有无数学者对该理论进行了引介和发展,并结合实践中开展的以整体性治理理论为指引的政府改革,对整体性治理理论的内容进行了丰富和改进。

整体性治理概念也是基于政府治理内部与外部情境的变化而提出来的。从政府治理领域内部来看,碎片化问题突出是整体性治理产生的内在动力。由于政府部门之间林立,受到部门之间利益掣肘、信息孤岛、沟通不畅等因素的影响,导致"碎片化"治理行动时有发生,从而导致政府治理效率低、治理成效较差。为解决这种政府内部的"碎片化"问题,发端于西方的政府改革大量涌现,这些改革以整体性思维为指引,针对部门间利益掣肘以及沟通不畅等问题,变革过去各个部门之间的决策机制与执行机制,力图构建跨组织的合作决策机制。与此同时,政府还通过流程再造、职能整合、技术革新等手段进行政府内部运作流程的更新与发展。就跨区域生态环境而言,"碎片化"治理困境是开展跨区域生态环境治理的顽疾,也是政府间跨区域合作治理的典型难题,整体性治理就意味着各地方政府要抛却地方保护主义思维,从全局出发,系统性地开展跨区域生态环境治理行动。

从政府治理领域的外部来看,多样化的公众需求是整体性治理产生的外在动力。公众需求是政府开展变革的根本动力,也是改革的目标所向。由于新公共管理十分强调"效率"目标价值,具有显著的"管理主义倾向",在这样的治理原则的指导下,政府公共服务的公平性、回应性和责任性受到了极大的挑战,在很大程度上偏离了政府公共服务的基本职能,也在很大程度上使得公众对政府的信任度进一步下降。由此,以公众为中心的改革成为了整体性治理的基本内核,政府围绕着公众需求而开展的全流程式的治理机制变革成为整体性治理的主要内容。从中国环境治理领域来看,近年来,人民对美好生活的需求不断增强,尤其是对优美生态环境的需求成为公众对政府满意度的重要评价标准,而整体性治理意味着要将公民的这种需求放在首位,打破以往唯GDP论,以生态环境优化作为政府施政方略的指导原则。

结合政府内部与外部情境,可以将整体性治理理论的协调整合机制在政府治理实践中的优势归纳为以下四个方面:一是更有助于提升政策效果,整合协调机制的建立能够加深治理之间的沟通与协调,从而缓解现实中的"政策打架"问题。二是优化治理资源,通过整合协调的方式,实现治理主体之间的资源优势互补,从而缓解政府治理过程中常见的"项目重叠""重复建设"等突出的资源浪费现象。三是形成合作协同效应,整合协调机制能够积累治理主体之间的"信任资本",从而为长期合作奠定基础。四是为公众提供无缝隙的公共服务。① 整体性政府的核心导向即是公众需求,所以,这种整合协调机制并不是单纯从结构—制度层面进行改变,更重要的是从服务公众需求的理念出发,从而倒逼政府开展实质性的整体性治理行动。在宏观层面的理论框架搭建的基础之上(如表2-1所示),佩里(Pollitt)更进一步从微观出发,拓展了整体性治理关系中的协调、整合、相互嵌入和紧密结合三种关系机制,并对这三种关系机制的形态和定义进行了简要阐述。

表2-1　整体性治理的类型划分

关系类型	主体间关系形态	定义
协调	纳入考量	战略制定时考虑其他主体的影响
	对话	信息交换
	联合计划	临时性的联合计划或工作

---

① Pollitt C.,Joined-up Government:a Survey,Political Studies Review,2010(1),pp.34-49.

续表

关系类型	主体间关系形态	定义
整合	共同工作	临时性的协作
	联合运作	围绕至少一个参与者核心使命的项目,长期联合计划和共同工作
	卫星化	独立实体,联合所有,创建一体化机制
相互嵌入和紧密结合(但不一定会提高效率或集体行动)	战略联盟	长期联合规划和解决至少一个参与主体任务的核心问题
	同盟	保留不同身份的同时,实现形式上的统一
	合并	以单一的新身份融合创建新架构

从府际关系视角来看,整体性治理的核心要义在于构建出整体性政府。[1] 它强调的是地方政府跨界合作与跨部门整合,通过不同的技术手段使得整合协调这一核心机制贯通地方政府的行动,从而促进多元治理主体间的协同,并为辖区提供整体化的公共服务。为了实现地方政府的跨界合作与跨部门整合,有必要将地方政府的治理理念、组织机构、运行机制、技术系统进行全流程、全方位的协调与整合。[2] 从整体性治理理论的内核看,通过整合协调机制来实现行政机构内部与外部多元化合作伙伴关系的达成,是该理论工具理性的体现。与此同时,除了这种多元化合作伙伴关系的形成,以公民需求为中心的价值理念使得伙伴关系中的治理主体功能互嵌与整合,是整体性治理理论更高价值理性的展现。因此,工具理性(整合协调下的伙伴关系)和价值理性(公众需求核心的功能嵌入)的相互统一[3],共同构成了整体性治理理论的目标理性取向与内在逻辑体系。从整体性治理的起源、核心机制、运行内核等主要内容来看,该理论与跨区域生态环境治理问题具有极强的契合性:一

---

[1]　竺乾威:《从新公共管理到整体性治理》,《中国行政管理》2008 年第 10 期。
[2]　胡佳:《跨行政区环境治理中的地方政府协作研究》,复旦大学博士论文,2010 年。
[3]　詹国辉:《跨区域水环境、河长制与整体性治理》,《学习与实践》2018 年第 3 期。

方面,整体性治理所要求的不同层级、不同部门以及公私结合的治理主体间的协调与整合,恰好能够解释跨区域生态环境对治理主体多层次性与多元化的要求。另一方面,围绕着人民对于生态优美的向往与追求而开展的环境治理行动,正是体现了整体性治理理论以公民需求为中心的价值展现。

综上,整体性治理就是以公众需求为治理导向,将信息技术作为治理手段,以整合、协调为治理机制,对治理层级、功能、公私部门间关系以及信息系统等碎片化问题进行有机协调与整合,不断从破碎走向整合、从部分走向整体、从分散走向集中,从而为公民提供无缝隙且非分离的整体性服务的政府治理图式。① 在跨区域环境问题上,没有任何一个人和国家能够独善其身,其中所涉及的治理主体与利益主体实为"一荣俱荣、一损俱损"的关系,这也决定了跨区域生态环境问题的有效治理,必须要树立整体性思维,吸纳多方主体力量对该问题进行协作化治理。

2. 协作治理

治理领域的"协作"一词十分常见,从字面上讲,"协作"可拆解为"协"与"作",其中"协"是从参与其中的行动者层面而言的,意为多个行动者的调和、协助,而"作"则是从行为过程和结果层面而言的,同"做",意为进行某种活动并进而达成一定的结果。"协作"则是意为多元化的行动者之间通过相互协调、相互配合共同进行治理活动,以达成治理目标的行为。马克思将"协作"定义为:人们在同一生产过程,或在不同的但相互联系的生产过程中按照计划一起协同劳动以实现任务目标。协作治理经常会成为政府治理所推崇的治理模式,原因在于:大多数的公共问题所涉及的主体都是多元化的,这为协作行为的产生创造了情境,但正因为主体的多元化与公共问题的公共性,该情境下解决公共问题的成本共担、利益共享等问题易导致"零和博弈"和"搭便车"行

---

① 陈丽君、童雪明:《科层制、整体性治理与地方政府治理模式变革》,《政治学研究》2021年第4期。

为的发生,多元化主体的协作行动往往难以达成,取而代之的是现实中常见的单边治理模式,在公共问题的应对过程中利益纠纷和管理冲突等问题频发。正因为以上现实困境的存在,如何更好地促进治理主体之间的协作就成为了更加紧迫的议题,现实中的政府部门也往往通过发起倡议、论坛、公开信等方式,邀请某些公共事务所涉及的利益相关者参与到治理情境之中,并力图通过公开、平等、民主的方式对问题开展正式磋商或非正式沟通,以共同寻求解决问题的途径。

在此基础上,由于涉及主体的多元化,协作治理模式中的主体间关系也呈现出多种类型,有学者根据生态学的物种关系模型,将两个区域的环境关系简单归为六种理想类型,具体包括:"(1)互利合作型,环境合作双方共同受益。(2)单方受益型,双方在环境冲突中一方受益,一方无损也无益。(3)损益型,又称为风险转嫁型,这是区域环境冲突类型的典型。(4)单方受损型,指环境合作双方一方受到损害,另一方几乎没有受到影响。(5)双方互损型,即双方在环境冲突中互相损害。(6)无关型,即双方鲜有环境利益联系。"①但需要强调的是,现实中的区域主体间关系并非只有某一种,而是兼具多重关系形态的复杂关系模式,如地方政府 A 在与地方政府 C 的环境合作中是受益方,但在与地方政府 B 的环境冲突中是受损方,而由于地方政府 B 与地方政府 C 之间的密切关系,地方政府 A 最终并不会只考虑某一方而做出选择,而是会经过多方面的综合考量而做出使自己受益最大的行为选择。除此之外,现有关于跨区域生态环境治理的研究,存在着合作与协作概念混用的倾向,虽然二者在意思上大致相同,但仍然有必要对其中的细微差别加以区分。协作与合作的不同之处在于,协作相对于合作而言内涵更为广泛且要求更高。在张康之看来,协作是较为高级的合作状态,包含着明显的工具理性的内容,合作则包含着工具理性的内容而又实现了对工具理性的超越,是人类较为高级的实践

---

① 杨莉、康国定、戴明忠、刘宁、陆根法:《区际生态环境关系理论初探——兼论江苏省与周边省市的环境冲突与合作》,《长江流域资源与环境》2008 年第 4 期。

理性的现实表现。① 从这个层面来讲,由于合作必须同时包含着工具理性与实践理性,所以实现合作的条件要求更高,合作行为也更加难以达成,其蕴含着参与环境治理中的行动主体具有同等对话权利的假设。而在我国的环境治理问题上,地方政府仍然占据着主导性地位,企业、环保组织以及公众相对而言地位较为弱势,所能够利用的资源与权力十分有限,因此,合作往往是跨区域的地方政府之间的联合行动,但其中存在着相对强势的一方占据主导,而另一方则主要配合相关工作的情况则大多属于协作治理的范畴。协作也可以被理解为合作的初级形式,而合作则可以被视为协作的高级形式,鉴于二者概念的包含性,本研究并未对二者加以明确区分,而是将其整合为整体性协作治理模式的分析要点。

综上,相对于高级形式的合作而言,协作行为更为日常,其实现的条件要求更低,因此也更容易实现。它表现为在目标实施过程中,部门与部门之间、个人与个人之间相互协调配合的情形,其中往往蕴含着“主导者”角色,而合作行动往往可能并不存在明确的主导者,参与其中的各个行动者都试图积极发挥自己的作用。协作治理可以理解为:多元化的行动者基于共同的治理目标,在主导者通过协调配合、共同行动、对话谈判等方式,就辖区内的公共事务开展的联合行动,可以泛指当前在跨区域环境治理过程中,其利益相关者为了实现共同的环境治理目标、提升政府治理效能不断互动的过程。

四、协同治理理论

（一）协同治理的定义

“协同”一词源于古希腊,于1971年被赫尔曼·哈肯提出,原意为协调合

---

① 张康之:《论合作》,《南京大学学报(哲学·人文科学·社会科学版)》2007年第4期。

作之学,即协同学。赫尔曼认为协同是一门集体行为的科学,强调子系统间相互联系后产生的集体效应。协同学的研究对象是自组织中的各个系统。协同治理理论(Collaborative Ggovernance)有时也被译为"协作治理",该理论的研究缘起于20世纪80年代末90年代初的西方社会,在国内外政府治理研究中占据着重要地位。协同治理理论的产生有其现实需求,尤其是对地方政府政策失败、成本高昂以及监管政治化的一种回应。21世纪以来,随着知识变得越来越专业化,协同治理的趋势也在不断增强。在此背景下,研究者们围绕着协同治理的定义、协同治理过程的影响因素、协同治理模型以及理论在实践中的应用等内容进行了深入研究,彰显了协同治理理论的核心内容。本书在研究跨区域生态环境治理的问题中引入协同治理理论,结合我国实际情况作出探讨。

自改革开放以来,党的领导人就对生态环境保护问题十分重视,一系列跨区域生态环境治理的重要思想与举措就此诞生。首先,邓小平同志深刻意识到生态保护与经济发展的内在联系,也预测到生态负担的加剧必定会造成巨大的损失,着手进行生态环境法治建设,提出生态环境协同治理。在邓小平同志的基础上,为更好地应对生态环境危机,江泽民同志大力推行可持续发展的理念,指出科技和法律在治理生态环境上所发挥的重要作用,推动了生态环境协同治理的进程。随着社会主义现代化建设的进程加快,胡锦涛同志高度重视生态环境治理问题,着重处理经济、生态与社会间的关系,并提出"科学发展观"的重要思想。在历届领导人的思想基础上,习近平总书记格外重视生态环境治理,提出"环境就是民生""绿水青山就是金山银山"等重要论断,并指出,生态环境协同治理需有效统筹、对症下药,系统分析治理的重难点,进而实现"协同治理"而非"分界治理",其思想内涵为全方位、全过程、全要素及全地域协同治理。

（二） 协同治理的内容

协同治理强调参与者从问题的不同方面出发建设性地共同探索超越自身能力限制的解决方案。盖什（Gash）指出，协同治理是一种管理安排，是一个或者多个公共机构让非国家利益相关者参与正式的、面向共识的和集体的决策过程，旨在制定或实施公共政策或管理公共项目或资产。[1] 在该定义中，盖什强调了六个协同治理的重要标准：（1）论坛的发起者是公共机构；（2）论坛的参与者包括非国家利益相关者的行动者；（3）参与者能够直接参与决策，而不仅仅只是公共机构的"咨询者"；（4）论坛是正式的组织和集体会议；（5）论坛的目标是通过协商一致意见的方式做出决定（即使在实践中没有达成协商一致意见）；（6）协同的重点是公共政策或公共管理。由此可见，盖什关于协同治理的定义更多地指向公共决策环节。也有研究者将协同治理视为参与主体间基于成本收益分析后自愿的资源转移行为，[2]该定义更多地指向参与者对于决策结果的估算。国内学者郁建兴等从社会治理视角出发，认为社会协同治理机制是指政府出于治理的需要，通过发挥自身的主导作用，构建起制度化的沟通渠道和社会参与平台，一方面加强政府对社会力量的支持和培育，另一方面也同社会形成共同治理关系，充分发挥社会在参与服务、协同管理、自主治理等方面的积极作用。[3] 由此可见，就治理主体而言，协同治理既包括政府间的协同，又包括政府与社会间的协同。主要包括以下几个方面。

---

[1] Gash A., Collaborative Governance in Theory and Practice, Journal of Public Administration Research & Theory J Part, 2008(4), pp.543-571.

[2] Amirkhanyan A., Collaborative Performance Measurement: Examining and Explaining the Prevalence of Collaboration in State and Local Government Contracts, Journal of Public Administration Research & Theory, 2008(3), pp.523-554.

[3] 郁建兴、任泽涛：《当代中国社会建设中的协同治理——一个分析框架》，《学术月刊》2012年第44期。

第一,全方位协同治理。全方位作为协同治理的前提条件,包括国际国内维度和系统内部维度。由于跨区域生态环境治理需涉及诸多复杂要素,更是需要不同行政区域的协同合作,且生态环境具有无边界性与全球性,仅凭一方之力,并不能高效解决环境问题。早在习近平同志担任中共浙江省委书记时,他就曾鲜明提出"经济的发展不代表着全面的发展,更不能以牺牲生态环境为代价"①2014 年强调"改善生态环境就是发展生产力"②,揭示环境与经济之间的辩证统一关系。2015 年,习近平总书记指出"环境就是民生"③。2017年,习近平总书记要求加强生态环境法治建设,推动最严格、最严密的环保制度的实施。2018 年,习近平总书记指出,生态文明建设功在当代、利在千秋,是中华民族永续发展的伟大事业。在党和政府的正确领导下,我国坚持走绿色发展道路,污染防治取得突破性进展,生态环境总体质量得到了改善。

第二,全地域协同治理。习近平总书记明确提出跨区域生态环境协同治理的重要性,意味着不同地域间需加强区域生态环境联防联控,"共建共治"。健全跨区域生态环境协同治理合作机制,增强系统思维,完善协同政策,开展全地域"共建共治—共赢共享"的行动合作。

第三,全要素协同治理。山、水、林、田、湖、草、沙是生态环境全要素协同治理的对象。其中,山、水、林三大要素在我国推进可持续发展的永续大计中占据举足轻重的地位。在生态环境协同治理方面,习近平总书记在借鉴马克思主义理论的基础之上,提出"人类命运共同体"的理念,充分反映了整体与部分、人与自然之间的协同关系。并坚持矛盾的对立统一关系,将辩证唯物主义的哲学思想运用于生态环境协同治理的问题中,提倡科学、高效地运用自然资源。在"修山、保水、扩林、护草、调田、治湖、固沙"的系统路径中,本书将以长江经济带"保水"的协同治理为例进行重点论述。

---

① 习近平:《之江新语》,浙江人民出版社 2007 年版,第 44 页。
② 习近平:《论坚持人与自然和谐共生》,中央文献出版社 2022 年版,第 62 页。
③ 习近平:《论坚持人与自然和谐共生》,中央文献出版社 2022 年版,第 135 页。

第四,全过程协同治理。在全过程协同治理的过程中,需统筹兼顾资源利用与开发、环境保护与修复等治理过程之间的关系。自 21 世纪以来,随着社会经济的高速发展,自然资源作为经济社会发展的物质基础,过度的开发利用必然加剧生态环境污染。故在治水方面,需坚持"节水优先、自然恢复"的原则,强调"共抓大保护、不搞大开发,加强跨区域协同配合、实现跨区域协同治理"。

协同治理相对于整体性治理而言,更具现实可操作性,因此在国内外政府改革实践中,"协同"思路被广泛运用于政府治理的各项议题之中。在国际应用方面,诸多西方发达国家都不同程度地运用了协同治理理论指导改革实践,但与此同时,该理论在实践过程中也面临着一些障碍,①如表 2-2 所示。与此同时,协同治理理论在国内研究中也被广泛运用于政府流程再造②、环境治理③、应急管理④等领域。协同治理与协作治理往往被作为替代性的概念加以使用,因此,协同治理理论成为协作治理模式的重要理论基础,为本研究的理论分析框架的搭建,以及实证案例研究中关键变量的提取,提供了基础性的理论参考。

表 2-2 协同型政府实践的代表性国家

国家	类型	实践	障碍
澳大利亚	联邦与州政府间、跨国的同类服务政府间、公私部门间伙伴关系	长期应用绩效评估的伙伴关系,自上而下为公众提供协同的服务,中央和地方政府都有联合工作	缓慢发展的横向评估导致不充分的绩效管理,合作伙伴行使"否决权"产生的困境

---

① Ling T., Delivering Joined-up Government in the UK: Dimensions, Issues and Problems. Public Administration, 2002(4), pp.615-642.

② 刘锦:《地方政府跨部门协同治理机制建构——以 A 市发改、国土和规划部门"三规合一"工作为例》,《中国行政管理》2017 年第 4 期。

③ 周凌一:《纵向干预何以推动地方协作治理?——以长三角区域环境协作治理为例》,《公共行政评论》2020 年第 13 期。

④ 史晨、马亮:《协同治理、技术创新与智慧防疫——基于"健康码"的案例研究》,《党政研究》2020 年第 4 期。

国家	类型	实践	障碍
加拿大	联邦与州政府间、跨部门间	通过横向目标绩效协调工作,被授权的、自愿的和私人组织参与服务供给	低质量信息降低绩效管理效率
荷兰	中央和地方政府间、政府部门间、社会团体间	通过绩效目标改善合作与协调	横向绩效评估的缓慢发展
新西兰	中央政府部门间、地方政府间	应用策略有限和中心目标实现整合	强调策略有限的同时需要更严密限定的特权的发展,技术上使各部门更紧密联系的困难
瑞典	内阁及由内阁管理的相关独立机构间、区域间、地方政府间	通过协商、妥协、联合、恒星预算提供公共服务,通过整合减少机构数量,通过机构整合实现合作	既定目标下合作者如何工作,合作与妥协造成的困境,整合深入是专业执行机构的原则
英国	联邦政府与州政府间,公共部门、志愿组织间	通过资金刺激和立法体系实现横向绩效目标,州政府在诸多领域中享有独立权力和分担责任	信息不充分

(三) 协同治理的特征

治理过程的独特性与完整性。协同治理是一个复杂开放的系统,治理过程的独特性主要表现在全方位、全过程、全要素及全地域的"共建共治"。在实施协同治理过程中,"共建共治"强调多方行政部门、行政区域需根据合理分配方式,对损益、费用进行合理分摊,选择折中的效用方案,满足各方多样化的利益需求。协同治理的完整性表现为治理过程的连续性与不间断性,从资源利用开发到资源保护修复,形成闭环治理。环境协同治理过程中既要保证环境资源能够满足社会高速发展的需要,又得密切关注是否过度滥用资源,这是治理过程中的一大挑战。

治理主体的多元性与权威性。跨区域生态环境治理主体呈现多元化与权威性的规则,多元化体现在包括政府、企业、市场与社会等参与主体的多元性,打破以往"条块分割""各自为政"的垄断式治理,提倡合多元主体之力,对跨区域生态环境治理进行有益尝试,追求协同治理的最大效益。权威性体现在协同治理仍需围绕环境治理领导责任体系展开,各方主体都具备一定的话语权。社会公众代表民间权威,企业与市场代表市场权威,政府权威来源于相关政府部门。虽各行政单位协同治理目标明确、责权统一,但环境具有流动性与交叉性且环境资源具有非排他性,还需多方主体共同参与,"共建共治"。

治理系统的开放性与合理性。由于外部环境影响的有限性及协同治理的多源头主体并不适应传统治理模式,行政组织系统必须由封闭走向开放。在治理系统合理开放的前提下,多元主体才能进行平等协商,实现跨区域生态环境的"共建共治",发挥各个子系统在行政组织系统中的效能。

五、网络治理理论

(一) 网络治理的内容

网络治理由市场利益主体需求的多样化和"碎片化政府"的缺陷两大方面的因素组成,指在平等协商的基础上,通过政府、企业、社会组织和公民的合作,共享资源和信息,共同达成治理目标的过程。作为公共管理现代发展的一种新趋势,相比于强制性治理,网络治理避免了传统治理中的形式化问题,极具便利性。随着多种社交媒体的兴起,公众参与治理的方式呈现多元化。主要构成要素有:①治理主体。多元主体体现了高程度的公私合作,加强了合作网络治理的能力。治理能力直接关乎组织活动成本与效益,当传统科层制的治理效果不能发挥最佳效益时,其他有效途径便是备选选项。②治理工具,包含激励、沟通及契约治理工具。政府在其中发挥着"领航"作用,非政府组织与政府、企业也纷纷加入治理的队伍。③治理结构。网络治理作为一种新的治理视角进入公众的视线,更加紧密地联系了国家与社会成员之间的关系。

与传统治理不同的是,网络治理的结构模式介于传统的科层治理和市场治理之间。

网络治理既带来了治理机遇,也为传统的治理模式带来了一定的挑战。作为公共舆论聚集的新平台,网络治理在一定程度上具有倒逼政府完善制度、加强能力建设的强大作用。网络治理在运用过程中,具体还体现在一站式平台服务中心、电子政府和行政首长问责制。治理水平需要注重理念层面与制度层面的提升,可从公共价值与科学的结构制度着手。

(二) 网络治理的机制

信任机制。在庞大的网络治理体系中,法律所发挥的约束作用不强,在此条件下,行动者要达成一致的意见,需加强维系网络结构中的纽带作用,信任便在错综复杂的关系网络中取代法律,作为联系机制的一种特别形式存在。①需要注意的是,信任机制固然可以推进各项工作事务的进度,但也存在较大风险,盲目的信任所带来的损失无法估量。因此,在推行网络治理的过程中,要对信任机制进行适当引导,促使多方主体在信任机制的作用下,形成良性合作关系。

协调机制。由于网络治理的过程中涉及到多方主体,因此,需要格外注意对多方主体内部的关系网络进行协调。政府管制必不可少,但集体行动中,各方利益相关者多从自身角度出发,从而选择一套有利于己的方案。从生态环境网络协同治理的角度来看,要想通过网络治理对跨区域生态环境进行"共建共治",试图从生态环境治理的胜利果实中获取成果共享、经验共享,并达成共赢的理想状态,还需进一步完善网络治理的协调机制,实现资源组合优化。

互动机制。在社会经济快速发展的大背景下,网络治理被赋予新要求。

---

① 江涛:《网络治理——公共管理的新框架》,《中小企业管理与科技(上旬刊)》2021 年第 1 期。

作为协同治理的产物之一,各方主体在参与网络治理的过程中,需进行良性互动。虽然这种互动关系存在大量复杂性与不确定性,但也有自身的独特之处。在互动的前提下,原本被忽略的利益分配与权利分配更为公开透明,对相关政策改革有一定的推动力。

整合机制。经过多元利益集团的协商,将社会资源进行整合分配,重新定位政府管制,有利于激发网络治理中多方参与者的积极性。且整合机制是在充分的沟通协调与互动的前提下展开,对政府开展集成工作有一定的积极作用。

（三）网络治理的特征

第一,治理主体层面,多元主体以平等、互信为基础构建的合作伙伴关系。

第二,价值层面,合作伙伴以公共价值作为价值追求,并形成一种权利共享、风险共担的关系形态。

第三,治理机制层面,政府以对网络的管理为基本职能,力图构建良好的信息共享机制及沟通协商机制,从而将私人组织构成一个网络化政府可以依赖的治理团队。

第四,治理工具层面,网络治理主体之间周期性的合约、协助政府管理的不同的网络类型、数据库和信息系统等为网络治理的各个环节提供了更为便捷的治理工具。[①]

六、博弈论

（一）博弈论定义

博弈论是在研究各个决策主体的行为选择相互影响的前提下,这些

---

① 刘波、王少军、王华光:《地方政府网络治理稳定性影响因素研究》,《公共管理学报》2011 年第 1 期。

决策主体如何进行决策以及如何达到决策均衡的理论。① 利益博弈是研究决策者之间冲突与合作的互动决策理论,即行为主体的利益不仅取决于自身行为选择,而且取决于其他主体的行为选择,利益博弈为协调流域各方利益冲突提供了有利的分析工具。当理性的决策主体进行决策时,为了实现自身利益最大化的目标,通常会剖析所掌握的信息,趋利避害,知己知彼,分析对方采用的行动策略,从而选择最利于自己的策略。因此,博弈的结果是博弈双方互动的结果,既取决于自己的行动方案,也取决于博弈对方所采取的行动与策略。博弈论在我国也被称为竞赛论或对策论,应包括以下几个因素。

第一,参与人,即博弈的对象,是博弈行为里进行决策的主体,参与人可以是一个单独的个体,也可以是一个集体、一个部门,例如企业、联盟组织、政府机构等。在大集体中,只要组织成员运用统一的行动跟外界进行战略互动,那么整个集体可被视为某一个个体。参与人是理性的,具有经济人特性,在进行自身策略选择、做出决策的时候,通常以自身获得利益最大化作为行为目标。

第二,行动,行动属于参加者的决断变量,它是离散的,也可以是持续的。

第三,策略,即方案,是指参与人在博弈过程中采取的具有可行性的行动策略或方案。方案具有指导作用,指导参与人在什么时候选择什么样的方案,它可以指某一确定的行动,也可以指参加者实现博弈的行动方案。

第四,顺序,也就是参与者采集某种行动策略或者行动规划的顺序。

第五,信息,任何一种行动都离不开信息的收集。博弈中的信息是指跟博弈相关的内容,具体包括参与者的人数、特征、行动或者战略等各种内容。

第六,获益,参与者在博弈过程中,取得效益的占比,该占比影响博弈的模式和最终比例,是参加者评判及决断的基本根据,制约参加者的行为模式及博

---

① 肖条军:《博弈论及其应用》,上海三联书店 2004 年版,第 1—4 页。

弈结局。

第七，结果，即得与失，所有参与者选择了各自的行动策略进行博弈，在博弈结束之后，参与人所获得的一个策略组合。

第八，均衡，均衡是所有参与人最优策略的排列组合，对博弈行为研究的目的是通过博弈达到衡量均衡或者得到均衡结果。

（二）博弈论分类

1. 按照时间划分，即根据参加人决策时间的先后顺序，可以分为静态博弈和动态博弈。静态博弈是指博弈各方在同一时刻采取决策行为，或是博弈各方没有在同一时刻采取决策行为，后采取行动者不知道先采取行动者实施何种策略；动态博弈是指博弈各方根据一定顺序进行决策，并且后采取行动者知晓先采取行动者的行动策略。例如经典的"囚徒困境"博弈模型是静态博弈，而棋牌类活动则是动态博弈。

2. 按照信息获取量划分，即每一位博弈参与者掌握对方参与者信息的状况不同，根据信息获取量，将博弈划分为完全信息博弈和不完全信息博弈。所谓完全信息博弈，具体指博弈参与者能够明确地认识自身的特征，了解对方的行动规划或者行为策略；不完全信息博弈是指博弈参与者虽然能够明确地认识自身的特征，但对于对方的情况并不了解，也不了解对方的行动规划或者行为策略。

3. 按照博弈各方是否能通过挑选正确的行动策略进行协同合作，把博弈分成合作博弈与非合作博弈两类。合作博弈表现为当博弈各方采取选择合作博弈行动策略时，各方的利益都会得到增加；非合作博弈表现为有一方的利益是有所增加的，另一方的利益没有减少，这两种情况的最终博弈结果都增加了整体利益。

本研究借助博弈论，分析跨区域河流资源的利益分配问题，研究各流域政府主体之间的合作博弈问题。地方政府被视为"经济人"，其行为动机带有自利倾向,在其做决策时通常会考虑到地区经济发展和政府官员政治升迁,以获取本地经济和生态利益最大化为行动导向。在跨区域水流域治理上,流域内各地方政府在进行利益博弈时也表现出合作与不合作两种情形。其一,采用不合作的形式,以个体理性为主导,博弈双方都没有一个强有力的约束机制,基于"自利性",一方以实现自身利益最大化为目标进行行动选择,忽视对方的利益,在短期内可以实现自身收益最大化,然而从长远来看,将会付出沉重的代价。这种不合作行为选择的结果会致使整条流域的利益受到损害。这种不合作的博弈行为造成集体利益损害的原因在于,博弈中一方主体的行为选择损害了对方的利益,而不是增加了对方的利益,例如企业通过违法排污的方式降低成本,不仅破坏了本地居民生活的生态环境,而且影响了当地政府在群众中的公信力,同时企业自身也受到连坐式损害。其二,采用合作的形式,强调集体理性即集体利益最大化。流域各级地方政府从流域长远利益出发,信息共享,在行为受约束的条件下,做出最优于整条流域利益的策略选择并采取相应行动,其结果不仅提升了各地方政府自身的公信力,而且能在经济利益上实现共赢。由此可见,如果在博弈中存在多方行为主体,博弈主体能够采取合作策略,使个人目标与集体目标趋于一致,最终能实现共赢,如此便可证明这些主体间的博弈存在激励相容。所谓激励相容是指在市场经济中,每个理性的经济人都具有自利性,即都是为了追求自身利益最大化而行动的,因此,其个人行为会按自利的规则行动。如果所有人都按照自利动机行动,那么集体利益或者说公共利益就无法实现,这时就需要一种制度安排起到规范和约束的作用,以促进经济人追求个人利益的行为正好与组织实现集体价值最大化的目标相吻合。换言之,这种制度安排可以使个人利益与集体利益趋于一致,从而达到激励相容的效果。

从博弈论的角度来看,跨区域河流资源的利益分配问题可以理解为各流域政府主体之间的合作博弈问题。地方政府作为理性行动人,基于地区发展和政府官员政治升迁的考虑,以获取本地经济和生态利益最大化为行动导向。

在跨区域河流治理上,流域内各地方政府在进行利益博弈时也表现出不合作与合作两种情形。第一,不合作,强调个体理性。在一个对双方没有约束力的协议的情况下,若一方以获取自身利益最大化为目标来进行策略选择和据此采取行动,并不考虑对方的利益,那么在短期内可以实现自身收益最大化,但是却以大方付出代价为后果,这种不合作的结果是使流域整体的利益受到损害。这种不合作的博弈行为存在激励扭曲,即在博弈中,一方主体的行为不仅没有使对方的利益增加,反而使对方的利益受损。例如企业违法排污,污染了本地居民生活的美好环境,影响了当地政府在群众中的形象,也使企业受到连坐式损害,阻碍整体经济的发展。第二,合作,强调集体理性即集体利益最大化。如果流域内各地方政府能够在互通信息和达成有约束力的协议条件下,从流域长远利益出发,做出对于流域整体最优或是最合理的策略选择并采取行动,那么博弈的结果能够使各地方政府不仅自身的利益最大化,并且在利益上实现双赢。如果在博弈中存在多方行为主体,博弈主体之间的互动能够促使多方主体实现他们各自的目标,实现共赢,就说明这些主体间的博弈存在激励相容。所谓激励相容是指在市场经济中,每个理性的经济人都具有自利性,即都是为了追求自身利益最大化而行动的,因此,其个人行为会按自利的规则行动,如果所有人都按照自利动机行动,那么集体利益或者说公共利益就无法实现,这时就需要一种制度安排,这种制度安排起到规范和约束的作用,促进经济人追求个人利益的行为,正好与组织实现集体价值最大化的目标相吻合。换句话说,这种制度安排可以使个人利益与集体利益趋于一致,这样的制度安排,就是激励相容。但是在现实的政府决策中,由于各地政府之间的信息不对称和官员短期政治升迁的考虑,都会倾向于做一个"搭便车"者,对于跨区域河流的治理问题置之不理,只愿意享受现有的利益,不愿为治理污染等问题付出治理成本。因此,有必要建立一套有约束力的跨区域协同治理的协议,对流域内各政府主体进行约束,达到提升整体利益的目的,促进合作治理的成效。

第三章　跨区域生态环境"共建共治"的困境与优势

第一节　治理面临的困境

　　跨区域生态环境"共建共治"所面向的,是环境治理中的一大特殊区域,要同时面对跨区域治理的总体性和特定地区治理的特殊性。随着经济的快速发展,跨区域水污染问题日益突出,呈现出复杂性、多样性和广泛性等特点,地方政府合作成为治理跨区域水污染问题的新路向。但是目前我国地方政府在合作治理跨区域水污染问题上,不仅受到"搭便车"、唯GDP政绩观以及合作成本等内部因素的牵制,也面临治理跨区域水污染行政管理微观层面与宏观层面脱节、制度环境松散以及监督环境宽松等外部因素的限制。[①] 因此,本书为解决跨区域生态水污染问题,特从跨区域生态环境的共同建设与共同治理方面着手进行研究探讨。

　　水资源作为人类重要的自然资源,面临着严重的污染问题。跨区域水污染问题日益突出,成为制约我国经济社会发展、人民用水安全的一大隐患。党的十九大报告指出,"坚持人与自然和谐共生。建设生态文明是中华民族永

---

　　① 赵星:《整体性治理:破解跨区域水污染治理碎片化的有效路径——以太湖流域为例》,《江西农业学报》2017年第29期。

续发展的千年大计。必须树立和践行绿水青山就是金山银山的理念……为人民创造良好生产生活环境,为全球生态安作作出贡献。"①国家对环境保护的意识和行动力不断增强。调查显示,虽然目前我国重点流域水污染治理工作取得显著成效,但是部分地区依旧存在污水排放不达标、处理不善等问题,致使部分水体水环境质量较差,全国地表水仍有近 1/10 的断面水质为劣 V 类,其中海河流域、黄河流域、长江流域以及珠江流域的部分河段均存在水质环境较差的情况。②

目前我国跨区域水污染日益严重,呈现出广泛性、系统性、长期性、艰巨性、复杂性的特点。随着经济社会的不断发展,跨区域水污染问题越发严重,学术界对此也进行了深入的讨论。基于府际关系视角,有学者将我国跨区域水污染问题的根源归结于地方政府的个体理性与集体理性的冲突,指出制度创新是解决我国跨区域水污染问题的关键所在,必须全方位考虑制度环境、组织安排和合作规则,促成地方政府之间的合作治理跨区域水污染问题。基于区域公共管理的视角,有学者指出传统行政区在治理跨区域水污染问题上出现瓶颈,仅仅依靠单一的行政主体已经无法有效解决这一问题,必须积极推进观念、环境以及组织创新,发挥第三部门的作用,通过地方政府之间的广泛合作,才能有效解决我国跨区域水污染问题。③ 基于利益博弈的视角,有学者从利益的视角出发,指出利益共荣使得流域内上下游区域之间的合作成为可能,而流域内各行政主体之间也存在利益博弈,因此治理我国跨区域水污染问题必须协调好各行为主体之间的利益关系,通过绩效考核、生态补偿政策、区域利

①　陈建成、赵哲、汪婧宇、李民桓:《"两山理论"的本质与现实意义研究》,《林业经济》2020年第 42 期。

②　王金南、万军、王倩、苏洁琼、杨丽阁、肖旸:《改革开放 40 年与中国生态环境规划发展》,《中国环境管理》2018 年第 10 期。

③　范永茂、殷玉敏:《跨界环境问题的合作治理模式选择——理论讨论和三个案例》,《公共管理学报》2016 年第 13 期。

益赔偿机制等措施,实现流域内各行政主体之间的利益均衡。① 也有学者将我国水环境污染归因于传统粗放的经济发展模式以及不合理的水环境管理体制与制度环境,通过建立生态补偿、促进联合执法机制建设来解决这一问题。从对已有研究的初步梳理不难发现,目前学术界试图从多个层面、多个角度去解释造成我国跨区域水污染的根源,并提出了众多的解决途径。可以看出,协同治理以及合作治理成为解决我国跨区域水污染问题的主流方式。但是目前我国地方政府在合作治理跨区域水污染问题的实践中逐渐暴露出合作动力不足、合作深度不够等问题。而对我国地方政府在合作治理水污染产生困境的根源的研究还有进一步完善的空间。本书通过分析现有理论研究以及我国跨区域水污染治理现实状况,从内部制约力与外部阻力两个维度,深度剖析在跨区域水污染治理过程中,地方政府合作治理出现困境的内在因素及其内在逻辑。

基于公共选择理论视角,在坚持经济学人及其行为的假设条件下,经济人或理性人都不会为集团的共同利益采取行动,跨区域河流所覆盖的各级地方政府在某种层面上可以视为一个集体或是集团。它们以河流为纽带,共享河流带来的经济收益的同时,也会不同程度受到河流水污染带来的负面影响。

在地理环境的作用下,流域内的各级地方政府的收益和承担的负面影响有所差异,处于河流上游的区域具有天然的污水转移的优势,水污染可以顺着河水走向将污染转移到下游区域,上游城市受益,导致下游污染加重,使下游城市承担高昂的治理成本,逐渐形成水污染"公地悲剧"的局面。上下游城市利益失衡,加剧合作治理"搭便车"行为。这种基于地理条件的影响因素,削弱了上游城市主动治污的积极性,同时也造成下游城市的不满,造成上下游城市在水资源利用上的利益失衡,给地方政府合作环境治理造成不便。另外,跨

---

① 曹莉萍、周冯琦、吴蒙:《基于城市群的流域生态补偿机制研究——以长江流域为例》,《生态学报》2019 年第 39 期。

区域水污染治理收益具有"公共性"的特征,这也给地方政府合作治理水污染带来了一定的阻碍。河流的流动性增加了区域治理成果的流失,同一区域内或者不同河段内的区域都能或多或少分享某一地方政府治理水污染的成果。某些地方低成本投入甚至是零成本投入依旧能够享受他人治理水污染的收益,而真正投入时间、人力、物力、财力成本治理水污染的地区只能从其行动收益中获取极小的份额,收益的公共性与成本的"搭便车"行为,极大地降低了各级地方政府主动治理水污染的积极性。

河流水污染治理成本较高,跨行政区域又增加了整体治理水污染的局限性,治理成本与收益外溢加剧了流域内政府在合作治理水污染问题上的"搭便车"行为,加大了地方政府合作的难度。且地方政府"唯GDP"政绩观,切割治理水污染的长远利益,加大地区间合作的难度。

行政首长负责制给予了地方政府领导相当大的权力,随着行政性分权的推进,地方政府越发成为由地方政府领导负责的相对独立的利益主体,地方政府领导对于地方政府之间的跨区域水污染合作治理起着至关重要的作用,地方政府领导对于合作的态度在一定程度上决定了合作的质量。一方面,我国一些地方政府领导"交流"存在奥尔森所提出的"流寇效应"。在"唯GDP"考核体制下,"交流官员"缺乏"共荣利益"意识,只追求短期收益的最大化,往往采取竭泽而渔的做法,最大限度地攫取本流域内的水资源,以最小的投入成本获取最大的收益,不仅切割了流域内水资源的长远效益,也阻碍地方政府间进行一些维护地方长期利益的合作。另一方面,一些长期在某地方担任领导的官员没有树立正确的政绩观,地方政府合作意识淡薄,缺乏良好的发展战略,不能对地方政府进行科学定位,这些因素也阻碍了地方政府之间合作的有效性。

合作成本在一定程度上阻碍了地方政府在治理水污染上的合作,制约因素包括寻找合作伙伴的成本、协商谈判成本以及组织协调成本。

生态环境问题的产生涉及污染物产生、排放、治理等多个环节的问题,而不同的环节流程可能会分布在跨区域治理体系的不同空间节点中,这样的时序与空序结合的状态造成了跨区域生态环境的复杂性与特殊性。根据研究,治理面临着治理理念分歧、政策支持不足、政府聚合力较弱、治理机制薄弱、多元协作困难、外部限制力等六大困境。

一、治理理念分歧

从一个更加广泛的空间概念看,生态环境治理是由各个不同的节点共同完成的,在中国,节点往往以行政区划作为分割。尽管当前部分行政区的生态环境治理已经颇有成效,治理经验丰富,但也要考虑到,不同地区的治理能力和治理意愿具有显著差异。因此,跨区域生态环境"共建共治"需要充分考虑到不同治理节点的特殊性,治理是由各个节点共同完成的,但是在每个节点的特殊性影响下,可能会出现行政区之间治理理念和治理行为相冲突的问题。同时,在早期的治理过程中,由于行政区的绩效完全取决于本行政区内的各项指标,因此在这样的背景下,单一治理节点往往缺乏对于周边治理节点提供治理支持或协同治理的意愿。首先,上述问题可能会导致在早期跨区域生态环境"共建共治"过程中,难以统筹各个节点为了同一个治理目标而共同进步。其次,以往的治理经验往往是片面的,适用于某一单个治理节点,在推广过程中往往受到其他治理节点自身动力的影响,这使以往的治理经验与理念不能完全适用于其他节点的生态环境治理,治理经验的推广程度在不同节点之间也具有很大的差异。最后,以往政府全权主导的单一化治理理念在治理中已经显得力不从心,不仅增加了政府治理的负担,同时也难以令当地居民与组织产生思想上的真正转变,往往治标不治本。跨区域生态环境"共建共治"在未来需要取得更大的发展,必然需要引入更多的治理主体,而这往往会加剧治理系统的复杂程度。当需要进一步对各方利益进行协调时,跨区域生态环境"共建共治"的推广就会面临很大的考验。

以湖北省为例,湖北省山区面积大,其中有许多相对贫困的村落,村里的封闭不仅体现在经济的落后上,也体现在思想的落后上。村民无法直观地体会到这种保护生态的意识对他们的好处,甚至认为这种意识是多余的、无用的,这就需要村里的干部们做好动员工作,深入讲解。以人们的日常生活为例,村落里的百姓冬天取火的措施都是就近取材,使用柴火来取暖,这种方法很落后,不仅会带来大气的污染,也会破坏植被,加剧水土的流失,导致水环境的进一步恶化。除此之外,农村的种植技术也需要提升,大面积的开荒造成的水土流失只会让长期的农业产量减产,不合理的灌溉会导致土壤盐渍化,大量的农药化肥,甚至是不合格农药化肥的使用,使得地下水受到污染,大量的填湖填沼造田,使湖泊面积锐减。湖北省湖泊的水域面积大于 100 亩的,解放初期有 1332 个,面积达 8528 平方千米,而目前只有 843 个,面积减少了 5545 平方千米,减少幅度达 65%。农村的基础设施和城市相比,差了很多,也就是说,在防洪减灾方面的准备也是不够的,一旦发生洪灾,农村经济受到的打击也将是巨大的。

上述材料展现了湖北省农村地区的治理特色,作为跨区域生态环境"共建共治"中的一种节点类型,其治理政策与城市就会具有一定的差异。这样的差异不仅表现在政策上,也表现在居民对于跨区域生态环境"共建共治"的治理意愿上。这种意识的统一也是必须经过很长时间的发展才能形成的,不可能一下就使得所有人接受这个思想,毕竟每个人的利益立场不同,所牵扯的经济环境也很复杂。

二、政策支持不足

在生态环境治理政策颁布方面,各地区之间习惯于各自为政,多头管理,协调沟通欠缺,缺乏统一的政府政策工具。

在当前生态环境治理的政策工具上,一方面表现出对管制型政策工具的选择偏好;另一方面由于地方政府间、部门机构间横向政策工具协调不力,不同政策工具类型的协同作用不能充分发挥。由于不同政策工具源于不同的部门,基于不同的利益,决策者习惯以割裂的思维方式选择政策工具,忽略了系统性和一体化,造成现实中政策工具之间的排斥对立。一方面,决策者偏好使用管制型政策工具,但对此类工具的过度依赖,不仅容易造成工具选择偏好上的"路径依赖",而且影响其他工具类型的选择,固化单一的选择偏好往往导致政策失灵,甚至影响政策工具的创新与协同。另一方面,由于不同工具类型运用失衡,相应的法律法规、政策标准缺失,市场机制发育不完善,排放权交易、生态补偿、公民参与等政策工具缺位或不到位,管制型政策工具并没有在水污染治理实践中形成较强约束力与协同力;现有水污染管制类工具主要依靠政府科层制治理结构的强制性,协同型政策工具发展渠道受阻,缺乏有效激励,单纯以政府补贴、税费调节等工具加以治理的效果不佳。以生态产业为例,生态产业是按生态经济原理以经济规律组织起来的基于生态系统承载能力、具有和谐的生态功能的集团型产业。其将生产、流通、消费、回收、环境保护及能力建设纵向结合,将不同行业的生产工艺横向耦合,将生产基地与周边环境纳入整个生态系统统一管理,谋求资源的高效利用和有害废弃物向系统外的零排放。但是发展生态企业,面临着区域经济发展不平衡,不利于生态企业联动推进、资源能源高消耗性产业比重大,产业层次较低、资源环境承载力有限,产业转型升级任务紧迫等问题。排污收费标准过低,环境行政处罚种类单一,造成企业宁可缴纳排污费,甚至是罚款,也不愿意投资建设处理设施或者建而不用的现象。排污费过低也影响排污权交易工作的开展。因此,政策工具的协同性与统一性是当前生态环境治理亟待解决的现实问题。

三、政府聚合力较弱

根据对湖北省部分地区治理现状的调研,地区政府在水体治理方面的聚合力较弱,主要体现在资金缺口较大、技术人才缺乏、统筹资源能力不足等方面。

在资金方面,截污控源、生态恢复等的日常运行维护需要大量资金,而由于城乡二元管理体制与位置的边缘化,治理资金往往大量流向城市建成区,本身的财政也存在资金不充裕、使用不透明等问题。

在技术方面,跨区域生态环境的面源污染来源分散、污染因素复杂等特征使跨区域生态环境存在水体监测难和量化难度大的治理障碍,跨区域生态环境反弹风险大的特征也在技术层面带来挑战。如果需要推广跨区域生态环境"共建共治",则需要强大的科研和技术实力作支持。包括生态建设和管理的法律、法规、标准、规范、制度创新和绿色新政的基础研究等在内,这些基础研究的开展不局限于湖北省内,可以借助外部的力量和已有的研究结果和实践经验,通过与国内外的交流和学习、引进和借鉴,不断积累技术储备。如今的湖北省,专项生态环境治理仍然不够成熟,比如城市内涝问题依旧很严重,而且解决起来非常困难,必须重新疏通地下管道,设置管道枢纽,安排专门人员去管理、维修、定期检查。只有开辟新的方法来处理城市内涝问题,比如利用生物措施来缓解城市内涝,增加城市绿地面积,建立城市生态蓄水池,依靠植被的天生蓄水性来缓解内涝,才能有效解决问题。跨区域生态环境"共建共治"是一个巨大的治理系统,需要各方面的技术配套共同参与实施。

四、治理机制薄弱

目前,我国的基层环保机构体系仍不健全,与城市环境保护管理相比,工作力量薄弱、缺乏重视,并且相关治理机制仍不健全。

在协调机制方面,政府各部门间协调不足,职能的交叉导致效率低下,而社会与政府之间的协调也有所欠缺,沟通平台搭建不完善,社会动员机制有待改进。在监督机制方面,政府监督存在滞后性,监督人员的数量有限性难以保证治理过程中的监督有效性;社会监督则依赖于媒体报道与居民的举报,由于对应奖惩机制的缺失,公众普遍参与度不高或对该类现象熟视无睹。

五、多元协作困难

目前阶段,以政府主导的环境治理仍存在较多问题:在政府内部,存在上下级协同不力、跨部门协同困顿等问题;在不同地方政府之间,行政区划的割裂、边界的模糊性和随意性、治理目标的差异导致府际合作艰难;在政府和其他主体之间,不同主体的利益协调与协作机制尚未得到有效落实。

产业、当地居民与社会组织等主体参与度较低:企业往往存在经济效益挤占环保理念的现象,法律约束的缺席也会带来"公地悲剧";由于制度落实不到位,居民在环境治理中的参与意识与能力缺失、参与广度与深度不足、参与结果与效果不显著;社会组织的活动主要在城市建成区展开,并且在环境治理方面缺乏能动性。

六、外部限制力

流域内地方政府合作不仅受各地方政府主体"地方保护主义"的内部限制力,同时也受到体制环境、法制环境以及监督环境的影响。

(一) 宏观行政与微观管理脱节

河流是一个整体,对河流污染的治理也应当从整体出发,宏观把控。但是严格的行政区划将河流分割成具有明确边界的河段,切割了河流的整体性。流域内各级地方政府虽然在一定程度上遵守国家的相关治污规定,将河流水污染控制在一定的限度内,但是河流污染的总量却超过国家限制。目前我国缺少宏观把控跨区域水污染的机制,虽然从宏观上限制河流的排污控制限度,但是依旧无法从整体上控制河流总污染量。另外,流域内区域发展水平不同,流域内经济结构也存在一定的差异,各级地方政府经济发展程度不同,对河流资源的利用及排污量也不尽相同,加之各级地方政府污染防控和治理的能力存在一定的差异,造成河流流域内不同河段污染程度和治理效果存在一定的差异,导致各河段内地方政府合作治理水污染的利益分配失衡。中央层面宏观调控与地方各级政府对河流水污染防治的分割,以及地区发展不平衡,不仅加大了河流整体水污染治理的难度,同时也阻碍了各级地方政府合作治理水污染的进程。

（二）松散不健全的制度环境

随着工业化和城市化进程的不断加快,水污染成为摆在我国经济面前的一道阻碍,是关乎民生的一道难关。为了治理水污染,我国相继出台了《中华人民共和国水法》《中华人民共和国水污染防治法》等相关法律法规。目前我国对于水资源的利用秉承着"合理开发、利用、节约和保护水资源,防治水害,实现水资源的可持续利用,适应国民经济和社会发展的需要"的理念,坚持"水污染防治应当坚持预防为主,防治结合、综合治理相结合的原则,积极推进生态治理工程建设,预防、控制和减少水环境污染和生态破坏"。党的十九大报告指出:"中国特色社会主义进入新时代,我国社会主要矛盾已经转化为人民日益增长的美好生活需要和不平衡不充分的发展之间的矛盾。"这就意味着我国居民已经不仅满足于简单的物质需求,而是有更高品质、更高质量的追求,对生存的环境也提出了更高的要求。显然水污染与居民对美好生活的追求背道而驰,因此治理河流水污染问题不仅仅是经济持续发展的问题,也是解决我国当今社会主要矛盾不可回避的问题。然而目前针对跨区域水污染防治的法律依旧较少,法律规章制度尚不完善。另外,我国部分地方政府经济发展模式与国家水环境保护相关法律宗旨背道而驰,部分地方政府依旧走"先污染、后治理"的老路,以水环境为代价,采取竭泽而渔的做法,牺牲流域内水资源的长远利益。

（三）欠缺且不及时的监督机制

水污染合作治理效果与监督环境也有着密不可分的关系。目前我国对水污染治理的监督存在行政监督不到位、社会监督不健全、法治监督不及时以及惩罚落地跟不上等问题。实践表明,制度、政策以及法治如果只是停留在文件层面,而没有对落地效果的检测和监督,也无法实现预期的效果。地方政府合作治理水污染同样如此。单纯依靠制度规范、法律约束,无法真正实现治理跨区域水污染的现实问题。而现实也表明,目前我国中央和地方在政策出台和落实上存在一定的缝隙,时常出现"上有政策、下有对策"的局面。面对地方政府选择性应对中央政策的情况,在现有行政体制下,行政监督需要一定的人力、物力等,在监督费用等因素的制约下,行政监督有时无法及时跟踪地方政府落实中央制度和政策的实际情况。社会监督力量也没有得到充分挖掘,互联网等现代信息技术在社会监督方面的应用还需要进一步推广。

宏观行政管理与区域微观行政管理的脱节、松散的制度环境、欠缺的监督机制,给地方政府治理水污染营造了一个消极的外部环境,放松了对地方政府治理水污染的整体约束性。在理性经济人假设条件下行动的地方政府,面对其他地方政府的"搭便车"行为以及合作带来的成本,在"唯GDP"政绩观的作用下,往往会放弃合作治理水污染的长远利益,转而采取地方保护主义,破坏流域内地方政府水污染合作治理机制。

第二节 困境溶解的机制

跨区域生态环境治理涉及更加广泛的治理范围,具有更加丰富的治理节点,存在更加复杂的治理环境,需要充分考虑到总体治理的统一协调和不同治理节点的特殊差异。传统的治理理念和治理政策已经不能很好地适应当前跨区域生态环境治理的需要,对治理理念进行迭代更新,就显得尤其重要。在具体的治理过程中,需要符合当地具体情况,因地制宜,在更新总体治理理念的背景下,针对不同地区的不同特点,构建特定的治理模式,建立不同治理节点之间的交流反馈机制和单个治理节点的循环反馈机制。这一目标的实现有赖于生态环境治理理念的特殊转变与多元协作理念的深化。

此外,内部牵制力与外部限制制约了地方政府谋求区域合作的动力,也制约了地方政府寻求合作伙伴、主动治理跨区域生态环境问题的能力,无法激发地方政府谋求合作主动治理跨区域水污染问题的动力。在现有政策环境中,在地方政府主动治理跨区域水污染的自主性不足的情况下,必须依靠强大的外在力量,倒逼地方政府治理跨区域水污染的主动性,激发地方政府寻求区域合作的内在需求,构建具有较强吸附力的跨区域水污染治理机制体制。

一、跨区域治理需要因地制宜

(一) 经济生态化

"经济生态化"是指促进产业经济发展的绿色化、生态化。经济增长不应以损耗自然资源与生态价值为代价,将社会系统与生态系统相隔离的发展模式不仅会直接对生态系统造成破坏,而且会最终折损社会系统的发展基础。对于跨区域协调治理的模式,单个治理节点的工业与农业生产,无论在空间规划、产业结构还是生产手段上,都应与自然环境相适应,将控制源头污染作为前提,使区域经济与生态实现和谐配置,有效抑制生态污染的产生。

(二) 生态经济化

"生态经济化"是指利用生态资源促进区域经济增长与福利提升。跨区域生态环境作为区域经济发展与环境改善的巨大阻碍,意味着解决后将大大促进该地的环境与经济增长。一方面,将跨区域协调治理的治理本身作为一项产业,可使生态建设单位通过生态治理获得收益;另一方面,对环境污染进行有效消除,维护其生态服务功能,便可能将其转化为经济增长的资本,促进经济效益提高的同时,实现生态环境的长期良性发展。

（三）试点示范，以点带面

跨区域协调治理下属的各个节点必然面对自身的特殊环境，在早期的治理过程中，在多种因素的影响下，各地的治理绩效也会有所不同。为了更好地推进跨区域协调治理的整体发展，可以根据各治理节点的自然条件、经济发展水平、污染成因、前期工作基础等方面，筛选生态治理的示范节点，深入推进治理的推广。通过试点示范，总结治理经验，形成可复制、可推广的治理模式，以点带面，从而促进跨区域平台的整体发展，最终形成可复制、可推广的全面治理模式。

二、推动跨区域治理多元协作

改变政府单一主导的治理模式，实现政府、企业、公众的协同合作治理的模式成为跨区域生态环境协调治理的主要发展方向。政府不是生态治理的唯一主体，企业、社会组织和民众也都应参与其中；治理手段也由行政管制的单一手段转向行政管制、经济激励和社会创新相结合的多元手段。这要求治理理念从单一政府走向多元协作治理，形成政村企民联动的多元协同治理模式。

（一）政策体系完善化

当前，跨区域生态环境治理还缺乏统领的政策目标，各个治理节点往往缺乏统一的政策领导，在治理实践过程中更多呈现出分散的、单一的技术型目标。已有研究指出，国外在治理跨区域水污染问题上的一大趋势是从整体上把握水污染治理，通过对流域内的综合治理从宏观上把控跨界河流的水污染问题，加强区域间的合作与协调，系统解决跨区域水污染问题。目前我国在治理跨区域水污染问题上面临的一大挑战就是治理碎片化。严格的行政区划将无明确边界的河流强行分割为若干河段，不仅忽视了河流的阶段性特性，也造成整体治污效果不明显，区域合作治理困难重重。因此在解决我国跨区域生态环境问题上,必须建立跨区域生态环境宏观管理机制。

地方政府之间的合作离不开中央政府的宏观把控。与地方政府相比,无论是在权力还是在资源统筹能力、整体调控能力方面,中央政府都具有明显的优势。一方面,中央政府要整体把握跨区域河流水污染的现状,从整体出发,结合每条跨区域河流的现实情况,制定出系统的治理措施。另一方面,要发挥中央政府的协调作用。地方政府之间的合作需要一个强有力的组织者在其中发挥协调统筹的作用,而中央政府无疑需要承担起这样一个角色,一是通过具体的政策或制度引导和鼓励地方政府合作治理跨区域河流的水污染问题;二是为地方政府之间的合作搭建平台,营造合作共治的良好氛围。

从目标导向上看,治理行为缺乏清晰的价值指引和目标达成,导致治理过程缺乏连贯性和陷入"见子打子"的困境。因此,政策工具的完善需要从统一纲领政策和部门协调方面入手。

(二) 建立专项生态环境治理政策

从早期的单个节点治理经验看,统一指导政策对治理效果有显著提高,生态环境治理涉及对污染源排查与识别、整治方案的制订与实施、整治效果的评估与考核、长效机制的建立与政策保障等多方面统一政策,加强统一领导。复杂的治理路径往往不能由单个节点独立设置和实施,因此在整体的治理模式中,需要由统一的领导架构建立专项的生态环境治理政策,从而为各个下级节点提供更加全面的政策保障。通过专项政策的建立,对于权责分配和执行权限进行进一步的规定和约束,从上到下,对各个节点的具体职责与治理要求进行全面的规范,从而真正地对每个治理节点的特殊性做到兼顾,规避单一治理节点独立行动而造成的政策缺陷。

舒尔茨将制度和政策定义为一种行为规则。行为主体的有界理性与昂贵的信息费用使得制度成为必不可少的,它不仅能够有效地影响行为主体的行动轨迹,也能够降低交易费用。经济学家林毅夫则将制度安排视为管束特定行动模型和关系的一套行为规则,是支配经济单位之间可能合作和竞争的方式的一种安排。由此看来,在解决跨区域水污染问题上,地方政府之间的合作也需要一套行之有效的制度安排,来规范各行为主体之间的合作,同时降低合作费用。

另外,要发挥意识形态的制度性作用。林毅夫指出,意识形态是减少提供其他制度安排的服务费用的最重要的制度安排。意识形态作为关于世界观的一种信念,能够通过无形的伦理规则约束行动主体的行为,通过对正向能量的弘扬和对负面行为的谴责规范各行为主体的行为。在地方政府合作治理水污染的过程中,"搭便车"、违背合作协议等不符合伦理道德的行为屡见不鲜,而正式制度在处理类似问题上存在明显的局限性,无法通过有形的硬性规定来约束无形的、有弹性的消极合作行为。因此发挥意识形态的力量,对于弥补正式制度的欠缺具有重要的意义。通过打造正面的伦理氛围,向各级地方政府灌输合作治理的伦理规范,从意识形态上约束各行为主体的合作规范。通过对合乎合作伦理的行为的宣传与对不符合合作伦理的行为的舆论批判,在地方政府之间营造伦理批判氛围。舆论批判为各行为主体寻求那些注重合作伦理的诚信合作伙伴提供了便利,通过为各地方政府塑造舆论形象进而约束各行为主体的行为。

(三) 明确各级政府职责

生态环境治理是典型的社会公共行为,本质上是公共产品的提供,因此需要政府各部门的参与,但同时由于功能局限性,单一级别政府或部门难以事无巨细地开展生态环境的治理工作。因此,需要进一步细化政府职责,明确各级治理节点的目标,同时政府的相关部门应当各司其职、相互协调、具体承担相应的职责,为彼此提供必要的资料和协助,以提高工作效率。

利益失衡是导致流域内各级地方政府无法实现有效合作的一大影响因素,因此必须充分协调各级地方政府之间的利益关系,明确各自的权利与责任,基于河流的属性,系统地分配各地方政府的利益,同时匹配相应的责任,建立有效的合作补偿与利益共享机制,使权利与责任相匹配,明确各地方政府在合作治理跨区域水污染当中的职责,规范各级地方政府的"搭便车"行为。

三、治理硬件完善化

（一）建立多元治理资金投入机制

第一,作为生态环境治理的责任主体的各级政府,应充分发挥带头和引领作用,推动建立各级统筹的资金投入机制,提高环境治理投入在财政总投入中的比重;第二,通过政府与社会资本合作模式吸引企业参与生态环境治理,由政府对合作企业进行监管,从而保证治理的有效性;第三,使居民加入生态环境治理的资金分担机制,探索生态环境治理的计价机制。

（二）加强治理实用技术的研发与推广

第一,政府要鼓励高校、科研院所等就跨区域生态环境治理的适用进行分类型、分地域的研究,争取为生态环境治理筛选和总结出能因地制宜、具备适应性的技术;第二,建立跨区域生态环境治理的专家队伍,选派专业技术人员对重点治理对象进行指导;第三,可借鉴发达国家等在环境治理方面成效显著的环境管理经验和技术方案,探索出与当地环境相适应的技术设计。

四、治理机制系统化

（一）建立合理协调机制

第一,在政府内部,统筹并整合政府相关部门的环境治理职责、机构和队伍,建立与当地环境治理需求相互适应的综合执法与管理体系,解决长期以来的"多头治理"困境,同时加强环保机构和队伍的建设工作,提升环保机构的数量和质量,为跨区域生态环境治理提供坚实的组织基础。地方政府之间的合作离不开组织协调机制,其中应该包括固定的统筹协调组织以及具体的合作程序与规范。合作中的地方政府如果没有一个固定的统筹协调组织以及具体的合作程序与规范,就会相对松散和分离。合作中的地方政府如果没有一定的组织协调能力,那么这个组织很难得到一致认可。横跨各合作主体的协调组织,旨在沟通与协调各行为主体之间的利益和矛盾,合理分配各合作主体的利益与职责,不断促进合作向前推进,确保合作如期且顺利开展。

第二,在政府外部,要在政府主导基础上建立多元主体合作的利益协调机制。地方政府在跨区域生态环境治理过程中,应在充分发扬民主的基础上,就相关项目议题与企业、农民、村委、环保社会组织和媒体等相关方进行有效的沟通和对话,建立治理合作机构和实施平台,有效规范各主体合作制度,以沟通促进利益协调,以合作实现共同发展。

第三,信息闭塞会造成地方政府合作和协调成本的增加。地方政府之间的合作,需要从寻求合适的合作伙伴入手,而闭塞的信息环境增加了各级地方政府寻求合作伙伴的难度。就我国发展现状而言,各级地方政府或多或少存在地方保护主义行为。例如对治理水污染新技术、新工具等有价值的信息进行保密,使得好的资源得不到及时的共享。解决我国跨区域水污染问题,必须建立有效的信息共享机制。一方面,借助互联网信息技术,搭建专门的网络信息共享平台,各级地方政府可以通过这一专门的平台,将各自流域内的水污染信息及时发布,使其他相关行为主体能够及时掌握这些信息,并采取相应的措施。另一方面,专门的信息共享平台能够成为各地方政府主体寻求合作伙伴的平台,提高地方政府搜集合作信息的效率,降低寻求合作伙伴的信息搜集成本。

(二) 完善多元监督机制

第一,在政府内部,建立规范的内部职能监督体系。因为环境治理领域的监督工作具有一定的技术壁垒,所以需要在机构中组建专职的监督队伍,并尽量保证监督队伍的专业领域与检查要求相对应,在统筹考虑人员编制的基础上通过内部人员的划转与培养、面向社会招聘、优化部门编制结构等,多渠道扩充跨区域生态环境治理监督的专业队伍,夯实水体治理的内部监督力量。

第二,在政府外部,加强公众在"事前—事中—事后"三大监督环节中的参与。首先,在事前监督中,可采取座谈会、听证会等形式,广泛征求社会公众关于生态环境治理过程中的标准制定、报告审批、许可证颁发等方面的意见;其次,在事中监督中,可扩展公众在环保检察工作中的参与渠道,并赋予公众对政府部门的生态治理工作进行集体评议的机会;最后,在事后监督中,主要应当加强公众对于治理绩效的反馈,有利于未来治理方案、制度的优化与革新。

五、治理主体多元化

环境治理始终是涉及多方利益主体的共同话题,单由政府包揽的传统治理模式必然不能长期有效,跨区域生态环境的治理有待社会各大重要主体以合理的协作模式实现共同参与。

(一) 基层政府

基层政府在跨区域生态环境治理中,一方面,应对内实现横向上的各部门协调合作与纵向上的上下级统筹一致;另一方面,应对外转变角色定位,从大包大揽的责任承担者转换为多方主体共治中的引领与协调者,负责顶层设计,合理规范与分配各主体责任与义务,发挥生态建设中的价值引领作用,引导社会强化环境治理的公共意识和集体责任感。

(二) 当地居民

居民的角色转变,在跨区域生态环境治理转型中具有关键作用。居民集污染者、受害者和监督者等多重角色于一身的特点,决定了只有居民发挥主体作用广泛参与,才能使治理获得良效。作为污染者,居民应当承担相应义务,加入污染收费机制,限制生活和生产水污染的排放。作为受害者与监督者,居民应当享有适当的权利,在治理工程的推进过程中获得商议方案、监督工作、表达意愿的渠道。

(三) 相关企业

相较居民而言,企业排污分布更集中、规模更大,是生态环境污染的重要来源,应利用规范的市场机制和财税政策限制其排放污染。与此同时,企业在技术、资金方面拥有天然的优势,可将其作为跨区域生态环境治理的重要支撑。

(四) 社会组织

长期以来,社会组织的活动重心往往在城市建成区,在生态治理方面相关的社会组织活动占比少、规模小、参与不足。地方应当积极引进社会组织力量,以其在环境治理参与中的专业性和积极性,为水体治理带来新进展。

第三节 区域治理发展趋势

一、区域生态治理的历史演进

(一) 传统阶段——利益阻隔,缺失治理

在这一阶段,我国以发展经济为首要目的,在环境治理上呈现出功利性倾向。与此同时,我国政府管理体制的权威化治理特征日趋明显,中央政府成为绝对的权威。1979 年,国家颁布了《中华人民共和国环境保护法》。1984 年制定了《中华人民共和国水污染防治法》,用以指导江河、湖泊、运河、渠道、水库等地表水体以及地下水体的污染防治工作。以《中华人民共和国水污染防

治法》为核心,各领域的保护法规和政策在 1984—1995 年相继制定。但由于中央权威的主要重心在于发展经济,所有环境政策的考量都须在不影响经济发展的大前提下进行,实际上保护法规和政策较少施行。人们的水环境保护意识淡薄,治理处于缺失状态,各主体利益阻隔。

(二) 初级阶段——权责不清,"九龙治水"

面对"生态环境、自然资源和经济社会发展的矛盾日益突出"的严峻问题,2002 年,党的十六大报告明确指出,必须把可持续发展放在十分突出的地位,坚持保护环境和保护资源的基本国策。这一决定标志着中央权威的环境治理理念发生了巨大转变。

2002 年,中央颁布的《中华人民共和国水法》正式提出水污染治理实行区域划分的举措。然而条块分割、地域分割导致不同区域、同一区域的不同部门权责不清,政出多门,叠床架屋。就不同区域而言,各地区主要关注本区域范围内的污染治理,跨区域则意味着污染造成的损害和治理成本由其他地区承担,从而缺乏对跨区域污染加以限制的激励,而这往往意味着"公地悲剧"的发生;就同一区域而言,各部门之间由于缺乏协调和衔接的机制,实际有权无责,呈现出有利益时相互争夺,有责任时相互推诿的局面。

总之,此阶段权责不清、"九龙治水"的管理体制违背了水的自然属性,不仅效率低下,还无助于水体的合理开发利用和保护。

(三) 探索阶段——统一调度,集中而治

此阶段,我国试图打破过去部门和地域条块分割化管理,建立集中管理的体制,并将水资源的开发利用、水污染防治、水生态安全保护等纳入一体化轨道。

尽管这一治理模式比初级阶段治理模式有了较大进步,但仍保留了传统环境治理模式下只局限在政府内部、自上而下的管理逻辑。一旦上下级政府

之间的利益追求和目标导向出现偏差,该区域水环境治理效果将难以保障。同时,集中管理下的单向沟通渠道易导致上下级政府间财权和事权无法统一,使得地方政府更易产生利己冲动,从而加剧流域水污染之间的治理矛盾。

总之,过度依赖政府的单一治理模式可能导致政府职能转变不到位、信息不对称、各主体利益诉求无法满足等诸多问题,因此,探索多元协同的生态治理模式既是形势所迫,也是大势所趋。

(四) 发展阶段——多元参与,协同共治

2013年,习近平同志在海南考察时指出:"良好的生态环境是最公平的公共产品,是最普惠的民生福祉。"因此,政府、市场和社会力量在治水过程中并不是非此即彼的关系,而是协同共治的良性互动。

在水环境共治的过程中,各个主体积极主动承担不同的角色。在政府之维,逐步实现角色转变,基层政府逐步从"控制型"向"服务型"转变,发挥横向上总揽全局、协调各方的作用,同时纵向上有序处理中央与地方的关系;在市场之维,"绿水青山就是金山银山"的理念更加深入人心,产业认识到生态环境与其长期利益追寻的关系,主动与社会各界共同承担建设生态文明的重任;在社会组织之维,社会组织在引入先进国际理念和方法后,创新保护模式、吸引和带动民间资本投入环境保护,以壮大环保力量;在社会之维,完善公益诉讼与公众参与制度。作为水环境利益的直接相关者,当地居民对企业的水环境破坏行为进行直接监督,或向政府提出诉求,进行间接监督,同时通过多元利益合作组织平台,将零星的个体力量整合起来,有效防治水环境破坏行为。

总而言之,此阶段的水环境治理模式倡导"多元参与、协同共治"的治理理念,体现了多中心、网状化、合作型的现代化治理特征。

二、区域生态治理的实施趋势

根据社会资本理论,社会资本与物质资本可以相互转化,而且在很大程度上二者呈正相关。而跨区域生态环境治理恰恰需要大量社会资本的注入。

社会资本所追求的目标是共赢,是彼此间通过全力配合而实现个人价值和集体资本增加的集聚效应。地区经济的相对落后导致当地居民缺乏为他们共同的利益采取集体行动的意愿,继而更无法满足生态宜居的美好生活的需要。因此,他们更需要社会资本。

跨区域生态环境治理的最终目标是追求生态平衡,并在此基础上发展壮大经济,实现共同富裕。这种目标不仅需要政府发挥其作用,更需要居民自身发挥其主观能动性,参与到跨区域生态环境治理中来。

综上,在这个特殊的环境中,需要借助居民自治的力量,依靠彼此间的信任与合作,努力培育社会资本,提升跨区域生态环境治理的效果。

社会资本与跨区域生态环境治理的提出具有相同的理论背景,二者都是在社会治理领域,在政府与市场的双重失效情况下,也就是在以往的治理模式和手段不能有效地解决问题的情况下所兴起和流行起来的,其目的都是为改变以往政府在社会治理中单一的控制和命令方式的不足。二者都希望通过调动社会中潜在的动态力量而不仅仅是"政府"来治理社会。这是一种管理中民主思维的复苏,是"以公民为中心"的管理理念的理论拓展,也是管理理念中人本主义的回归。

社会资本强调人与人之间的信任、互惠规范与关系网络,治理则强调治理主体与治理客体之间的合作和互动,两者具有一种共通和互补的关系。良好的社会资本是优化治理成效的前提,只有当一个社会中的公民普遍具有团结、合作和信任的公共精神,具有高度的责任和参与意识时,治理绩效才有可能实现;而良好的治理也有助于社会资本的增加,因为在善治的框架下可以确保"建构了平等参与的法理基础,有利于社会信任、合作和共识的普遍建立"。

环境治理具有公共物品的属性,并且参与资源配置的过程。在这一过程中,势必会涉及人与人之间的复杂的关系网络;而作为一种公共物品,政府对之具有必然的管理权,导致跨区域生态环境治理资源的配置过程中势必会掺杂政府与个体、社会、企业等社会主体的复杂联系。换言之,按照社会资本理论,社会资本必然存在于与跨区域生态环境治理相关的社会关系网络上,并影响跨区域生态环境治理资源的配置。跨区域生态环境治理与居民的参与意识、合作精神、交往网络、互相信任的心理认同感以及平等互惠的社会资本要素密切相关,其治理效果也与社会资本存量及质量直接相关。因此,分析跨区域生态环境治理问题,必须深入了解其中的社会资本因素,才能把握跨区域生态环境治理的深层机理。

环境市民社会作为环境 NGO 或个人等重要环境利益主体的社会契约关系的总和,是以市民广泛参与环境保护为基础的。显然,市民社会的概念与社会资本概念并不冲突,社会资本是一种与物质资本和人力资本相似的无形资本,其组成部分是社会网络、规范和社会信任等内容,这些内容也是市民社会的重要组成内容。

然而以环境 NGO 为核心的环境市民社会在我国远未形成,在社会其组织规模和所起到的作用更未成气候。由于政府主导了环境治理过程,使得在政府之外的其他环境社会组织的发展必然受到限制,即使存在一些环境社会团体,其组织数量、规模也十分有限,对政府决策影响不大,对其他环境利益相关者形不成太多的制约,在维护公众环境权益上没有起到应有的作用,影响有限。

跨区域生态环境治理是摆在我国经济和社会发展面前不可忽视的问题,从现有的研究与我国治理跨区域生态环境治理的问题现状来看,地方政府合作治理成为一大趋势。基于公共选择理论"理性经济人"假设,地方政府面临严峻的内部牵制力。一些地方政府着眼于本区域经济的发展,获取跨区域生态治理的同时尽可能将污染转移,转嫁治理成本,造成区域间利益冲突,助长地方政府在治理跨区域生态环境问题中"搭便车"的行为。在唯 GDP 政绩观的影响下,一些地方政府领导为追求个人政绩,往往采取竭泽而渔的做法。只重视眼前的经济效益,而忽视流域内的长远利益,阻碍地方政府合作治理跨区域水污染问题。此外,相对宽松的外部环境也是地方政府在合作治理跨区域生态环境治理问题上不积极不作为的一个因素。流域内宏观的行政管理与地方政府的微观行政管理的脱节,不仅减弱了中央政府的宏观把控能力,也给地方政府"应付"政策提供了便利。因此,地方政府间的合作很难实现良性循环。

解决我国跨区域水污染问题,不能仅仅依靠单一的行政手段,而是需要多管齐下。通过建立流域内宏观管理机制,从整体上把控跨区域河流水污染问题。通过制度构建、信息共享、组织协调和降低政府合作成本,强化行政监督,拓展社会监督渠道和路径,完善监督体系。从整体把控、制度规制、监督落实三个维度,切实规范地方政府合作治理跨区域生态环境治理问题,进而推进我国在这一方面实现新的突破。

第四章　跨区域生态环境"共建共治"的发展政策效果测度

第一节　长江经济带发展政策量化评估

一、必要性与可行性

（一）必要性

中国作为世界上人口最多的发展中国家,粗放型的经济发展方式背后隐藏着无法忽视的高昂的环境成本代价。为持续推进可持续发展的进程、有效解决生态环境面临的严峻形势和巨大挑战,政府提出了一种新的经济发展模式,叫作绿色发展。这是我国必须始终坚持的一项基本国策,也是一番功在当代、利在千秋的事业。2011 年,我国政府将绿色发展确立为"十二五"规划中的主题发展思想。2016 年,在"十三五"规划纲要中提到,中国的发展需始终坚持生态优先、绿色发展的理念,并加强区域间的协调协作与综合治理。①2021 年,我国"十四五"规划纲要中指出,坚持绿色发展之路,共筑生态文明之

---

① 王佳宁、罗重谱:《政策演进、省际操作及其趋势研判——长江经济带战略实施三周年的总体评价》,《南京社会科学》2017 年第 4 期。

基,厚植发展优势,破解发展难题,协同推进生态环境保护和经济发展。可见,中国环境保护效果持续显现,在经济上取得重大成就时愈加重视由传统发展模式转向新型绿色发展模式。[1] 长江经济带作为中国的重大国家战略发展区域,共覆盖 11 个省市,占全国总面积的 21.4%,是长江流域乃至中国的重要生态屏障区域。近年来,长江经济带经济总量占全国比重升至 46.6%,其重要性可见一斑。长江经济带推进绿色发展模式惠及民生福祉,不但能够缓解中国现代化进程中的环境压力,而且对转变经济发展方式、提高经济发展质量具有深远的影响。迄今为止,中国政府部门已出台诸多政策法规保证长江经济带的经济发展可以同绿色发展相结合,并以严密的法治手段引导人与自然和谐共生,为绿色发展贡献"政府力量"。

对绿色发展进程的判定有必要提出一种相对准确、科学、简洁的评估方法。政策评估作为政策资源合理配置的基础,也是检验政策效果的有效途径。以往政府将试点方案作为公共服务现代化的关键手段,指望评价者充当变革推动者。[2] 证据表明,仅仅依靠扩大政策试点范围进行政策评估的做法较为局限,但是选择量化评价政策效果的方式在一定程度上可以实现较为有效的互动式治理。[3] 通过对长江经济带绿色发展政策的研判与评估,一方面可以从矛盾的角度检视各个政策文本存在的问题;另一方面可以从中总结经验教训,为政策文本的优化路径提供参考思路。

(二) 可行性

当前,学者们多是从宏观层面对政策文本进行分析探讨,从微观层面对政

---

[1] 史丹:《绿色发展与全球工业化的新阶段:中国的进展与比较》,《中国工业经济》2018 年第 10 期。

[2] Martin S., Sanderson I., Evaluating Public Policy Experiments Measuring Outcomes, Monitoring Processes or Managing Pilots? Evaluation, 1999(3), pp.245–258.

[3] Sanderson I., Evaluation, Policy Learning and Evidence-Based Policy Making, Public Administration, 2010(1), pp.1–22.

策文本进行逐一剖析的情况较少。本研究在弥补现有不足的基础上,对长江经济带绿色发展政策展开量化评价研究。主要回答以下几个问题:关于不同的长江经济带绿色发展政策间存在何种差异? 这些政策质量如何? 政策在施行过程中发挥怎样的效果? 今后可以从哪些方面进行优化? 为了回答这些问题,本研究从以下几个方面开始准备工作。第一,收集跟本研究相关的政策文本,通过文本挖掘技术,筛选与识别政策文本的内容,剔除无关样本。第二,根据本研究的主题及内容,设计对应的一级变量,在政策文本中做好标记,并延伸出符合研究需要的二级变量。第三,选择较为客观的 PMC 指数模型作为主要研究方法,利用二进制计数法对政策样本的二级变量进行计算。第四,根据政策样本所得参数,建立相应的政策多投入产出表。通过构建三阶矩阵和绘制 PMC 曲面图的方式,对政策样本的等级效力及优缺点作出评价,检视各个政策文本存在的问题,为政策创新提供具体的方案进行路径调整。

二、国内外研究进展

1989 年,英国经济学家皮尔斯首次提出绿色发展这一概念。随后,联合国开发计划署在《中国人类发展报告》中也提出让绿色发展成为一种选择,引起了全世界的极大关注。作为当今时代的核心议题与主要潮流方向,绿色发展于 2008 年才首次以规范性文件的形式进入中国公众的视野。[①] 此后,中国政府部门虽出台了一系列关于绿色发展的政策法规,但由于学术界对绿色发展政策的研究起步较晚,研究成果较为匮乏。

事实上,中国在处理经济发展和生态环境治理的矛盾过程中,主要历经了三个螺旋上升阶段,包括环境污染末端治理、可持续发展和绿色发展。为保障生态环保事业的顺利推进,中国政府出台相关政策文本,利用法律权威来保障

---

① 胡鞍钢:《中国:创新绿色发展》,中国人民大学出版社 2012 年版,第 68 页。

政策的执行效果。早在 1988 年,学者布乐(Bull)等① 从生物技术视角对环境污染政策的实践作用展开探索。研究发现由于一系列矛盾和不确定性因素的影响,环境污染政策仅体现出一部分现实的准则,还有待完善。由于当时的技术条件有限,学者对政策的评估带有较强的主观性。紧接着,可持续发展理念成为新兴的发展方向。学者查尔斯(Charles)② 和希尔森(Hilson)③ 便以加拿大为案例,通过日常记录、同行评议和圆桌会议的方式探讨加拿大政府出台的关于自然资源行业的相关政策的作用,阐明政策发布的成功不代表政策执行的成功,仍以主观视角对政策的效果进行评判,并为政策的改进提出相关建议。现阶段,由于学术界对绿色发展政策的研究起步较晚,研究成果较为匮乏。加拿大学者切尔诺斯(Chernos)等④ 通过打分评价的方式,对多伦多的绿色发展政策的效力进行研究。结果表明,多伦多的政策执行达到及格线的水平。也有学者试图通过建立政策的评估体系,对政策的演变历程与发展趋势展开研究,促使业界对建筑业的绿色发展政策有全新的认识。⑤部分学者则是从绿色政策在产业结构与建筑行业方面的实施情况展开讨论。⑥⑦ 还有学者意识到中国绿色创新政策起步晚,对发达国家的绿色创新

① Bull A. T., Holt G., Hardman D. J., Environmental Pollution Policies in Light of Biotechnological Assessment: Organisation for Economic Cooperation, United Kingdom, and European Economic Council Perspectives, Basic Life Sciences, 1988(45).

② Charles S. Colgan, "Sustainable Development" and Economic Development Policy: Lessons from Canada, Economic Development Quarterly, 1997(2).

③ Gavin Hilson, Sustainable Development Policies in Canada's Mining Sector: an Overview of Government and Industry Efforts, Environmental Science and Policy, 2000(4).

④ Chernos, Saul, Toronto's Green Development Policies get a Passing Grade, Daily Commercial News and Construction Record, 2008(114).

⑤ 钱浩祺:《环境大数据应用的最新进展与趋势》,《环境经济研究》2020 年第 5 期.

⑥ Tang F., Yuan D. L., Guang - Hua L. I., Development, Problems and Countermeasures of Green Building in Zhejiang Province, Building Energy Efficiency, 2013.

⑦ Chen Q., Li J., Dong C., The Science and Technology Policy of Establishing Water - saving and Pollutant - reducing Green Industrial Structure in Guangzhou, The International Conference on E - Business and E - Government, ICEE 2010, 7-9 May 2010, Guangzhou, China, Proceedings, IEEE, 2010.

政策进行深入研究,以期为中国完善绿色发展政策提供宝贵经验。① 综上所述,学者们多是从宏观层面对绿色发展政策进行研究,目前还未发现有学者从微观层面对政策本身的效果展开相关的讨论与评价。

威廉·邓恩指出,若政策评估缺乏对社会价值的考察,仅以主观标准进行,那就是一种伪评估。② 作为政策运行过程中关键的环节之一,政策评估不仅可以直接促进政策制定和政策执行,还对政策调整具有重要参考价值。有关绿色发展政策评价的研究早期以语言学研究和语法学研究为主,学者们集中对政策文本中的高频词与主题词进行概念解读和比较分析,与后者不同的是,语言学研究的主流范式是 CDA 分析框架,通过建立政策文本与社会实际的联系,用描述性语言去推测隐藏在政策文本背后的意识形态。③ 以上的政策评价大多带有文本解读色彩。与早期的政策评价相比,之后的政策评价在评价内容、评价范围、评价标准和评价方法上都有了明显的改进,更加全面科学和规范。但评价内容多数停留在政策文本本身,并且具有较强的主观性。当前,国内外学者们对政策文本的评价路径主要有以下三种类型。第一种是关键词评价法。这些学者④以政府颁布的政策的关键词为研究对象,追踪中国高铁政策的演变历程,并比较政策工具的使用情况。这种方法的优点在于可以直接观测政府注意力变化的过程。缺点在于在捕捉关键词的过程中,易因个人偏好造成评价的偏差。第二种是社会网络分析法。学者们通过研究上下级政府部门间发行政策文本的规律,构建合作网络,形成网络知识图谱,以推测并评价政府部门间的合作关系,这种做法在学术界备受推崇。第三种是

① 侯元兆:《"里约+20"的绿色发展思想及其展望》,《中国地质大学学报(社会科学版)》2012 年第 12 期。

② 李钢、蓝石:《公共政策内容分析方法:理论与应用》,重庆大学出版社 2007 年版,第 108 页。

③ Michael Laver, Kenneth Benoit, John Garry, Extracting Policy Positions from Political Texts Using Words as Data, The American Political Science Review, 2003(2).

④ Li Hui, Dong Xiucheng, Jiang Qingzhe, Dong Kangyin, Policy Analysis for High-speed Rail in China: Evolution, Evaluation, and Expectation, Transport Policy, 2021, 106.

文献计量法。将政策文本内容高度概括为具有政策意义的短句、词汇,进行编码、统计,然后进一步地对政策文本的整体性进行评价。目前,中国学界大多采用这一方法对政策文本进行解读。这种研究方法结合了质性研究与量化研究的优点,可以较为全面客观地对政策文本的内容展开评估。

随着公共政策研究的不断深入,政策评估的范围更加全面科学,逐渐从阶段性的质性研究转向全方位的定性研究与定量研究有机结合的价值判断。这种研究方法结合了质性研究与量化研究的优点,可以较为全面客观地对政策文本的内容展开评估。在一定程度上也有助于推动政策文本实证研究的发展,对打开决策黑箱具有重要意义。[①] 2010 年,学者鲁伊斯·埃斯特拉达(Ruiz Estrada)提出了 PMC 指数模型,创新了单一政策评估方法。这种方法具有两个优点,第一个优点是能够从多维角度来评判政策内部的一致性,第二个优点是能够通过构建 PMC 曲面直接观测政策文本的优劣之处。学者封铁英等[②]将 PMC 指数模型运用到社会应急保障中测评所研究策略的有效性和效率。学者臧维等[③]则利用 PMC 指数模型对我国人工智能政策进行定量评价。学者 Kuang 等[④]和 Peng 等[⑤]通过验证表明,PMC 指数模型同样适用于中国长期护理保险政策与中国耕地保护政策的研究,表现出很强的应用价值,为本研究对中国长江经济带绿色发展政策的定量评估提供了极大支持。与现有的综合评价方法相比,PMC 指数模型更加具有针对性和可操作性。在一定程度上能够避免政策评估过程中的主观性,从而提高了政策评估的准确度。

① Stephen J., Ball, What is Policy? Texts, Trajectories and Toolboxes, Discourse: Studies in the Cultural Politics of Education, 1993(2).

② 封铁英、南妍:《公共危机治理中社会保障应急政策评价与优化——基于 PMC 指数模型》,《北京理工大学学报(社会科学版)》2021 年第 23 期。

③ 臧维、张延法、徐磊:《我国人工智能政策文本量化研究——政策现状与前沿趋势》,《科技进步与对策》2021 年第 38 期。

④ Kuang B., Han J., Lu X., et al., Quantitative Evaluation of China's Cultivated Land Protection Policies Based on the PMC-Index Model Land Use Policy, 2020, 99.

⑤ Rong Peng, Qingkang Chen, Xin Li, Kaixin Chen, Evaluating the Consistency of Long-term Care Insurance Policy Using PMC Index Model, Science and Engineering Research.

基于此,本研究选择 PMC 指数模型与现有的量化评价方法相结合的方式,对长江经济带绿色发展政策的等级效力展开评价,试图弥补现有文献的不足,为政策的调整与创新提供理论依据。

三、政策评估实证研究

(一) 数据来源

本研究主要通过以下两个渠道获得数据:一是通过国家各部委相关官方网站及公报搜集所需政策文本;二是利用北京大学法律系推出的智能型法规检索数据库搜集相关资料。在开始收集相关文本前,需要对政策内容、政策主题、发文主体及表现形式进行确定。明确是以长江经济带绿色发展为核心的主题政策文本;发文主体限于国务院及国家部委,不涉及地方性政府部门。本研究共搜集 110 份政策文本。这些政策文本的表现形式主要以条例、决定、决议、意见、规则、计划、方案、办法、细则、通知为主,不计入行业标准,复函、批复等非全面信息的文本。为保证文本具有实质性政策内容及具体行动方案,经识别、梳理、反复筛选及剔除后,最终保留 16 份政策文本,按 P1 至 P16 的顺序进行编码(如表 4-1 所示)。

表 4-1　政策文本汇总

代码	政策文本名称	发文部门	发布日期
P1	关于修订印发重大区域发展战略建设(长江经济带绿色发展方向)中央预算内投资专项管理办法的通知	发改基础规〔2021〕505 号	2021.04.09
P2	关于建立健全长江经济带船舶和港口污染防治长效机制的意见	交水发〔2021〕27 号	2021.03.27
P3	关于印发加强长江经济带尾矿库污染防治实施方案的通知	环办固体〔2021〕4 号	2021.02.26

代码	政策文本名称	发文部门	发布日期
P4	关于完善长江经济带污水处理收费机制有关政策的指导意见	发改价格〔2020〕561号	2020.04.07
P5	关于印发长江经济带船舶和港口污染突出问题整治方案的通知	交水发〔2020〕17号	2020.01.17
P6	关于加强长江经济带小水电站生态流量监管的通知	水电〔2019〕241号	2019.08.21
P7	关于印发推进长江经济带农业农村绿色发展2019年工作要点的通知	农办规〔2019〕5号	2019.03.19
P8	关于开展长江经济带小水电清理整改工作的意见	水电〔2018〕312号	2018.12.06
P9	关于加强长江经济带造林绿化的指导意见	发改农经〔2016〕379号	2016.02.24
P10	关于支持长江经济带农业农村绿色发展的实施意见	农计发〔2018〕23号	2018.09.11
P11	关于印发深入推进长江经济带多式联运发展三年行动计划的通知	交办水〔2018〕104号	2018.08.13
P12	关于建立健全长江经济带生态补偿与保护长效机制的指导意见	财预〔2018〕19号	2018.02.13
P13	关于印发中央财政促进长江经济带生态保护修复奖励政策实施方案的通知	财建〔2018〕6号	2018.01.30
P14	关于推进长江经济带绿色航运发展的指导意见	交水发〔2017〕114号	2017.08.04
P15	关于加强长江经济带工业绿色发展的指导意见	工信部联办〔2017〕178号	2017.06.30
P16	关于加快长江经济带邮政业发展的指导意见	国邮发〔2016〕99号	2016.11.01

（二）PMC指数模型

PMC指数模型由学者埃斯特拉达（Estrada）于笛卡尔空间应用与Omnia

Mobilis(一切都在移动)假说①的基础上提出。该指数模型的全称是 Policy Modeling Consistency(以下简称 PMC 模型),意为政策模型一致性,融合了政策文本挖掘与政策文本量化的优点,可用于政策内部一致性分析,识别政策的好坏利弊。近年来,PMC 模型的应用引起了学术界重视,已然成为国内外最受欢迎的评判政策等级效力的手段之一。本研究基于 16 份长江经济带绿色发展为主题的政策文本,通过 PMC 模型的计算步骤及思路,展开政策量化评价研究。具体计算步骤如下:

①根据公式(1)、(2),设计相应的一级变量。在确定一级变量后拓展延伸研究所需的二级变量,作为本研究的标准化规范样式,所涉及变量均服从 $[0,1]$ 分布。

②进行 PMC 指数赋值。根据政策文本所涉及内容,依照二进制计数法对步骤①中的二级变量进行赋值,凡是在政策文本中出现与二级变量相关的内容,记为 1,反之则为 0。

③进行 PMC 指数计算。在步骤②的基础上,对各一级变量下的二级变量所得得分进行分数加总,具体算法如公式(3)所示。并构建政策多投入产出表,绘制相对应的 PMC 曲面图。

$$X \sim N[0,1] \tag{1}$$

$$X = \{X.M[0 \sim 1]\} \tag{2}$$

$$X_t = \left(\sum_{j=1}^{n} \frac{X_{ij}}{TX_{ij}} t = 1,2,3,\ldots,8,9 \right) \tag{3}$$

在公式(3)中,t 为一级变量,j 为二级变量。

$$PMC = \left[X_1 \left(\sum_{i=1}^{4} \frac{X_{1i}}{4} \right) + X_2 \left(\sum_{j=1}^{4} \frac{X_{2j}}{4} \right) + X_3 \left(\sum_{k=1}^{3} \frac{X_{3k}}{3} \right) + \right.$$

$$\left. X_4 \left(\sum_{l=1}^{5} \frac{X_{4l}}{5} \right) + X_5 \left(\sum_{m=1}^{6} \frac{X_{5m}}{6} \right) + X_6 \left(\sum_{n=1}^{3} \frac{X_{6n}}{3} \right) + \right.$$

---

① Estrada M .R., Yap S. F., Nagaraj S., Beyond the Ceteris Paribus Assumption: Modeling Demand and Supply Assuming Omnia Mobilis, Social Science Electronic Publishing, 2010.

$$X_7\left(\sum_{o=1}^{2}\frac{X_{7o}}{2}\right)+X_8\left(\sum_{p=1}^{6}\frac{X_{8p}}{6}\right)+X_9\left(\sum_{q=1}^{8}\frac{X_{9q}}{8}\right)+X_{10}\Big]\quad(4)$$

（三）变量设计

本研究基于 16 份长江经济带绿色发展为主题的政策文本,在学者埃斯特拉达[①]和已有的政策评价文献的基础上,设计符合本研究所要研究的关于长江经济带绿色发展政策主题要求的一级变量及二级变量,其中包括 10 个一级变量及 41 个二级变量,并进行等级效力评价。一级变量分别编号为 X1 至 X10,包含政策性质、政策功能、政策时效、内容评价和社会效益、政策客体、政策主体等 10 项变量参数(如表 4-2 所示)。

表 4-2 政策变量设计

编号	一级变量	编号	二级变量	编号	二级变量
X1	政策性质	X1.1	监管	X1.2	预测
		X1.3	建议	X1.4	试验
X2	政策功能	X2.1	规范引导	X2.2	分类监管
		X2.3	协同管理	X2.4	统筹协调
X3	政策时效	X3.1	短期(<3 年)	X3.2	中期(3—5 年)
		X3.3	长期(>5 年)		
X4	内容评价	X4.1	依据充分	X4.2	规划翔实
		X4.3	方案科学	X4.4	目标明确
		X4.5	特色鲜明		
X5	社会效益	X5.1	环境保护	X5.2	绿色发展
		X5.3	循环经济	X5.4	可持续性
		X5.5	健全机制	X5.6	合作共赢

① Estrada M.A., New Optical Visualization of Demand & Supply Curves: A Multi-Dimensional Perspective, Social Science Electronic Publishing, 2007.

续表

编号	一级变量	编号	二级变量	编号	二级变量
X6	政策客体	X6.1	产业	X6.2	企业
		X6.3	相关部门		
X7	政策主体	X7.1	国务院	X7.2	国家部委
X8	激励约束	X8.1	经济激励	X8.2	税费优惠
		X8.3	财政补贴	X8.4	便利服务
		X8.5	行政处罚	X8.6	资金投入
X9	执行保障	X9.1	考核评估	X9.2	宣传引导
		X9.3	行业自律	X9.4	政府监管
		X9.5	法治规范	X9.6	政策支持
		X9.7	社会监督	X9.8	科技创新
X10	政策公开				

在 10 项一级变量中,政策性质用于判断待评价政策是否具有管制、预测、建议与试验性特征;政策功能用于判断待评价政策是否具备规范引导、分类监管、协同管理与统筹规划的功能;政策时效用于判断待评价政策的时间效力是长期(大于 5 年)、中期(3—5 年)还是短期(小于 3 年);内容评价围绕政策制定是否合乎问题依据充分、政策规划是否翔实、政策方案是否科学合理、政策制定的目标是否明确,以及该政策制定是否具有鲜明的区域特色 5 个方面展开;社会效益用于判断待评价政策的制定能否为社会的未来发展带来环境保护、绿色发展、循环经济、可持续性、健全机制及合作共赢等 6 个方面的益处;政策主客体是用于判断待评价政策受体是否涉及表中所罗列出的主客体;激励约束与执行保障的相关变量是用于判断待评价政策在执行过程与结果中,是否涉及经济激励(排污收费、排污权交易、生态补偿制度等)、税费优惠、财政补贴、便利服务、行政处罚、资金投入、考核评估、宣传引导、行业自律、政府监管、法治规范、政策支持、社会监督、科技创新等内容;政策公开则是作为评

判待评价政策是否公开、透明。在各级变量标准化规范的条件下,可运用政策文本内容分析法和二进制计数法对16份政策文本进行计算。若本研究中任一份政策文本符合以上任意一项二级变量,即可记为1,反之记为0。各项二级变量具体的评判标准如表4-3所示。

表4-3 二级变量评判标准

编号	变量	评判标准
X1	X1.1 管制	判断待评价政策是否具有监管特征,是为1,否为0
	X1.2 预测	判断待评价政策是否具有预测性,是为1,否为0
	X1.3 建议	判断待评价政策是否具有建议性内容,是为1,否为0
	X1.4 试验	判断待评价政策是否含有试点示范项目,是为1,否为0
X2	X2.1 规范引导	判断待评价政策是否具有规范引导的作用,是为1,否为0
	X2.2 分类监管	判断待评价政策是否具有分类监管的功能,是为1,否为0
	X2.3 协同管理	判断待评价政策是否具有协同管理的功能,是为1,否为0
	X2.4 统筹协调	判断待评价政策是否具有统筹协调各方力量的作用,是为1,否为0
X3	X3.1 短期	判断待评价政策是否涉及短期(年限<3年)内容,是为1,否为0
	X3.2 中期	判断待评价政策是否涉及中期(年限3—5年)内容,是为1,否为0
	X3.3 长期	判断待评价政策是否涉及长期(年限>5年)内容,是为1,否为0
X4	X4.1 依据充分	判断待评价政策的问题依据是否充分,是为1,否为0
	X4.2 规划翔实	判断待评价政策涉及的内容是否翔实,是为1,否为0
	X4.3 方案科学	判断待评价政策方案是否科学合理,是为1,否为0
	X4.4 目标明确	判断待评价政策制定的目标是否明确,是为1,否为0
	X4.5 特色鲜明	判断待评价政策是否具有鲜明的区域特色,是为1,否为0

编号	变量	评判标准
X5	X5.1 环境治理	判断待评价政策是否有助于提升环境治理的效率,是为1,否为0
	X5.2 绿色发展	判断待评价政策是否有助于绿色发展,是为1,否为0
	X5.3 循环经济	判断待评价政策是否重视循环经济发展,是为1,否为0
	X5.4 可持续性	判断待评价政策是否重视可持续性发展,是为1,否为0
	X5.5 健全机制	判断待评价政策是否具有健全机制的效用,是为1,否为0
	X5.6 合作共赢	判断待评价政策是否倡导协同治理、合作共赢,是为1,否为0
X6	X6.1 产业	判断待评价政策客体是否包括产业,是为1,否为0
	X6.2 企业	判断待评价政策客体是否包括企业,是为1,否为0
	X6.3 相关部门	判断待评价政策客体是否包括相关部门,是为1,否为0
X7	X7.1 国务院	判断待评价政策发文主体是否为国务院,是为1,否为0
	X7.2 国家部委	判断待评价政策发文主体是否为国家部委,是为1,否为0
X8	X8.1 经济激励	判断待评价政策是否包含经济激励的相关措施,是为1,否为0
	X8.2 税费优惠	判断待评价政策是否包含税费优惠的相关措施,是为1,否为0
	X8.3 财政补贴	判断待评价政策是否包含财政补贴的相关措施,是为1,否为0
	X8.4 便利服务	判断待评价政策是否涉及便利服务的相关内容,是为1,否为0
	X8.5 行政处罚	判断待评价政策是否涉及行政处罚的相关内容,是为1,否为0
	X8.6 资金投入	判断待评价政策是否涉及资金投入的相关内容,是为1,否为0

续表

编号	变量	评判标准
X9	X9.1 考核评估	判断待评价政策是否涉及考核评估,是为1,否为0
	X9.2 宣传引导	判断待评价政策是否涉及宣传引导,是为1,否为0
	X9.3 行业自律	判断待评价政策是否涉及行业自律,是为1,否为0
	X9.4 政府监管	判断待评价政策是否涉及政府监管,是为1,否为0
	X9.5 法治规范	判断待评价政策是否涉及法治规范,是为1,否为0
	X9.6 政策支持	判断待评价政策是否涉及政策支持,是为1,否为0
	X9.7 社会监督	判断待评价政策是否涉及社会参与与社会监督,是为1,否为0
	X9.8 科技创新	判断待评价政策是否涉及科技支撑与创新,是为1,否为0
X10		判断待评价政策是否公开透明,是为1,否为0

不同参数变量在政策文本中所发挥的作用也不尽相同,但联系密切。为衡量政策评价工具的可行性及各变量间的关系作用,作出以下分析框架(如图4-1所示)。在推动长江经济带绿色发展的过程中,政府政策的有效性与适用性必然受到政策性质、政策时效、政策主体、政策客体这四个方面因素的影

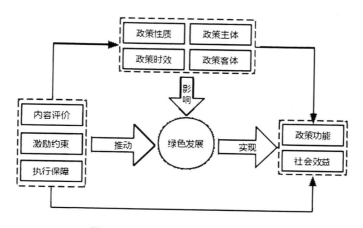

图 4-1 不同变量参数的作用关系

响。由于每一项政策适用的场域及情景不同,政策设计策略与路径也就不同。在评价政策施行的效果之前,难以避免就问题依据、内容规划及方案目标与特色对政策内容进行评估,并选择应用合适的政策工具作为激励约束和保障的手段,防止"政策摩擦"。通过合理的政策组合搭配,实现预期的政策目标与社会效益,为政策的贯彻落实保驾护航。

四、政策效果评估

(一) 多投入产出表

在各级变量标准统一规范的前提下,本研究通过内容分析法和二进制计数法对 16 份关于长江经济带绿色发展的政策文本进行得分计算,制作了政策投入产出值(如表 4-4 所示)。再依据公式(3)中的 PMC 指数算法分别计算 16 项政策的 PMC 指数值,汇总至表 4-5。按照 PMC 指数等级划分,将政策分为 4 种类型:PMC 指数值在 0—4.99 范围间归为政策效力有待完善型;分值在 5—6.99 范围间划分为政策效力一般型,视为政策可以被接受;分值在 7—8.99 范围间为政策效力优秀型;分值在 9—10 范围间为政策效力完美型。

表 4-4 政策投入产出表

	X1				X2				X3		
	X1.1	X1.2	X1.3	X1.4	X2.1	X2.2	X2.3	X2.4	X3.1	X3.2	X3.3
P1	1	0	1	1	1	0	1	1	0	1	0
P2	1	1	1	1	1	0	1	1	1	0	0
P3	1	0	1	0	1	0	1	1	1	1	0
P4	1	0	1	1	1	0	1	1	1	0	0
				......				......			......
P15	1	0	1	1	1	0	0	0	1	0	1
P16	1	1	0	0	0	0	1	1	1	0	1
						......					

续表

	X1				X2				X3		
	X6			X7	X8						
P1	1	1	1	0	1	0	0	1	1	0	1
P2	1	1	1	0	1	0	0	1	1	1	1
P3	0	1	1	0	1	0	0	1	1	1	1
P4	0	1	0	0	1	1	1	1	0	0	1
		......				......				......	
P15	1	1	1	0	1	1	1	0	0	0	0
P16	1	1	0	0	1	0	1	1	0	0	1
						......					

表4-5 政策PMC指数及等级评级

	X1	X2	X3	X4	X5	X6	X7	X8	X9	X10	PMC指数	等级	排名
P1	0.75	0.75	0.33	1.00	0.83	1.00	0.50	0.50	0.38	1.00	7.04	优秀	8
P2	1.00	0.75	0.33	1.00	0.50	1.00	0.50	0.67	0.63	1.00	7.38	优秀	3
						......							
P11	0.75	1.00	0.67	1.00	0.50	1.00	0.50	0.67	0.75	1.00	7.83	优秀*	1
P12	0.75	0.75	0.33	0.80	0.67	1.00	0.50	0.83	0.50	1.00	7.13	优秀	6
P13	0.50	0.25	0.33	1.00	0.50	0.33	0.50	0.50	0.38	1.00	5.29	一般*	16
P14	1.00	0.75	0.33	1.00	0.50	1.00	0.50	0.33	0.88	1.00	7.29	优秀	4
P15	0.75	0.25	0.67	1.00	0.50	1.00	0.50	0.33	0.75	1.00	6.75	一般	11
P16	0.50	0.50	0.67	1.00	0.83	0.67	0.50	0.50	0.33	1.00	6.50	一般	12
合计	11.00	11.25	7.33	15.40	9.00	12.33	8.00	9.17	9.83	16.00	—	—	—
平均值	0.69	0.70	0.46	0.96	0.56	0.77	0.50	0.57	0.61	1.00	—	—	—

表4-5中,关于长江经济带绿色发展的16项政策的PMC指数在5—8之间波动,均表现为政策效力一般与政策效力优秀两种类型。政策评价等级为效力一般的政策文本一共有8项,分别是P3、P4、P5、P6、P9、P13、P15和P16,

PMC 指数为 6.48、6.33、6.88、5.50、6.92、5.29、6.75 和 6.50。政策评价等级为效力优秀的政策文本有 P1、P2、P7、P8、P10、P11、P12 及 P14,PMC 指数值分别为 7.04、7.38、7.13、7.08、7.79、7.83、7.13 与 7.29。其中,政策 P11 是《关于印发〈深入推进长江经济带多式联运发展三年行动计划的通知〉》,PMC 指数值最高为 7.83,效力等级排序第一。政策 P13 是《关于印发〈中央财政促进长江经济带生态保护修复奖励政策实施方案的通知〉》,所体现的政策评价效力一般,可被接受,PMC 指数值是 16 项政策中的最低,为 5.29,排名最末。在 10 项二级变量中,由于 16 份政策文本均公开透明,故 X10(政策公开)各自得分均为 1。除掉 X10,变量得分平均值最高的为 X4 所代表的政策评价,为 0.96,仅政策 P3 与政策 P12 的 X4 得分低于平均值,其余均符合 X4 要求。得分最低的是 X3 所代表的政策时效,为 0.46。可见在政策制定过程中,政策制定者遵照严谨、科学的思维方式,以提高政策韧性与可行性的态度进行政策起草与拟定。相关部门也更倾向于依据统一时效制定政策文本,要求政策主客体在限定时期内贯彻落实政策方针。

(二) PMC 曲面构建

为了便于比较 16 项政策的等级效力,本研究根据表 4-5 中的 PMC 指数值进行 PMC 曲面图绘制,更为直观、清晰地展示各项政策的评价结果及凹陷程度。各个一级变量的分值为 1,一级变量的总分即一级变量个数的多少,凹陷指数为一级变量总分减去 PMC 指数值部分。凹陷指数越大,凹陷程度越大,说明该政策文本所对应的某项二级变量参数值越低,所呈现出的 PMC 曲面在立体模型中的位置越低,反之则越高。

因研究所涉及的 16 项政策文本都为公开透明政策,且得分均为 1,为保证矩阵得以标准化呈现关于政策二级变量的运作情况,本研究将剔除 X10(政策公开),将其余 9 项变量的 PMC 指数值纳入矩阵中以构建三阶矩阵进行曲面图绘制,所建矩阵见公式(5)。

$$PMC = \begin{bmatrix} X_1 & X_2 & X_3 \\ X_4 & X_5 & X_6 \\ X_7 & X_8 & X_9 \end{bmatrix} \qquad (5)$$

（三）结果分析

由于篇幅有限，且本研究所涉及的 16 项政策的效力等级评价仅呈现政策效力一般型与政策效力优秀型。为了更好地区分 16 项政策的完善程度，本研究依据政策效力评价分值进行二次评价等级划分。分值在 7—7.99 列为政策效力优秀；分值在 6—6.99 列为政策效力较好；分值在 5—5.99 列为政策效力一般，有待完善。分别在政策效力优秀及政策效力一般中选取两种类型的最大 PMC 指数值与最小 PMC 指数值所对应的一级变量参数，即政策 P11、政策 P1 与政策 P9、P4 四项，加上政策效力表现较好的政策 P6 及 P13 两项，共 6 个样本进行 PMC 曲面图构建，见图 4-2、4-3、4-4、4-5、4-6、4-7。

以下将结合 6 张 PMC 立体 3D 曲面图及表 4-5 中的具体变量得分情况进行深入解读。

1. 政策效力优秀：以政策 P11 和政策 P1 为示范的政策文本。由图 4-2、4-3 中关于政策 P11 与政策 P1 的 PMC 曲面图可以看出，政策 P11 各项一级变量分值最大为 1，最小为 0.5，均值为 0.78，政策 P1 的各项一级变量分值最大为 1，最小为 0.33，均值为 0.7。相比于政策 P11，政策 P1 的得分差值较大。作为政策效力评价等级为优秀的两份较为典型的政策文本，政策 P11 与政策 P1 所呈现出的凹陷程度并不相同。二者的凹陷指数分别为 2.17 与 2.96，属于凹陷程度较浅。政策 P11 的 PMC 指数为 7.83，在 16 份政策中排名第一。从政策内容可知，它的不足之处在于对社会效益（X5）的补充较少。这与政策本身的性质也有一定的关系。毕竟该政策是中国交通运输部办公厅发布的《关于印发〈深入推进长江经济带多式联运发展三年行动计划的通知〉》。政策的重点在于如何依靠江河联运去补齐基础设施短板，通过创新联运服务模

式和提升联运装备水平的方式去全方位地推动绿色发展政策的落实。政策
P1则是中国国家发展改革委修订印发的关于《重大区域发展战略建设（长江
经济带绿色发展方向）中央预算内投资专项管理办法》的通知，该政策文本侧
重于如何吸纳各类投资主体，充分发挥中央财政职能作用，提高财政资源配置
效率。注重于解决现阶段项目在运用过程中产生的一系列实际问题，而缺乏
对政策时效（X3）进行中长期的规划。在政策文本中，对长江经济带生态环境
绿色发展项目的监管措施描述较多，较少提及对各方主体的激励约束（X8）及
保障措施（X9），导致这两项得分较低。

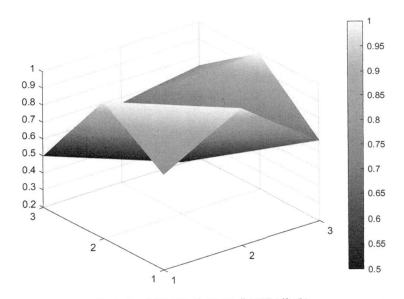

图 4-2　关于 P11 的 PMC 曲面图（优秀）

2. 政策效力较好：以政策 P9 和政策 P4 为示范政策文本。由图 4-4、4-5
中关于政策 P9 与政策 P4 的 PMC 曲面图可见，关于政策 P9、政策 P4 的一级
变量分值最大值与最小值表现一致，分别是 1 和 0.33。与政策 P4 相比，政策
P9 的一级变量平均值高出 0.06，凹陷指数分别为 3.08 和 3.67，凹陷程度较
政策 P11 与政策 P1 略深。从政策内容上看，政策 P9 是《关于加强长江经济

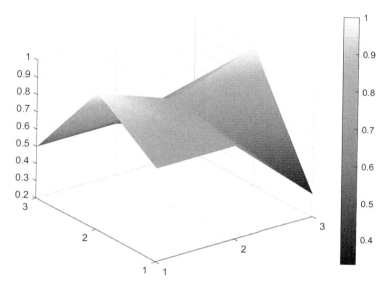

图 4-3　关于 P1 的 PMC 曲面图（优秀）

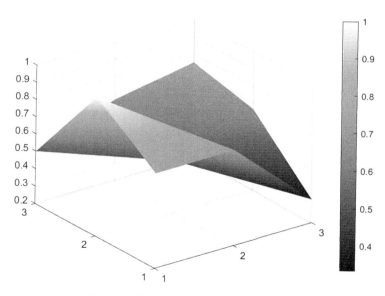

图 4-4　关于 P9 的 PMC 曲面图（较好）

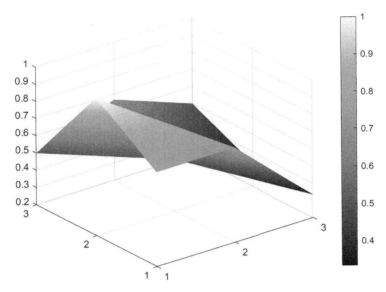

图 4-5 关于 P4 的 PMC 曲面图(较好)

带造林绿化的指导意见》,侧重于描述如何通过统筹协调、精心部署的策略打造生态绿色廊道,提升长江经济带森林生态系统的优化功能。未提及如何在特定阶段集合各方力量共同推动长江经济带的绿色发展,进而实现合作共赢的新格局,共享可持续发展的胜利果实。政策 P4 是《关于完善长江经济带污水处理收费机制有关政策的指导意见》,与政策 P9 最大的不同是,该政策文本坚持生态优先、绿色发展的战略定位,集聚社会、企业及相关政府部门的共同力量进行水污染防治。但对政策执行过程中的监管力度不足,尤其是在考核评估、行业自律、社会监督及科技创新方面,无法充分发挥政策保障作用。总而言之,以上两个政策都忽略了对政策时效(X3)的详细规划,对社会效益(X5)的自觉追求以及对政策客体(X6)的具体要求。

3. 政策效力一般:以政策 P6 和政策 P13 为示范政策文本。再看图 4-6、4-7 中关于政策 P6 与政策 P13 的 PMC 曲面图,关于政策 P6、政策 P13 的一级变量分值的最大值与最小值相同,分别是 1 和 0.25。政策 P6 的一级变量

平均值为 0.55,PMC 指数为 5.50。政策 P13 的一级变量平均值为 0.53,PMC
指数为 5.29,在 16 份政策文本中排名最末。虽平均值和 PMC 指数相差不
大,但各项一级变量波动程度不同。从政策内容可知,政策 P6 是《关于加强
长江经济带小水电站生态流量监管的通知》。这是一份主题明确的政策,围
绕如何对流域蓄泄方式的工作进行监管,从而保障长江生态平衡,维护长江生
命健康,解决生态用水问题。因此政策性质(X1)较为单薄,缺乏建议措施、发
展预测及试点工作开展等方面的内容。政策 P13 是《关于印发〈中央财政促
进长江经济带生态保护修复奖励政策实施方案〉的通知》,旨在推动长江流域
绿色发展与生态治理,着力提升长江经济带综合生态服务能力。政策功能并
未发挥真正的效益,在统筹协调、分类监管及协同发展方面略显不足。此外,
除了上述不足,以上两个政策的共同失分点在于政策实施时效(X3)、社会效
益(X5)、政策客体(X6)、激励约束(X8)及保障措施(X9)方面。

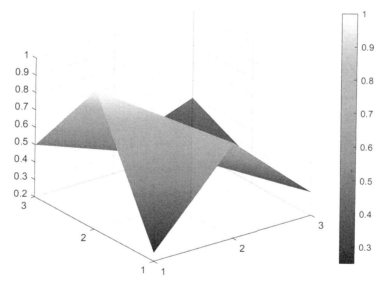

图 4-6　关于 **P6** 的 **PMC** 曲面图(一般)

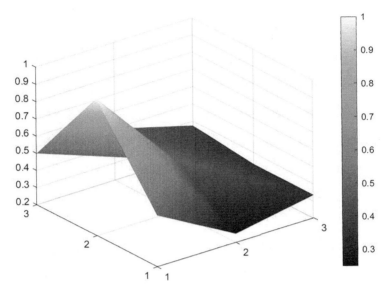

图 4-7 关于 P13 的 PMC 曲面图(一般)

(四) 政策比较分析

本研究以 16 份长江经济带绿色发展为主题的政策文本为研究对象,通过搭建 PMC 指数模型进行量化研究分析,阐明了各个因素对政策效力评价造成的影响,并得出以下结论。

中国长江经济带绿色发展政策的整体效力等级评价良好。政策文本的 PMC 均值保持在 6.83 的水平。其中,有 8 项政策的效力评价等级为优秀,其余均表现为政策效力一般,未出现政策效力低下的情况。从 PMC 指数模式中分析得知,16 份政策文本效力等级评价排序为 P11>P1>P2>P14>P7>P12>P8>P1>P9>P5>P15>P16>P3>P4>P6>P13,由最低分 5.5 上升到 7.83。在一定程度上直接反映出长江经济带绿色发展的政策体系相对成熟,总体设计合理。因每一项政策的制定者和发行人都来自不同的部门,各部门所关注的领域和主题有所不同,往往无法考虑周全。在国家与政府部门的高度重视下,绿色发展模式在特定时期发挥了基础作用。

通过比较长江经济带绿色发展政策的侧重点发现,有些政策是从宏观层面对绿色发展政策的发展指明方向,有些是从微观视角划定政策的目标。其中,效力等级评价为优秀的政策文本的各项指标分数都较高。政策 P6 和政策 P13 的 PMC 指数相对较低,均小于 6,存在明显短板。所以各项政策内部分化明显,具有一定的倾向性,尤其是政策时效、社会效益、政策受众范围和激励约束这四个方面的指标对政策的 PMC 指数产生较大影响。从 6 个政策样本的 PMC 曲面图中可以看出政策的薄弱之处,并直观观测各政策文本的优化路径方向。总的来说,虽然某些条目仍然存在提升的空间,但是中国政府所出台的相关政策在完备度、合理性、科学性方面均表现出了较高的质量与水平,的确为绿色发展模式贡献了政府力量。

综上,本研究根据评估所得的 PMC 指数及 PMC 曲面立体模型的凹陷程度,提出了相应的优化路径。研究结果表明,作为政策效力评价等级为优秀的两份较为典型的政策文本,政策 P11 与政策 P1 的 PMC 曲面位于立体模型的中上部。这两份政策在社会效益及政策执行过程中的保障措施得分较低。政策 P11 仅有 1 项一级变量的分值低于平均值,短期具体规划略显不足,应立足全局利益,统筹兼顾长江经济带 11 个省市的社会利益,谋求协同发展,开启合作共赢新局面。而政策 P1 却有 3 项一级变量低于平均值,建议政策 P1 的优化路径为 X3—X9—X8,当然,这并不是绝对的意见,仅供参考。此外,政策 P9 与政策 P4 的曲面轮廓因得分的差异性,下移至立体模型的中部区域。且政策 P9 有 3 项一级变量的分值低于平均值,政策 P4 却有 4 项,因此,建议政策 P9 的优化路径为 X3—X5—X6,政策 P4 的优化路径应为 X3—X6—X5—X9,仅供参考。值得注意的是,政策效力表现为一般的两份政策(政策 P6 和政策 P13)整体位于立体模型的中部甚至偏下的区域。两份政策所评估出的一级变量分值,超半数低于平均值,表明这两份政策具有较大的改进空间的特点。故建议政策 P6 的优化路径应为 X1—X3—X6—X8—X5—X9,政策 P13 的优化路径应为 X2—X3—X9—X1—X5—X8,仅供参考。

本研究在使用 PMC 指数模型对长江经济带绿色发展政策进行效力等级评估的过程中,突出了其可回溯性的优点。通过对长江经济带绿色发展政策的研判与评估,一方面可以从矛盾的角度检视各个政策文本存在的问题;另一方面可以从中总结经验教训,为政策文本的优化路径提供参考思路。不同于以往的研究,本研究通过建立 PMC 曲面 3D 立体模型的方式,可有针对性地探索单一政策在各个维度上的情况,是属于国际上较为先进的一种方式。当前,学者们多是从宏观层面对绿色发展政策进行研究,目前还未发现有学者从微观层面对政策本身的效果展开相关的讨论与评价。受条件限制,本研究虽通过设定一套固定的参数变量作为研究依据,在一定程度上有助于减少主观性判断的可能,但在文本筛选、变量设计和内容识别的过程中,不可避免地会掺杂一些个人偏好。未来可以加强各参数变量的精确度,对政策的执行效果进行更为细致的分析。鉴于政府各个部门跨区域协作的复杂性,在未来阶段对于政策文本的执行效力也有待进一步深入研究,并为政策创新提供具体的方案。

第二节　长江经济带发展战略效果测评

一、研究背景

根据以往统计数据显示,虽然中国经济规模迅速扩大,经济发展取得了辉煌的成就,但产业结构不合理的弊病逐渐凸显。这对中国经济的可持续发展和人民生活质量来说都是一大威胁。[1] 2020 年,中国国民经济和社会发展第十四个五年规划(2021—2025)为未来五年中国的经济发展指明了方向。规

---

[1]　邴正等:《"转型与发展:中国社会建设四十年"笔谈》,《社会》2018 年第 38 期。

划强调,可持续的经济增长态势需要及时促进产业结构向健康、稳健的方向转型,推动经济增长方式由粗放式向集约型转变。可见,对产业结构进行优化升级是现阶段中国经济走向高质量发展的必由之路。从本质上看,产业结构转型就是经济增长方式从生产功能向服务、消费功能的转变。[①] 这不但有助于传统消费模式提质升级、激发经济增长的内在动力与发展活力,也能够有效地推动经济发展进入良性循环的状态。[②] 本研究将以长江经济带发展政策为例,验证政策为跨区域经济发展以及产业结构带来的变化。

作为中国经济和人口的重要集聚地,长江经济带在中国区域发展总体格局中处于重要战略地位。它横跨中国东部、中部和西部三大区域,共涉及 11 个重要省市,可以说,它是中国的一个缩影。因此,为了督促该地区的发展建设,2014 年,中国国务院印发了《关于依托黄金水道推动长江经济带发展的指导意见》。该意见的核心任务之一就是依靠创新驱动促进产业结构转型升级,推动长江经济带经济的高质量发展。这对发掘长江经济带蕴含的巨大发展潜力和打造中国经济新支撑带存在一定的益处。[③]

近年来,长江经济带的经济发展取得历史性成就。2021 年,长江经济带地区生产总值已经达到 45.8 万亿元,约占中国国内生产总值的 49.7%,对中国的经济具有非常重要的支持作用。[④] 对此,我们不禁产生了一个有趣而又实际的疑问。在政策的支持下,长江经济带持续的经济增长能否代表产业结构的转型升级呢? 这是亟须解决的非常重要且具有现实意义的问题。对于后续的政策制定来说,对现有政策的实施效果进行评估有助于政策的修订和完

---

① 李兰冰等:《"十四五"时期中国新型城镇化发展重大问题展望》,《管理世界》2020 年第 36 期。

② 洪银兴等:《"习近平新时代中国特色社会主义经济思想"笔谈》,《中国社会科学》2018 年第 9 期。

③ 蒋媛媛:《长江经济带战略对长三角一体化的影响》,《上海经济》2016 年第 2 期。

④ 黄贤金:《长江经济带资源环境与绿色发展》,南京大学出版社 2020 年版,第 559 页。

善。那么,探究长江经济带发展战略对该地区产业结构转型升级带来的影响就是一个关键步骤。

现有的研究为本研究提供了宝贵的启示,但也存在以下不足之处。第一,大部分文献是对某一时期内产业结构的变化展开探讨,但宏观的经济发展趋势以及其他原因也会对此产生影响。第二,大多研究是围绕单一因素对产业结构的影响作用展开讨论,而忽略了部分不可观测因素的影响作用,这将导致结果的误差。第三,对政策效果展开评估的文献有很多,但评估结果过于笼统,不够明确和具体。针对上述问题,双重差分法作为政策评估的一大利器。对于外生性政策而言,使用双重差分法可以在很大的程度上避免内生性问题。[①] 相比于传统的政策评估,双重差分法缓解了遗漏变量的偏误问题,它的设置更为科学,测量结果更为准确。[②]

长江经济带发展战略为本研究提供了一个准自然实验环境。因此,本研究将长江经济带发展战略作为研究依据,通过双重差分法来识别政策实施对长江经济带不同类型和不同区域的城市产业结构转型升级的影响。基于2009—2019年中国内地283个城市的面板数据,按照政策发布的时间和城市是否属于长江经济带范围这两个属性,将研究样本进行分组。再从产业结构高级化和产业结构合理化两个维度对长江经济带107个城市的产业结构转型升级展开评估。然后采用平行趋势检验、安慰剂检验和调整样本容量的方式对实证研究进行一系列稳健性检验,以验证研究结果的可靠性。最后从城市人口规模异质性、区域异质性及产业结构的变化这三个角度对政策的潜在传导机制进行深入探索。这对中国乃至全球经济发展趋势类似的发展中国家来说,都具有十分重要的现实意义和借鉴作用。究竟长江经济带发展战略对长

---

① 周茂等:《人力资本扩张与中国城市制造业出口升级:来自高校扩招的证据》,《管理世界》2019年第35期。

② 胡咏梅、唐一鹏:《公共政策或项目的因果效应评估方法及其应用》,《华中师范大学学报(人文社会科学版)》2018年第57期。

江经济带产业结构转型升级产生了什么样的影响呢？让检验结果来回答这一个问题。

二、研究设计

（一）模型设计

在实证研究中,学者们常采用双重差分法对政策效应进行评估。2014年,国务院印发了《关于依托黄金水道推动长江经济带发展的指导意见》,作为推动长江经济带发展建设的一项重要战略,不仅对推动中国现代化进程具有深远的意义,也为本研究所要进行的准自然实验提供了条件。

双重差分法是识别因果关系的理想方法。本研究利用 2009—2019 年中国内地共 283 个城市的面板数据作为研究样本,采用双重差分法考察中国颁布的关于推动长江经济带发展政策是否推动了该区域的产业升级转型。双重差分模型的设置方法是为本研究构建实验组和对照组,通过控制其他因素,对政策颁布前后两个组别的差异进行比较,以检验政策对长江经济带产业结构转型升级的影响。第一层影响来自于城市层面,第二层影响来自于年份层面。基于此,本研究设置了两个虚拟变量。首先是实验分组虚拟变量,将中国长江经济带所涉及的 11 个省份中的 107 个城市设置为实验组,定义为 1。其余不在长江经济带范围内的 176 个城市设置为对照组,定义为 0。同时,根据政策推行的时间,设置实验分期虚拟变量。在政策实施期（2014 年）之前,定义为 0。在政策实施期（2014 年）当年及之后,定义为 1。模型设置如下:

$$Upgrading_{it} = \alpha_0 + \alpha_1 treat_i \times time_t + \gamma X_{it} + \mu_{it} + \pi_{it} + \varepsilon_{it} \qquad (6)$$

其中,i 代表城市,t 代表年份。$Upgrading_{it}$ 是一个解释变量,代表第 i 个城市第 t 年产业结构升级水平。本研究从两个维度对产业结构升级水平进行测度,即产业结构合理化和产业结构高级化。$treat_i$ 是实验分组虚拟变量,当

$treat_i$ 为 1 时,表示城市 i 是长江经济带 107 个城市之一,同样的,当 $treat_i$ 为 0 时,表示城市 i 不包括在长江经济带 107 个城市中。$time_t$ 是实验分期虚拟变量,$time_t$ 为 0 时,意味着政策还未推行,$time_t$ 为 1 时,说明政策已经开始推行。$treat_i \times time_t$ 是实验分组虚拟变量($treat_i$)和实验分期虚拟变量($time_t$)的交互项,也称作处理效应。当 $treat_i \times time_t = 1$ 时,意味着城市 i 是长江经济带 107 个城市之一,并且政策在第 t 年已经在城市 i 推行。当 $treat_i \times time_t = 0$ 时,说明城市 i 不是长江经济带的城市之一,或者政策还未开始推行。此外,X_{it} 为控制变量,μ_{it} 为城市固定效应,π_{it} 为年份固定效应。值得注意的是,α_1 是核心估计参数,代表长江经济带发展政策对产业结构转型升级的净效应。若 α_1 大于 0,说明推行长江经济带发展政策确实对长江经济带产业升级转型有促进作用,若 α_1 小于 0,则说明该政策的实施对长江经济带产业结构转型升级具有反作用,即产生了产业结构转型升级拖累效应。

(二) 变量说明

1. 被解释变量

本研究的被解释变量是产业结构转型升级,将它分解为产业结构高级化和产业结构合理化两个维度。

产业结构高级化是经济增长方式与发展模式的转轨。根据"配第-克拉克定理",随着人均国民收入的提高,国民经济重心由第一产业向第二产业,进而向第三产业转移。[①] 因此,本研究采用产业结构层次系数指标来反映产业结构升级的状态,对产业结构高级化进行测度。测算公式如下所示:

$$AIS_{it} = \sum_{m=1}^{3} m \times y_{imt}, m = 1, 2, 3 \tag{7}$$

其中,y_{imt} 代表城市 i 在 t 年 m 产业的生产总值占地区生产总值的比重。

---

① 孙晓华:《"配第-克拉克定理"的理论反思与实践检视——以印度产业发展和结构演化为例》,《当代经济研究》2020 年第 3 期。

公式(7)实际上是对第一产业、第二产业和第三产业的比重进行加权求和,将三次产业按照层次的高低进行权重(3,2,1)赋值,当 m 越大时,说明产业结构层次系数越大,产业结构高级化水平越高。

产业结构合理化指的是通过对不合理的产业结构进行调整,使要素配置投入与产出合理化、产业协同能力不断提升的一个过程。[1][2] 利用泰尔指数对产业结构合理化进行测算可以很好地保留其经济含义。具体计算如公式(8)所示:

$$Theil_{it} = \sum_{i=1}^{m} \left(\frac{Y_{im}}{Y_i} \right) \ln \left(\frac{Y_{im}/Y_i}{L_{im}/L_i} \right) \tag{8}$$

其中, $\frac{Y_{im}}{Y_i}$ 表示产出结构,即 i 城市的第 m 产业占地区生产总值的比重。 $\frac{L_{im}}{L_i}$ 表示就业结构,即 i 城市第 m 产业的就业人员占全部就业人员的比重。当测算出的泰尔指数越大或越小,说明产业结构偏离均衡状态,越不合理。同样的,当测算出的泰尔指数越接近于 0,则说明产业结构越均衡。

2. 解释变量

本研究的解释变量是双重差分项(treat×time),是实验分组虚拟变量和实验分期虚拟变量的乘积。根据《关于依托黄金水道推动长江经济带发展的指导意见》的发布时间和是否属于长江经济带 107 个城市之一测算得出。这也是本研究的核心解释变量。

3. 控制变量

根据已有的文献,本研究设置的控制变量主要包括以下七个指标:经济发

展水平、城市化进程、对外开放水平、基础设施建设水平、技术创新能力、政府支持力度和信息化水平。所有控制变量的说明如表 4-6 所示,关于所有变量的描述性统计如表 4-7 所示。

表 4-6 控制变量的指标说明

序号	指标名称	指标说明
1	经济发展水平	人均 GDP
2	城市化进程	城镇人口占地区总人口的比重
3	对外开放水平	实际使用外资金额占 GDP 的比重
4	基础设施建设水平	建成区面积与地区总人口的比值
5	技术创新能力	人均拥有专利数
6	政府支持力度	财政支出占 GDP 的比重
7	信息化水平	人均邮电量与人均 GDP 的比值

表 4-7 描述性统计

Variables	N	Mean	Sd	Min	Max
Ais	3113	2.282	0.154	1.831	2.986
Theil	3113	0.274	0.211	−0.080	1.720
Treat×Time	3113	0.202	0.402	0.000	1.000
Economy	3113	10.58	0.729	8.391	13.19
Urban	3113	0.253	0.280	0.000	3.986
Open	3113	0.018	0.018	0.000	0.193
Infrastructure	3113	3.221	0.858	1.236	9.558
Innovation	3113	0.001	0.002	0.000	0.026
Government	3113	0.230	0.119	0.0188	1.515
Information	3113	0.025	0.019	0.000	0.274

（三）数据来源

本研究以《关于依托黄金水道推动长江经济带发展的指导意见》的发布作为准自然实验。其中,地级市的数据来源于《中国城市统计年鉴》《中国城市建设统计年鉴》、各省市统计年鉴和知识产权局官方网站。部分缺失的数据通过查阅各省市的官方网站和采用平均值插值法的方式进行填补。最终,本研究选取 2009—2019 年中国内地共 283 个城市的 3113 个观测样本作为研究对象,用以考察自《关于印发〈中央财政促进长江经济带生态保护修复奖励政策实施方案〉的通知》印发后,中国长江经济带 107 个城市产业结构升级的情况。

三、实证分析

（一）平行趋势检验

运用双重差分模型进行政策评估有一个非常重要的前提,就是实验组和对照组在政策干预之前($t=0$)存在共同的发展趋势。为了验证这一点,本研究借鉴拜克(Beck)和雅各布森(Jacobson)的做法进行平行趋势检验,结果如图 4-8 和图 4-9 所示。

从图 4-8 中可以明显看出,在政策实施之前(current=2014),长江经济带产业结构高级化的参数估计值系数在 0 附近上下波动,且系数的置信区间包含 0。这说明在国务院印发《关于依托黄金水道推动长江经济带发展的指导意见》之前,实验组和对照组之间没有显著性差异。因此,长江经济带产业结构高级化通过了平行趋势检验。在政策推行后的三年,产业结构高级化呈现明显的"U 形"发展趋势,说明政策的推行的确对长江经济带高级化产生了影响。只不过是在政策推行当年及后面两年呈现显著的负向作用,在政策发布后的第三年,才开始了真正意义上促进产业结构高级化的进程。随后又回归

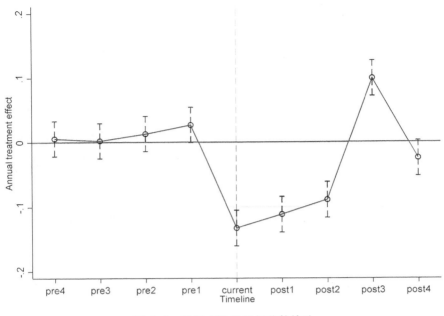

图 4-8 关于 AIS 的平行趋势检验

0 点附近,说明政策对长江经济带产业结构高级化的影响是短暂且不可持续的。

从图 4-9 中可以看出,在政策实施之前,长江经济带产业结构合理化的参数估计值系数均在 0 附近上下波动,系数的置信区间都包含 0。这说明,在政策发布前,实验组和对照组之间没有显著性差异,产业结构合理化通过了平行趋势检验。由于代表产业结构合理化的泰尔指数是一项逆向指标,因此,当泰尔指数呈现正向作用时,表明政策对产业结构合理化产生了抑制作用。可以明显看出的是,在政策发布之后,也就是 2014 年之后,有多个年份的参数估计值仍然在 0 值附近波动,且系数的置信区间也多包含 0。说明在印发《关于依托黄金水道推动长江经济带发展的指导意见》之后,政策并未发挥出大力促进产业结构合理化的作用,仅在政策发布后的第三年产生明显的抑制作用。

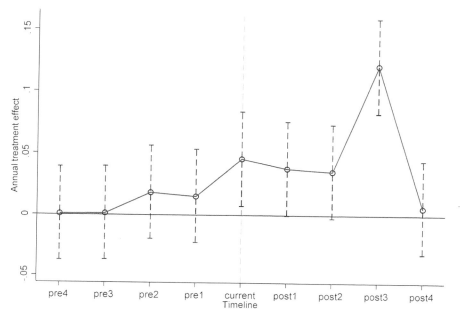

图 4-9 关于 Theil 的平行趋势检验

（二）基准回归分析

表 4-8 中的第（1）（2）列表示政策对产业结构高级化产生影响的基准回归结果。可以看出,在第（1）列中的互动项 Treat×Time 代表 AIS 的处理效应,系数为 0.027,并在 5% 的水平上显著（P 值为 0.027）。表示在政策发布后,长江经济带产业结构高级化水平提升了 2.7%。在加入了一系列控制变量后,处理效应的系数估计值减少到 0.017,依旧在 5% 的水平上显著。证明政策的确显著促进了产业结构高级化,有利于推动长江经济带的产业结构向服务化的方向发展。为了挖掘长江经济带的巨大发展潜力,在政策发布后,地方政府的首要工作就是加快长江经济带升级改造传统的产业结构。这是推动沿江产业从要素驱动转向创新驱动的关键。其后加快发展现代服务业,形成中心城市的产业结构以服务业为主的态势。从整体上看,政策的发布对长江经济带产

业结构高级化确实有推动作用。

表4-8中的第(3)(4)列报告了政策对产业结构合理化产生影响的基准回归结果。结果表明,在未加入控制变量前,第(3)列中的互动项 Treat×Time 代表 Theil 的处理效应,系数为-0.007。由于 Theil 指数是一个逆向指标,因此,交互项系数为负,意味着政策对长江经济带产业结构合理化具有正向作用,但影响不显著,无统计学意义。第(4)列在第(3)列的基础上引入了一系列控制变量后,交互项系数变为0.011,代表政策对长江经济带产业结构合理化产生反作用,即政策的发布抑制了区域产业结构合理化的发展,这个影响依旧不具有统计学意义。很大一部分原因是地方政府未依据因地制宜的思路制定产业结构发展计划,导致区域的产业结构未能实现有序转移和分工协作。

由于本研究从产业机构转型升级分为产业结构高级化和产业结构合理化两个方面进行测度。只有当这两个维度的交互项系数都呈现出明显的促进作用时,才能说明政策的实行有效地推动了产业结构转型升级。然而,表4-8中的结果已经说明,尽管政策推动了长江经济带产业结构高级化的发展,但对产业结构合理化的影响并不显著,甚至产生抑制作用。可以说,自政策发布后,长江经济带整体的产业结构出现"拖累转型升级"的现象。

此外,表4-8中的第(2)(4)列也同时报告了一系列控制变量对产业结构高级化和产业结构合理化的影响。其中,除 Innovation 对产业结构高级化的影响不显著外,Economy、Urban、Open、Infrastructure、Government 和 Information 这6个控制变量对产业结构高级化都呈现出正向影响。再看第(4)列,Economy、Urban、Open 和 Infrastructure 这4个控制变量对产业结构合理化具有显著的促进作用,Government 和 Information 这两个变量对产业结构合理化的作用虽然呈现出促进作用,但不具备统计学意义。仅有 Innovation 这一个变量对产业结构合理化呈现的是显著抑制作用。

表4-8 产业结构升级的政策影响

Variables	(1) AIS	(2) AIS	(3) Theil	(4) Theil
Treat×Time	0.027 **	0.017 **	−0.007	0.011
	(2.48)	(2.07)	(−0.46)	(0.88)
Economy		0.100 ***		−0.118 ***
		(15.66)		(−12.72)
Urban		0.068 ***		−0.035 **
		(3.83)		(−2.35)
Open		0.680 ***		−0.979 ***
		(5.29)		(−5.49)
Infrastructure		0.016 ***		−0.067 ***
		(3.15)		(−10.41)
Innovation		0.199		17.085 ***
		(0.12)		(8.17)
Government		0.083 ***		−0.014
		(3.69)		(−0.38)
Information		1.165 ***		−0.315
		(8.16)		(−1.58)
Constant	2.228 ***	1.060 ***	0.252 ***	1.717 ***
	(474.07)	(17.17)	(35.50)	(18.61)
Observations	3113	3113	3113	3113
R−squared	0.113	0.483	0.018	0.375

注：*** $p<0.01$，** $p<0.05$，* $p<0.1$。
资料来源：根据stata16计算所得。

（三）稳健性检验

1.安慰剂检验

本研究进行了一系列的稳健性检验确保结果的稳健性。通过调整时间窗口的方式,构造虚拟的政策实施年份来进行安慰剂检验。假定政策的实施年份为 2008 年,选取 2005—2011 年的数据来考察政策对长江经济带产业结构高级化和产业结构合理化的影响。表 4-9 是调整时间窗口后的检验结果。第(1)列和第(2)列分别是未加入和加入一系列控制变量进行的检验。可以看出,在未加入控制变量前,代表 AIS 的处理效应在双重差分后的系数为 -0.006,不具有统计学意义。在加入一系列控制后再次进行测算,结果依旧呈现负向影响,且不具有统计学意义,与表 4-8 中的基准回归结果相反。而 Theil 指数在加入控制变量前后的检验结果与表 4-8 中基准回归结果相比,同样呈现出完全相反的结果,证明安慰剂检验通过。

表 4-9　调整时间窗口(2005—2011 年)后的检验结果

	(1)	(2)	(3)	(4)
Outcome var.	Ais	Ais	Theil	Theil
Before				
Control	2.195	1.233	0.251	1.568
Treated	2.193	1.262	0.282	1.547
Diff(T−C)	−0.001	0.029	0.031**	−0.021*
After				
Control	2.220	1.213	0.239	1.614
Treated	2.212	1.228	0.304	1.633
Diff(T−C)	−0.008	0.015	0.066***	0.019
Diff−in−Diff	−0.006	−0.014	0.035*	0.039**

注: ***$p<0.01$, **$p<0.05$, *$p<0.1$。
资料来源:根据 stata16 计算所得。

2.调整样本容量

表 4-10 是调整样本容量后的检验结果。由于中心城市可能存在非随机性问题,本研究采用保留"外围城市"的做法证明所要被研究的城市间的差异不影响检验结果。于是将所有的省会城市和四个直辖市的样本剔除,再次进行双重差分检验。结果发现,在剔除省会城市和直辖市后,政策对 AIS 和

Theil 指数的影响与表 4-8 中的回归结果一致。表明省会城市和直辖市的存在,并未对检测结果造成测量上的误差。因此,检验结果是具有稳健性的。

表 4-10　调整样本容量后的检验结果

	（1）	（2）	（3）	（4）
Outcome var.	Ais	Ais	Theil	Theil
Before				
Control	2.199	1.214	0.275	1.782
Treated	2.198	1.226	0.330	1.803
Diff（T-C）	−0.001	0.012**	0.055***	0.021***
After				
Control	2.293	1.266	0.027	1.833
Treated	2.320	1.295	0.322	1.867
Diff（T-C）	0.027***	0.029***	0.046***	0.034***
Diff-in-Diff	0.028***	0.017**	−0.009	0.012

注:***p<0.01,**p<0.05,*p<0.1。
资料来源:根据 stata16 计算所得。

四、进一步分析

（一）人口异质性分析

中国幅员辽阔,人口众多,导致地区之间的发展差异较大。社会经济因素是影响城市人口数量的一个关键因素,因此,本研究按照城市人口规模将研究样本进行划分。城市人口规模在 500 万及以上的,将其定义为大城市。城市人口规模在 500 万以下的,定义为人口规模较小的城市。在控制了控制组、城市固定效应和年份固定效应后,依次展开检验,回归结果如表 4-11 所示。结果表明,在城市人口规模较大的城市中,政策对产业结构高级化产生的作用同样是正向且显著的。对于产业结构合理化而言,影响作用同表 4-8 中的结果一致,仍然是不显著的抑制作用。而对城市人口规模较小的城市来说,代表产业结构高级化的交互项系数为正,代表产业结构合理化的交互项系数为负,说明政策的实行对人口规模较小的城市起到的作用有限,反而对人口规模较大的城市影响更为明显。

表4-11 城市人口规模异质性分析结果

Variables	城市人口≥500万		城市人口<500万	
Model	(1)	(2)	(3)	(4)
	Ais	Theil	Ais	Theil
Treat×Time	0.023 **	0.021	0.012	−0.001
	(2.23)	(1.22)	(1.22)	(−0.06)
Control	Yes	Yes	Yes	Yes
City−fixed effect	Yes	Yes	Yes	Yes
Year−fixedeffect	Yes	Yes	Yes	Yes
Constant	1.075 ***	1.692 ***	1.150 ***	1.579 ***
	(16.03)	(17.33)	(17.22)	(16.27)
Observations	2497	2497	2552	2552
R−squared	0.511	0.394	0.452	0.356

注:***$p<0.01$,**$p<0.05$,*$p<0.1$。
资料来源:根据stata16计算所得。

(二) 区域异质性分析

按照习惯,人们常依据地理因素和经济因素将长江经济带分为上、中、下游三段。长江上游包括云南、贵州、四川和重庆四个省份,中游包括湖南、湖北和江西三个省份,下游包括上海、江苏、浙江和安徽四个省份。本研究以长江经济带11个省份中的107个城市为研究对象,并按照城市所属区域的异质性分别展开研究。

从表4-12呈现的结果中我们可以发现,政策的发布对长江经济带上游及中游地区的产业结构转型升级的影响并不显著。在长江经济带上游地区，从交互项的系数来看，政策的发布甚至抑制了产业结构的转型升级。好在并未造成显著性的影响。而对于长江经济带中游地区而言，政策的发布对产业结构高级化和产业结构合理化都具有正向促进作用，且政策对产业结构高级化的作用更为明显。作为中国经济最活跃的地区之一，相比于中上游地区，政策对下游地区的产业结构转型升级产生了比较明显的作用，检验结果同表4-8一致。意味着政策对长江经济带下游地区发挥的作用更为明显，而对中上游地区的产业结构转型升级来说，并未产生十分有效的影响，甚至存在"拖累转型升级"的现象。

表4-12　城市所属区域异质性分析结果

Variables	长江经济带上游		长江经济带中游		长江经济带下游	
Model	（1）	（2）	（3）	（4）	（5）	（6）
	Ais	Theil	Ais	Theil	Ais	Theil
Treat×Time	−0.005	0.028	0.025[*]	−0.009	0.027[**]	0.009
	（−0.40）	（1.28）	（1.88）	（−0.47）	（2.57）	（0.52）
Control	Yes	Yes	Yes	Yes	Yes	Yes
City-fixed effect	Yes	Yes	Yes	Yes	Yes	Yes
Year-fixed effect	Yes	Yes	Yes	Yes	Yes	Yes
Constant	1.202[***]	1.606[***]	1.195[***]	1.519[***]	1.069[***]	1.612[***]
	（16.89）	（16.18）	（17.12）	（15.68）	（16.10）	（15.87）
Observations	2265	2265	2332	2332	2386	2386
R-squared	0.484	0.423	0.450	0.351	0.510	0.366

注：[***]$p < 0.01$，[**]$p < 0.05$，[*] $p < 0.1$。
资料来源：根据stata16计算所得。

（三）产业结构变化分析

以上的研究结果表明，政策的发布对产业结构高级化的影响比产业结构合理化明显。因此,本研究将第一产业、第二产业、第三产业分别占地区生产总值的比重作为测量城市产业结构变化的代理变量。进一步探究政策的发布对长江经济带产业结构带来的变化。表4-13中的(1)(2)(3)依次代表政策对长江经济带第一产业、第二产业和第三产业的影响。从(1)(2)列中可以看出,政策的发布对长江经济带第一产业和第二产业带来了负向影响,也就是说政策发布后减少了第一产业和第二产业的比重,但这个影响并不显著。表明短期内没有证据支持政策的发布对第一产业和第二产业产生明显的作用,反而明显促进了第三产业的增长。这说明政策发布后,长江经济带产业结构的发展重心倾向于向服务化发展。

表4-13 产业结构变化分析结果

Model	（1）	（2）	（3）
	PI	SI	TI
Treat×Time	−0.004	−0.009	0.013 **
	(−1.14)	(−1.28)	(1.99)
Control	Yes	Yes	Yes
City−fixed effect	Yes	Yes	Yes
Year−fixed effect	Yes	Yes	Yes
Constant	0.873 ***	0.194 ***	−0.071
	(29.46)	(3.26)	(−1.34)
Observations	3113	3113	3113
R−squared	0.585	0.297	0.328

注：*** $p<0.01$，** $p<0.05$，* $p<0.1$。
资料来源：根据 stata16 计算所得。

长江经济带经济发展的活跃度持续提升,但也为产业结构变化带来新的挑战。那么,潜在传导机制是什么呢?换言之,政策会使哪些关键变量对产业结构变化产生推动或者抑制作用呢?对此,本研究按照区域异质性的特征对产业结构变化进行了深入探索。

从表 4-14 中可以看出,政策的发布明显促进了长江经济带下游城市第三产业的发展,并显著减少了长江经济带中游城市第一产业和下游城市第二产业的比重,对上游城市的产业结构却没有产生太明显的作用。这与区域异质性分析结果一致。接下来,我们将从区域异质性视角对产业结构变化的潜在传导机制展开深入探讨。

1.经济发展水平

随着中国经济由快速发展转向高质量发展,长江经济带的劳动力逐渐由第一产业向第二产业和第三产业转移。这个现象大大遏制了第一产业的发展势头,同时,也显著加快了长江经济带第二产业和第三产业发展的进程。可以很明显看出,在长江经济带中上游区域,产业结构梯度转移的潜力正日益释放,第二产业的发展速度几乎接近第三产业的三倍。但在长江经济带下游区域,第二、三产业的发展相差不大。可见,对于经济实力雄厚的下游区域而言,现代化经济体系的建设已取得重大进展。那么进一步发挥长江经济带下游区域的资源禀赋和发展优势,不断优化产业布局和发展水平便显得尤为重要。

2.城市化进程

城市化作为区域发展水平的一个重要体现,为产业结构变化提供了非常必要的空间载体。它不仅拥有多元化集聚经济的优势,还具备先进的社会文化和高端的资源。实证结果表明,推动长江经济带城市化进程,会制约第一产业和第二产业的发展,但城市化水平的提升对第三产业却能发挥持续显著的促进作用。可见,推进产业结构优化升级需密切关注城市化进程。同样,加快第三产业的发展同样有利于推动城市化的进程。

3.对外开放水平

对外开放水平是衡量地区对外商投资的依存度的关键指标。回归结果表明,对外开放水平对长江经济带中上游区域三次产业的影响较为一致。呈现的结果都是显著减少了第一产业和第二产业的比重,并显著推动了第三产业的发展,甚至上游区域的第三产业发展态势更胜中游地区。从背景上看,重庆市和云南省除了是长江经济带上游区域的重要组成部分,还是丝绸之路经济带的成员。它们具有独特的区位优势,可以牢牢抓住对外开放的新机遇,应铆足劲加快第三产业的发展。

4. 基础设施建设水平

对于幅员辽阔的中国来说,加快基础设施建设水平有利于资源的跨区域流动,可直接带动区域经济的快速发展。从表4-14可以看出,长江经济带基础设施建设水平的差异同地区经济发展的差异高度一致。对于第一产业和第二产业而言,基础设施建设水平越高,越能约束第一产业和第二产业,从而推动第三产业的蓬勃发展。基础设施建设水平是加快区域一体化、走高质量发展之路的关键,有利于推动经济欠发达地区的经济发展。同时,这也反映出第三产业更具包容性,基于自身的发展优势能够以更为开放的姿态融入到产业结构转型升级的进程中。

5. 技术创新水平

随着生产领域的科技进步,中国创新驱动的经济增长模式也实现了从"中国制造"到"中国智造"的转变。以往的研究普遍认为技术创新与产业结构变化之间的影响是双向的,也就是说技术创新可以推动产业升级,并且产业升级也能对技术创新的速度与方向发挥作用。实证结果证明了这一点。技术创新能力的提高能够推动传统产业的升级改造和产业结构合理化的进程,并孕育出一系列蓬勃发展的新兴产业。这对长江经济带产业结构变化产生了深远的影响,大大减少了高耗能产业的比重。而且对下游地区发挥的作用明显高于中游和上游地区,存在较为明显的区域性差异。可见,淘汰落后产能和促进产业结构调整是现阶段发展的大趋势。政府为实现长江经济带高效率的绿色发展做了不少努力。

6. 政府支持力度

本研究将政府支持力度体现在政府对地方财政资源的合理分配上,毕竟财政资源的合理利用有助于地方产业的发展。以往的研究证明,财政支出规模的大小直接作用于社会的就业水平,且就业水平又反作用于社会经济的发展和产业结构的转型升级。本研究的研究结果也证实了这一点。政府在推动产业结构转型的过程中,大力发展第三产业。作为满足人类生产生活需要的第一产业,也被视为非常重要的物质基础。而对于存在大量落后产能和高耗能产业的第二产业来说,政府的资金支持反而对其产生了显著的反作用。总的来说,政府合理的资金分配对于推动产业结构高级化和产业合理化的发展发挥了比较积极的作用。

7. 信息化水平

目前中国正处于信息化飞速发展的时期。物联网和大数据的广泛应用,促进了中国城市向智能化发展。信息化水平的提高对长江经济带乃至整个中国产生了显著的影响,具体体现在对产业结构变化的作用,尤其是对长江经济带第三产业产生的积极影响,但也大大削弱了第一产业和第二产业的比重。可见,在现阶段,制造业还未释放出依托高水平信息化转型的潜力,显著抑制了第一产业和第二产业的发展。此外,信息化对产业结构高级化和产业结构合理化也都产生了正向的影响作用。可以说在未来阶段,持续提高信息化水平有助于推动产业结构向智能化方向的转变,从而实现信息化和智能化的高度融合。

表 4-14　区域异质性下的产业结构变化

Variables	长江经济带上游			长江经济带中游			长江经济带下游		
	(1)	(2)	(3)	(4)	(5)	(6)	(7)	(8)	(9)
	PI	SI	TI	PI	SI	TI	PI	SI	TI
Treat×Time	0.006	-0.008	0.003	-0.009 *	-0.007	0.016	-0.006	-0.016 *	0.023 **
	1.10	-0.74	0.25	-1.88	-0.64	1.46	-1.50	-1.69	2.43
Economy	-0.069 ***	0.053 ***	0.017 ***	-0.069 ***	0.051 ***	0.018 ***	-0.071 ***	0.040 ***	0.031 ***
	-18.72	8.49	2.91	-18.77	8.36	3.28	-19.92	6.16	5.46

Variables	长江经济带上游			长江经济带中游			长江经济带下游		
	(1)	(2)	(3)	(4)	(5)	(6)	(7)	(8)	(9)
	PI	SI	TI	PI	SI	TI	PI	SI	TI
Urban	−0.011 *	−0.062 ***	0.073 ***	−0.009	−0.066 ***	0.075 ***	−0.008 *	−0.061 ***	0.070 ***
	−1.71	−4.57	4.27	−1.47	−4.75	4.36	−1.72	−5.22	4.92
Open	−0.184 ***	−0.474 ***	0.674 ***	−0.270 ***	−0.234 *	0.520 ***	−0.100 **	0.011	0.105
	−3.39	−3.34	4.95	−4.99	−1.78	4.02	−2.06	0.09	0.88
Infrastructure	−0.006 **	−0.008 *	0.014 ***	−0.005 *	−0.005	0.010 **	−0.005 *	−0.002	0.007 *
	−2.00	−1.93	3.22	−1.87	−1.12	2.31	−1.73	−0.59	1.72
Innovation	3.433 ***	−4.610 ***	1.236	3.463 ***	−4.529 ***	1.129	3.586 ***	−4.861 ***	1.314
	6.27	−2.76	0.76	6.29	−2.74	0.72	7.99	−3.22	0.92
Government	0.119 ***	−0.308 ***	0.191 ***	0.117 ***	−0.319 ***	0.202 ***	0.121 ***	−0.306 ***	0.185 ***
	8.08	−15.6	11.3	7.24	−15.3	11.7	6.92	−10.6	8.87
Information	−0.205 ***	−0.610 ***	0.805 ***	−0.234 ***	−0.711 ***	0.934 ***	−0.240 ***	−0.724 ***	0.953 ***
	−3.50	−4.73	6.79	−4.15	−5.05	7.38	−4.24	−5.11	7.54
Constant	0.851 ***	0.092	0.052	0.855 ***	0.097	0.044	0.867 ***	0.196 ***	−0.067
	24.81	1.50	0.92	24.69	1.60	0.79	25.37	2.93	−1.16
Observations	2662	2662	2662	2332	2332	2332	2387	2387	2387
R-squared	0.539	0.345	0.36	0.534	0.342	0.33	0.571	0.329	0.36

注：***p<0.01，**p<0.05，*p<0.1。
资料来源：根据 stata16 计算所得。

五、政策含义与结论

长江经济带是世界上最大的内河产业带和制造业基地，对中国作出了巨大的经济贡献。[1] 有序平稳地推动长江经济带的发展意味着可以在更大的空间内进行资源整合，有利于促进中国东部、中部和西部地区经济的协同发展并

[1] 孙亚梅等：《论长江经济带大气污染防治的若干问题与防治对策》，《中国环境管理》2018 年第 10 期。

缩小其差距。库兹涅茨认为,经济总量的高速增长能够导致产业结构的快速演变,同样的,产业结构的演进也能促进经济总量的增长。① 在国际环境发生深刻变化、国内发展面临诸多矛盾的背景下,依托政策发布这一准自然实验对长江经济带产业结构转型升级的现状展开评估,为以后制定更具有针对性的发展政策提供有效依据。

基于区域推行的政策在实施过程中往往面临更为严峻的挑战,究竟政策的实施能否推动长江经济带产业结构的转型升级呢? 本研究采用双重差分法,以 2014 年中国国务院印发的《关于依托黄金水道推动长江经济带发展的指导意见》作为长江经济带产业结构转型升级的依据,来检验政策对长江经济带 107 个城市的产业结构产生的影响。实证研究结果表明,实验组的产业结构高级化比对照组提高了 2.7%,在 5% 的显著性水平上具有统计学意义。产业结构合理化也相应提升了 0.07% 的水平。在控制了可能存在的影响因素并进行了一系列稳健性检验后,结果依旧可靠。说明政策的推行确实对长江经济带产业结构的转型升级有所作用。

在政策发布后,长江经济带产业结构高级化的整体发展趋势呈现出明显的"U 形",这是政策本身的滞后性带来的结果。一方面是由于时间的滞后促使宏观的经济形势产生变化,导致政策的实施在当年就产生相反的作用,一直到政策发布后的第三年,呈现出显著的正向影响。另一方面取决于政策本身的局限性,让政策效应的显现存在一定的滞后期,且这种影响是短暂且不可持续的。政策是面向长江经济带全面铺开的,忽略了区域和城市间的差异性,未能因地制宜地制定恰当的产业结构发展的思路。因而对产业结构合理化来说,政策对其并未发挥明显的作用,这将拖累长江经济带产业结构的整体转型效果。

从异质性分析过程中发现,在政策的推动下,长江经济带人口规模较大的

---

① 蔡昉:《中国经济改革效应分析——劳动力重新配置的视角》,《经济研究》2017 年第 52 期。

城市更有利于产业结构高级化和合理化的发展。两类城市的产业结构高级和合理化之间的差距,分别达到了 1.1% 和 2%。而且长江经济带中下游区域的发展速度明显高于上游地区,产业结构高级化呈现出的效果几乎是上游城市的 5 倍之多。基于数据的统计回归结果,发现无论是在经济发展水平、城市化水平、科技创新能力还是其他物质基础方面,人口规模较大的城市或者经济发展速度较快的城市始终占据得天独厚的优势地位。而对于人口规模较小的城市和经济欠发达城市而言,政策对产业结构转型升级所发挥的作用远不如前者明显。这意味着政策的推行并没有达到预期中以点带面的示范效果。这个结果同样适用于长江经济带产业结构变化的检验结果。

综上所述,在政策的支持下,持续的经济增长并不能完全代表产业结构的转型升级,政策对产业结构转型升级的影响是多维度且复杂的,本研究已经澄清并确认了政策对长江经济带产业结构转型升级带来的影响。作为中国的缩影,对长江经济带产业结构转型升级进行深入探索,具有重要的现实意义和启示。

首先,行政分割是长江经济带高质量发展的阻碍。沿线 11 个省市的 100 多个城市缺乏统一的步调,导致很多城市的产业结构趋同,产业结构转型不明显。在今后的发展进程中,地方政府应拒绝低水平、低效率的重复建设。在步调一致的基础上,结合城市的发展优势和经济基础制定符合地方特色的新政策。尤其是产业结构升级转型不明显的城市,需要重新考虑产业布局。大城市和长江经济带下游城市应充分发挥集聚效应,通过"点面结合"和"以点带面"的方式,带动产业结构升级转型不明显的城市的发展。其次,为实现区域经济的高质量发展,地方政府应重视技术创新能力和信息化建设的重要性。与其他影响因素相比,技术创新为生产生活带来了不竭的动力,在淘汰落后产能和促进产业结构合理化方面,作出了不小的贡献。而信息化高水平建设能够依托技术创新提升服务效能,对传统低效的产业进行改造升级,从而推动产业结构的转型。要想实现从"制造"到"智造"的转变、从低效到高效的跨越,需坚定不移地走创新驱动产业结构的优化升级的道路,并不断提升信息化水平,这是应对国内国际新形势发展的必然趋势。最后,政府部门在进行战略布局时应对长江经济带中上游欠发达地区给予政策倾斜,政府的支持是促进产业结构变化的一大关键要素。依托资金、技术、人才优势等方面,指导中上游欠发达地区的产业结构转型升级,不断缩小上、中、下游的发展差距,从而推动长江经济带整体发展走向均衡化。

本研究的主要贡献如下。第一,系统合理地对现有政策的实施效果展开评估,既有学术价值,又包含现实意义,这将有助于后续政策的有效制定和完善。第二,在以往的研究中,学者们关于产业结构转型升级的测量维度和应用标准存在很大的差别。本研究选择更为科学的双重差分法,从产业结构合理化和产业结构高级化两个层面对产业结构转型升级展开系统的研究,可以更准确地评估政策对长江经济带产业结构转型升级带来的影响。第三,本研究根据城市人口规模异质性、区域异质性及产业结构的变化三个方面详尽地挖掘政策的潜在传导机制。通过对长江经济带上、中、下游的比较分析,全面探索政策及一系列潜在因素对产业结构转型升级的影响,得出的研究结论对全国乃至其他经济发展节奏一致的国家都具有借鉴价值。

第五章 跨区域生态环境"共建共治"中的他山之石

第一节 国外跨区域生态治理的典型模式

一、英国泰晤士河流域

（一）流域概况

英国泰晤士河发源于英格兰西南部的科茨沃尔德希尔斯,全长402千米,横贯英国首都伦敦与沿河的10多座城市,流域面积达13000平方千米,是英国著名的"母亲"河。[1] 作为英国面积最大、长度最长的河流,极具商业价值。泰晤士河的上游沿岸有许多名胜,入海口更是贸易往来的商船聚集地,在英国享有"生命之河"的美誉,也是英国最重要的水路。流域内地区的经济总量占英国总国民生产总值的三分之一。泰晤士河提供了一大半的伦敦饮用水以及工业用水,凸显了水资源的质量以及分配的重要性。[2]

19世纪前,泰晤士河风景秀丽、水产丰富,繁荣的伦敦渔业离不开泰晤士

---

[1] 娱竹:《泰晤士河的百年沧桑》,《中华建设》2015年第4期。

[2] Chen W. A., Tale of Water in Two Cities: Water Supply in Shanghai and Suzhou (1860–1937), The Chinese University of Hong Kong, 2016.

河得天独厚的优越自然环境,渔民每年都从河水里捕获大量的鱼虾出售。随着19世纪工业革命兴起,出现了大量蒸汽轮船和工业工厂。再加上泰晤士河两岸的人口激增,从1800年到1850年,伦敦市人口从100万激增到275万。① 因此,居民生活所产生的生活垃圾以及工业废水的排放也不断增加。大量污水未经过净化处理进入泰晤士河,导致水质迅速恶化,生活污水和工业废水成为泰晤士河两大污染源。由此,泰晤士河成为世界上污染最早、危害最严重的河流之一,河岸俨然成了垃圾堆积场。伦敦霍乱频发,严重威胁伦敦人的生命健康,导致25000人死亡。② 据相关资料显示,1850年,泰晤士河的河水含氧量几乎为零,所有生物几乎绝迹,无法生存。1858年,"爱丽丝"号客运游船沉没,因水质恶劣,640名乘客落水后中毒死亡,即著名的"大恶臭事件"。该事件持续发酵一个月有余,终于让人们意识到河流污染的严重程度,政府也开始重视并着手治理污水。③

(二)治理模式

泰晤士河治理势在必行,英国政府采取了众多措施开展治理工作:包括修建大型下水道、监控水质、建成污水处理系统等。主要可以分为两个阶段:第一阶段是在1885年,在社会舆论压力下,伦敦政府兴修污水处理设备,试图通过化学处理和修建拦截式下水道转嫁污染的方式减少排污量。但这种方式治标不治本,并未从根源上解决问题,所以尽管付出了巨大的努力,还是未能控制住水污染的恶化趋势。第二阶段是1950—1980年期间,为实现对泰晤士河的全流域治理,伦敦政府根据当地的生产生活特点及布局,重组污水处理厂,将190多个小型污水处理厂合并为15个较大的污水处理厂,并进行大规模改

---

① 傅广生:《英国旅游文化史》,南京大学出版社2019年版。
② 许建萍等:《英国泰晤士河污染治理的百年历程简论》,《赤峰学院学报(汉文哲学社会科学版)》2013年第34期。
③ 郑成美、毛利霞:《1858年泰晤士河"大恶臭"及其治理探析》,《鄱阳湖学刊》2019年第2期。

建与重建,取得了不错的效果。

20 世纪 50 年代末期,英国制定了严禁往河内排放工业废水与生活污水的法律条文。1963 年,英国政府制定了《水资源法》,成立泰晤士河水务局,该局主要负责管理水资源、解决水污染方面的问题,制定许可证制度,依法对地表水以及地下水的获取进行管理。《水资源法》标志着泰晤士河流域管理方式由分散管理向统一治理转变。同年,将 1500 多个独立的水资源管理部门整合成 10 个地区水务管理局,管理所有与水资源相关的事务,此举被欧洲史上誉为"水业管理体制上的一次重大革命"。改善水质的另一个困难是,水务管理局扮演着双重角色,即猎场看守人和盗猎者。水务管理局将污水排入河里,再承担治理水污染责任,确保其他人的排放符合一定的标准。

1974 年,英国成立了泰晤士河水务管理局,号称是"国外典型的综合性流域管理机构"。解决水环境污染问题,保护水流域的生态环境。泰晤士河水务管理局负责统一治理和统一管理流域内水资源,并明确规定流域水质标准,颁发取水和排水(污)许可证,制定流域管理规章制度,"是一个拥有部分行政职能的非营利性的经济实体"。[①] 1989 年,英国政府颁布《水资源法》,该法将 10 个地区水务局分为泰晤士水务公司和国家流域管理局,运用私有化的管理方式对水资源进行管理和供应(如表 5-1 所示)。水务管理局董事会由 1 名主席和 15 名成员组成,其主要工作是负责水资源管理相关的政策意见,水务管理局的财政收入主要来源于收取水费、排污费以及综合费用,当水务管理局的运营出现财政困难时,政府便为其提供低息贷款来保障各项工作的正常运作。水务管理局拥有独立自主权,地方当局无权干涉水务管理局的水资源管理工作。泰晤士河为伦敦人民提供生活用水和工业生产用水,流域管理局应当担负起水质检测、污水监管、检举起诉等职责。对水资源进行私有化管理的好处为:减轻了政府的财政

---

① 孙炼、李春晖:《世界主要国家水资源管理体制及对我国的启示》,《国土资源情报》2014 年第 9 期。

负担,减少了各个部门的重复劳动,提高了对水资源管理的效率,极大地改善了水质。经过近百年的不懈努力,泰晤士河又变成昔日的"世界上水质最好的河流"①。1967—1977 年,泰晤士河增加了 60 多种的鱼类,是过去的 2 倍多。

1975 年至今的泰晤士河治理进入了巩固阶段。一方面,英国政府加大技术投资,不断完善污水处理设施。② 近年来,采用超声波监测技术严格控制水污泥密度,与此同时,遥测技术也运用于水污染治理。除了运用新型科技,当地政府加强对沿河两岸的工矿企业进行监管,严格控制工业污水的排放,明确规定除了排放净化水以外,工矿企业将任何废物排入泰晤士河都被视为违法行为。近年来,英国产业结构不断升级改造,大伦敦地区的经济模式也发生转换,关闭了原本对泰晤士河造成巨大污染的煤气厂、造船厂等工业企业,取而代之的是对泰晤士河无污染的各类文化和服务企业,此举在很大程度上减轻了泰晤士河的治污压力。如今,泰晤士河已经重现昔日碧水蓝天,正如一家英国杂志《水》所报道的那样:"这一条工业河流曾经遭受到极其严重的污染以至于已被人们视为死河。然而,今天它已经恢复到接近未受污染前的那种自然状态。在世界上这是前所未有的第一回。"③

泰晤士河治理成功的关键在于大胆地运用科学管理方法对传统管理体制进行创新。将全流域 200 多个分散的水资源管理单位合并成泰晤士河水务管理局,对水产养殖、灌溉、畜牧、航运、防洪等各种业务进行统一管理。这不仅保护了水资源,还对水资源进行合理、高效的利用与开发,符合自然界的自然规律,更杜绝用水资源浪费和水生态环境遭到破坏,保护了生态系统健康,实

---

① 刘敏:《泰晤士河也曾臭名昭著》,《现代青年(细节版)》2009 年第 3 期。
② 史虹:《泰晤士河流域与太湖流域水污染治理比较分析》,《水资源保护》2009 年第 25 期。
③ 贾秀飞、叶鸿蔚:《泰晤士河与秦淮河水环境治理经验探析》,《环境保护科学》2015 年第 4 期。

现了经济、社会和生态的协调发展。①

表5—1 泰晤士河流域管理机构演变图

治理机构	机构性质	机构组成	职责	公众参与方式	流域管理特点
泰晤士河水务管理局(1973—1989)	水污染防治机构	整合10个地区水务局	统一管理水处理、水产养殖、灌溉、畜牧、航运、防洪等各种业务	监督、建议	立法控制水污染;依靠科学技术;建立流域管理机构,将分散管理变为一体化管理;充分利用市场调节
泰晤士水务公司(1989年至今)	私营企业	水务管理局私有化	提供流域内的水服务,包括水供给和污水处理	任职、参股	

(三) 借鉴参考

泰晤士河的成功治理之处不在于先进的工艺,而在于大胆的体制革新。泰晤士河的成功治理也被称为欧洲史上水工业管理的重大革命。主要进行了以下几个关键步骤:一是建立专门机构,实现对流域生态环境的统一管理;二是通过水环境治理技术的革新,实现治理高收益。泰晤士河的治理方式比较集中,而且治理业务与当地的其他业务结合在一起,同时促进了当地经济的发展。这也是我国跟西欧在污水治理方面最不同的一点,我国的水污染治理业务跟其他业务是分开的。而泰晤士河虽然是国际上非常重要的旅游资源,但是却坚持有计划地进行旅游规划。

我国长江流域"条块分割"的传统管理模式弊端日益显现,应当借鉴英国泰晤士河流域成功的管理经验,通过设立权威、高效的统筹管理机构

---

① 刘丽等:《英国自然资源综合统一管理中的水资源管理》,《国土资源情报》2016年第3期。

（流域管理机构），坚决控制污染物排放量（控制"三废"排放量），加大环保事业资金投入（建设大型污染处理厂），经济政策适当向环保事业倾斜，改革投资运行机制（开辟融资新模式）的方式改善现有困境。打破原有的传统行政区划，突破条块分割，建立协调有序的统一水流域管理机构及协调机制，整合并调整各单位各部门的管理职责，建立更加权威的、高规格的管理机构。此外，应格外注重对水环境的保护，不走"先污染、后治理"的老路。

二、美国田纳西河流域

（一）流域概况

美国田纳西河流域可谓是国外治理和开发最成功的一个案例。田纳西河位于美国东南部，是美国的第八大河流，流经田纳西州、密西西比州和亚拉巴马州等七个州，最后于肯塔基州注入俄亥俄河，是密西西比河二级支流。河流源头位于弗吉尼亚州南部的山区，雨量充沛，气候温和，河床落差大，水能资源丰富。其主要流域位于美国东南部，全长约 1046 千米，流域面积超过 100000 平方千米。①

原本的田纳西河流域山清水秀，森林繁茂。但到了 19 世纪后期，大量人口涌入，人们长期高强度地种植棉花、开采铜矿，不断扩大耕地面积，严重破坏了自然植被，造成土地退化、水土流失等严重的后果，且常常暴雨成灾、洪水泛滥，大量的农田耕地被破坏。

在美国，流域作为水资源规划单位兴起于 19 世纪后期。对综合流域规划的重视在 20 世纪 30 年代和 20 世纪 40 年代达到顶峰，田纳西河流域管理局的经验和新政是强调理性决策的缩影。进入 20 世纪 50 年代，提倡将流域发展的水概念与区域经济和社会规划交织在一起。但由于种种原因，从 20 世纪

---

① 张帅:《美国田纳西河流域开发的启示》,《四川水利》2001 年第 2 期。

60年代至今,流域开发和区域规划已经分崩离析,流域管理主要局限于水系工程的水文方面。相反,区域规划和发展不再关注流域,而是主要关注相互关联的城市社会经济与政治因素和力量,同时也关注环境价值和约束。因此,区域生态环境治理已成为城市社会经济和政治分析的焦点,流域继续作为有效控制水资源的重要水文规划单位。

(二) 治理模式

20世纪30年代,一场经济大萧条席卷美国,美国工、商、农业停滞不前,人民生活陷入水深火热中,其中,田纳西河流域的情况尤为严重。在田纳西河流域,将近一大半的人口以务农为生,然而,水生态系统破坏、水土流失加剧严重影响到人民的农耕生活。[①] 基于此种情况,为了解决这些开发不当所带来的问题以及方便管理,美国前总统罗斯福创建了田纳西河流域管理局(Tennessee Valley Authority,TVA),对田纳西河流域进行统一的治理和规划。TVA是地区性综合治理和全面发展规划的政府机构,"是美国首次利用统筹的方式对整个流域和人民命运进行管理的方式"[②](如表5-2所示)。主要具备以下职能:人事独立权、土地征用权、项目开发权、综合管理职能和投资开发职能。

在TVA治理初期,依据河流阶梯性开发以及综合使用的标准,设计规划、集中开发田纳西河的水资源。初期阶段的目的是防洪与航运,在干支流上修建水利枢纽,拓宽航道。20世纪50年代,TVA基本实现了对田纳西河开发利用的目标,已逐渐转变为以环境管理为主的机构,并采取了有效措施保护流域沿岸的森林、土地、野生动植物、水产生物等资源,维护了流域生态

---

① 钱满素、张瑞华:《美国通史》,社会科学院出版社2004年版,第602页。
② 中国水利百科全书编委会:《中国水利百科全书》,中国水利水电出版社2006年版,第1368—1369页。

平衡。① 现阶段,TVA 的战略目标为通过对流域环境的统一管理,改善流域现状,为流域周边的生产生活提供可靠的电力资源,引领田纳西河流域的可持续发展。

20 世纪 60 年代,全世界开始重视生态环境保护问题,TVA 以提升人民生活质量为重点,加大对流域内的资源保护的力度。至此,田纳西河流域将土地使用、航运、娱乐、防洪、水质与发电有效结合起来,进行协同管理与利用。

表 5-2　田纳西河流域管理局概况

机构名称	机构性质	机构组成	职责	公众参与方式	流域管理特点
田纳西河流域管理局(TVA)	公司型联邦一级机构	董事会	对总统负责,自主设立 TVA 内设机构	/	通过立法提供法律保障;统一规划和管理;良性运行机制;自主、多元、灵活的政事企合一体制
		董事会执行委员会	分管某一方面的业务,对董事会负责	/	
		地区资源管理理事会	推动地方政府参与流域管理,提供参考意见	各类受益方代表和地方社区的代表可加入理事会	

20 世纪 70 年代,田纳西河流域探索出了一条良性发展的道路,成效显著。20 世纪 80 年代,美国利用现代信息技术,在流域管理开发中,采用定位系统、遥感以及计算机技术等提升了流域管理质量,提高了工作效率,改善了当地经济面貌,摆脱了贫穷落后的困境,消除了发展阻碍,推进了城市化进程。②

---

① 高祥峪:《浅议罗斯福时期美国田纳西河流域管理局的环境治理》,《中共山西省委党校学报》2009 年第 32 期。

② 王文君:《试析成立初期的 TVA(1933—1939)对流域经济的影响》,《内江科技》2010 年第 31 期。

（三） 经验借鉴

田纳西河流域管理局(TVA)对流域的有效开发和管理在世界范围内具有深远的影响。TVA的成功经验可以概括为以下五个方面：(1)联邦政府提供的法律和政策支持流域发展的保障；(2)建立了统一的流域统筹管理机构(TVA)；(3)TVA强大的管理体系保证了流域的合理开发和管理；(4)TVA有效的管理实践为成功运营提供了动力；(5)TVA注重经济、社会和环境方面的可持续发展。

第一,健全法律体系,从法律上保证该机构的权威,为统一管理流域内自然资源提供法制保障。我国关于跨区域生态环境治理的现行立法尚不能满足长江流域的管理需要。从田纳西河流域治理案例看来,田纳西河流域跨区域面积广泛,横跨七个州,增加了统一开发管理田纳西河流域的难度,必须健全完备的切实可行的法律体系作为强有力的支撑。1933年,美国国会通过《田纳西河流域管理法》,明确界定了TVA的职能、权力、义务以及目标,田纳西河流域管理局既是政府职能机构,又是一个独立核算的企业。双重职能身份,使得TVA可以充分利用各种资源。《田纳西河流域管理法》对田纳西河流域包括水资源在内的自然资源的合理开发和统一管理提供了法制保障,赋予了TVA足够的权力,促进了流域经济发展。我国可借鉴田纳西河流域的管理方式,综合考虑长江流域的整体利益和综合管理,紧跟现代流域管理立法原则。

第二,统一管理流域水资源。我国缺乏专门针对跨区域生态环境治理设立的管理机构,部门与部门之间相对而言是缺少协调机制的。田纳西河流域管理局成立初期,其目标异常明确,即是为了航运、开发水电以及防洪而生。20世纪50年代,田纳西河流域水资源已经基本完成了开发利用工作,同时,陆续增加了保护森林资源、野生动植物和水产类资源的工作。20世纪60年代后,当地政府更加重视管理和保护流域内自然资源。资源从开发利用到保护,自然也就提升了当地居民的生活水平。当前,田纳西河流域统一在航运、防洪、发电、水质、娱乐和土地利用这六个领域进行了开发。而长江经济带的现实情况是:各个部门呈现"九龙治水"的窘境,这种政出多门的管理模式导致管理效率低下,各部门间相互推诿,都想轻易搭上环境治理的"便车"。

第三,经营方面的良性运行机制。TVA 既是一个经营实体,也承担着联邦政府组织机构的角色。作为经营实体,具有联邦政府机构权力,主要通过以下三个方面形成经营上的良性循环:一是加大政府财政扶持力度,联邦政府对TVA 开发项目给予财政拨款,政府的财政扶持政策对 TVA 的早期发展有很大作用,缓解了资金困境。二是开发营利项目,如电力等,为发展积累资金,根据资料统计,TVA 已拥有 48 座各类电站,提供了大约 3000 万千瓦的电容量,作为美国最大的公共电力企业,电力利润为流域自然资源管理提供了资金支持,缓解了政府拨款的财政压力。并且充分利用当地的煤炭和水资源发展火电和核电,形成一个巨大的电力供应基地。充足的电力使得田纳西河流域的电价十分便宜,同时田纳西河流域管理局又推出各种优惠政策,引入了大量的市场融资,促进了各产各业的发展。① 三是利用社会力量,发放债券,面向社会筹措资金。1995 年,发放国际市场债券,成功地运作债券促进了其电力事业的发展,电力生产经营逐渐成为 TVA 的经济支柱。该地还坚持可持续发展目标,通过提供清洁能源和对环境进行有效的规划和管理,实现可持续的发展目标。例如修建了水坝,开辟了航运便利交通往来,大大节省了开支,旅游业开始慢慢发展起来,但是规模不大。这也为田纳西河流域的环境的稳定提供了一定的保障。旅游业的发展又带动了游船制造业、经营业,当地还有一些机械纺织等行业也得到了一定的发展,不仅促进了当地的就业,还增加了当地居民的经济收益。到 20 世纪 80 年代,田纳西河流域的人均收入水平已经

---

① 刘旭辉:《美国田纳西河流域开发和管理的成功经验》,《老区建设》2010 年第 1 期。

显著提升,该地的生态环境也明显改善了,最终实现经济效益、社会效益和生态效益的统一。

第四,管理体制。TVA 不仅拥有政府的权力,同时,具有私人企业的主动性和灵活性,董事会自主设置 TVA 的内部机构,根据业务需要,对内部机构的设置进行调整。在前期,根据自然资源综合开发的需要,设置有自然资源开发保护等方面的机构。在后期,根据发展电力的需要,又增设了电力经营等方面的机构。此外,TVA 设有专门的咨询机构,为决策机构建言献策,"地区资源管理理事会"具有咨询性质,具备权威性和代表性,该咨询机构发挥着智库的作用,为 TVA 与流域内各地政府的管理提供了决策意见和建议,积极引导流域内地区的公众主动参与流域管理,咨询机构为TVA 的行政决策提出重要的补充性意见,为决策提供重要的借鉴依据,有利于提高决策效率,促使决策更加科学化、合理化,也符合现代流域管理的智库参与行政管理的时代潮流,形成了多元行为主体协同治理流域的良好局面。

第五,建立统一的协调机构。在 20 世纪 30 年代,美国田纳西河遭到了严重的污染。为了对田纳西河进行有效的治理,1933 年,美国国会通过了《田纳西河流域管理法》,并成立田纳西河流域管理委员会。在法律的规范下,田纳西河流域管理委员会采取针对性的措施,使田纳西河跨区域水污染治理取得了积极成效。

由此可见,从最初的政府扶持,到开发盈利项目再到社会筹资,这种"政企合一"的管理体制,实现了政府、企业、社会多元行为主体共同参与发展格局,逐步走上了良性经营管理的道路。通过 TVA 的改革与实践,田纳西河流域的生态环境形成了一个系统、全面、可持续的治理局面,不仅提高了水资源的管理效率,还促进了流域内的经济发展。从 TVA 实践中,可以得到一个启示:从资源的比较优势出发利用并开发跨区域生态资源,借助生态优势发展航运、休闲旅游业,促进整个流域的经济与生态环保同步发展。TVA 作为公共机构,依法享有高度的自主权,建立一个统一的流域开发管理机构,赋予其管理与建设的实体性功能,建设强有力的管理机构,这对我国长江经济带城市协同治理长江流域问题具有十分有益的参考意义。

三、澳大利亚墨累—达令河流域

(一) 流域概况

澳大利亚大陆四面环水,拥有丰富的淡水资源。全国年均地表径流总量约为 4400 亿立方米,可利用率却仅为 26.7%。墨累—达令河作为澳大利亚最大的水系,也是澳大利亚唯一一条发育完整的水系,拥有 20 条以上河流与地下水系。墨累—达令河流域位于澳大利亚东南部,河流发源于昆士兰中南部,最北端延伸至亚热带气候区,终端位于印度洋的因康特湾,全长共 3719 千米,流域面积超过 1060000 平方千米。河网密布,支流众多。作为墨累河最大的一级支流,其流量占墨累河总流量的 20% 左右,占整个澳大利亚大陆面积的 14%。① 墨累—达令河流域是澳大利亚最重要的农牧业产地,其农牧业产量占全国总产量的 41%,具有较大的农业优势,被誉为是澳大利亚的"心脏地带"与"粮仓"。但根据全球气候模式的预测结果来看,墨累—达令河流域在未来的十几年内气候将愈加干燥,地表径流将减少 11%。

殖民使澳大利亚的自然景观和水资源产生了巨大的转变。自从欧洲殖民者定居以来,大量森林资源的滥用改变了墨累—达令河流域的河流流量,墨累—达令河也因此水事纠纷频发,生态问题突出。受到水资源短缺和环境的不确定性等因素的影响,在气候变化和地下水条件恶化的情况下,澳大利亚政

---

① Crabb P., Murray–Darling Basin Resources, Murray–Dar—Ling Basin Commission, Canberra, Australia, 1997, p.17.

府针对墨累—达令河流域所面临的问题与挑战(如表5-3所示),不得不对水资源管理体系进行了新部署与新规划。19世纪末,灌溉、河流分流和钻孔等水资源管理工具的出现,使得范围内水资源相互输送成为了可能。在20世纪20年代至70年代,由于不合理的开发利用,该流域的生态环境遭到了破坏。随着当地农业的发展,灌溉用水量的上升,地下水位上涨,造成干旱地盐渍化;径流减少使得盐度增加,水质下降,牲畜质量下降,各种鱼类、鸟类减少甚至灭绝。为了解决墨累—达令河流域所面临的环境问题,澳大利亚政府借助灌溉等方法,使土地具有新的生产与发展能力,并迅速采取相关有效手段解决缺水问题。其主要目的是对墨累—达令河流域进行有效规划与管理,以实现水、土与环境资源的平等、高效和可持续利用。许多研究也试着从河流管理的范式转变、治理原则的创新以及水治理结构的调整方面探索了澳大利亚水资源的新方法。

表5-3 墨累—达令河流域所面临的挑战

挑战	具体表现
土地退化	土地盐碱化、流域内涝、土壤结构及肥力下降、风蚀及水蚀、土壤酸化、农牧超载
水质退化	水质恶化、水质富营养化、水质浊化、废水量增多、地下水位下降
水量减少	河流径流量减少
其他问题	植被退化、动物栖息地减少、物种减少、湿地数量减少、溪流季节变化
文化层面	遗产区减少
管理层面	政策不协调、政策法规实施力度不足、土地利用及管理手段不当

(二) 治理模式

2008年,从墨累—达令河流域可持续产量审计的结果来看,墨累—达令河河流治理有了一定的积极效果。一些重大的水改革,包括水法案与一系列修正案,为墨累—达令河流域的水资源管理提供了切实的法律基础。澳大利亚是联邦体制国家,根据澳大利亚宪法规定,各个州、地区以及直辖区拥有自治权,可以对管辖范围内的水、土进行自治管理。19世纪末,墨累—达令河流域正在遭受大旱,区域之间存在严重的用水冲突,各个州之间常常就水资源的利用发生激烈争议,区域之间的环境保护及水资源合理开发利用问题不能依靠单个州单独解决。因此,澳大利亚各州政府开始执行协同治理计划,将墨累—达令河流域当作一个整体进行管理,减轻了流域的负外部性。墨累—达令河流域内的维多利亚州、新南威尔士州以及南澳大利亚州政府执行合作共治计划,共同商讨解决方案,政府间签署了《墨累河水协议》。在该协议的指导下,流域内的水资源得到了较好的开发与利用,同时,促进了社会经济的可持续发展,使得该地区经济得到迅速的提升,缓解了各州政府水资源管理的局限。根据此协议还建立了墨累河委员会(River Murray Commission,RMC)①,该委员会由联邦政府以及3个州政府的代表组成,每一缔约方都有否决权,有权利用各自辖区范围内的水资源,主要负责监督水协议的执行、水资源的调控与分配,但该协议主要涉及墨累河干流的水量问题而忽视了水质问题。

20世纪60年代,由于没有建立强有力的流域管理机构,无法对墨累—达令河流域实施统一管理,为了解决日益严重的土地盐碱化问题,委员会扩大其职责权限,州政府之间加强合作治理,制定行之有效应对措施。1987年,四方政府再次签订了《墨累—达令流域协议》,协议鼓励采用市场手段来减弱区间水资源消费的负外部性,从而积极推动公众参与水资源管理。5年后,四方政

① 高小芳、刘建林:《国内外流域管理对渭河流域管理的启迪》,《水利科技与经济》2009年第15期。

府再次修订协议,使该协议成为各州法案。① 法案规定了用在各种工程项目上的资金,要求在全流域范围内制定实施流域计划,旨在限制流域水资源数量以保证环境的可持续。

新协议的核心为"制定有效的规划与管理活动,进而达到对墨累—达令河流域水、土还有其他环境资源公正、有效且长久的利用。"②协议提出以水资源管理为重点,创建流域机构,并把协议作为各方采取措施的法律依据。协议从社区参与、政策发布、机构创建等三个方面制定了流域协商管理组织机构的多级治理模式,即流域委员会、部长委员会以及社区咨询委员会(如表5-4所示)。这三个部门职责划分明确,合作共治,共同实行"墨累—达令河流域行动"。

1963年,澳大利亚政府成立了部长理事会。部长理事会作为流域管理最高的决策机构,拥有12名部长,分别由联邦政府、流域四州和北部地区的部长组成。12名部长主要负责掌管土地、水以及环境资源。部长理事会主要负责制定流域内资源管理的政策方案,指明流域内资源管理方向。部长理事会的执行部门为流域委员会,主要负责优化配置流域内的水资源,并且针对资源管理问题向上级理事会提供咨询意见。流域委员会是一个独立执行机构,向理事会负责,同时代表理事会向政府负责。流域委员会的主要职能包括合理配置流域水资源;向上级理事会提供关于流域内自然资源利用、开发以及管理的咨询意见;执行资源管理条例,包括提供资金和框架性文件。此外,部长理事会作为咨询委员会,其职责是通过调研,搜集各方的建议,确保通畅各方信息交流,对于个别的决策性问题开展协调咨询等,向社会公众公布最新政策以及研究成果。

---

① 李涛:《流域水资源治理机制研究》,重庆大学硕士论文,2006年。

② Murray-Darling Basin Commission, The Murray-Darling Basin Agreement, 见 http://www.mdba.gov.au/about/governance/agreement.htm/2004-12-07。

表 5-4　墨累—达令河流域治理模式

机构设置	机构性质	机构组成	职责	公众参与方式	流域管理特点
部长理事会	高级决策论坛	四方州政府中负责水、土地和环境资源的部长	决策、评估	/	以水资源保护、河流生态保护和可持续利用为治理重点；注重实施效果的监测与评估；科学性与灵活性并重；广泛参与和可操作
流域委员会	以自治组织身份作为部长理事会的执行机构	缔约方政府中土地、水和环境资源管理部门的高级官员	建议、监督、执行	/	
社区咨询委员会	部长理事会的咨询协调机构	地区代表和特别利益集团的代表	教育、沟通、协调、建议	社区和地方利益相关方通过社区协调委员会提供建议	

澳大利亚墨累—达令河流域的治理特色在于采用联邦与州签订联合协议的方式，实行统一管理，避免"政出多门"。在纵向层面，确保了多元行为主体之间的沟通与合作。在横向层面，各州对于水资源等的利益需求不尽相同，通过社区咨询委员会的宣传工作，促进社会工作者对政策的理解和认同，减少新政策执行的阻碍。澳大利亚墨累—达令河流域的独特治理方式形成了州际合作和解决州际争端最为重要的区域法治协调机制。①

（三）管理体制

澳大利亚水管理大体分为联邦、州和地方三个等级。联邦政府通过制定全流域范围内的政策、水计划与准则，促进各个州的能力协调、监督整个系统的检测和汇报。作为联邦政府的下属机构，联邦政府给予了州政府足够的信任，授权州政府处理水生态治理工作，协助联邦政府制定分水计划，以协调和

---

① 周永军：《我国跨界流域水权冲突与协调研究》，天津财经大学博士论文，2017年。

制衡水计划的执行和水资源的管理,并对水环境的治理项目进行监督执行。地方政府作为行政范围更为狭小的行政单位,负责与社区进行沟通协调,并鼓励社区积极参与水资源管理信息和知识的收集,进行定点检测,并实施具体的水输送。三级政府通过协商合作的方式,形成合作伙伴关系。此外,还借助了非政府组织的力量对各利益相关者进行环保教育及宣传。

澳大利亚水环境治理体系的有效运行得益于以下机制的建立和完善。第一是信任机制。信任是促进合作的催化剂,通过建立水市场交易机制和法律、计划等"制度信任",可以降低治理主体的风险和不确定性,增强国家间的信任,避免国家间的相互战略行为。二是学习机制。由于系统的复杂性和环境的多变,学习机制需要政府部门、企业和公众积极参与。关键在于不断探索和创新,及时获取当地流域的信息和知识,保证决策的科学性和有效性,保证公众参与的积极性。三是协调机制。有效的沟通是降低交易成本、促进治理协同的重要手段,包括政府系统内部的、政府间的、政府与社会之间的协调关系。

值得一提的是,澳大利亚的墨累—达令河流域在管理规划方面具有典型的特点。第一,流域规划的整体目标明确。规划调整"可持续的分水限制"(SDLS)运作机制,在整个流域内制订地表水与地下水可开采的限额,降低流域非生态用水的分配量和实际使用量,使 SDLS 更具可操作性。通过流域水资源的综合管理落实相关国际协定,建立流域水资源可持续的、长期的适应性管理框架,从国家利益的角度出发,优化流域水资源利用所带来的社会、经济和环境产出,提高流域水资源所有用途的水安全性。第二,环境目标清晰。开展水资源的风险管理,环境用水规划,与水相关的生态系统保护目标及衡量指标,环境用水的管理框架、确定方法、优先顺序等。保护和恢复流域依赖水的生态系统,保护和恢复依赖水的生态系统的功能,确保依赖水的生态系统能够适应气候变化及其他风险和威胁,确保环境用水规划管理人员、业主、环境资产管理人员以及环境水的持有者之间对环境用水的协调。第三,水质和盐度目标恰当。水质与盐度管理规划,确定流域水质和盐度的具体监测指标和范围。保证流域社会、文化和经济活动所需的适当的水质,包括盐度水平长期平均可持续的分水限制。在考虑社会和经济影响的情况下,建立可用于消费的地表水和地下水取水量的环境可持续限制。第四,水市场交易目标适当。健全流域水权交易机制,水权交易规则,消除水权交易障碍,制订水权交易的条件和程序、水行业管理方式,为交易进行提供信息等。在流域各州内部和各州之间有效促进水市场的高效运作和创造交易机会,尽量减少水市场交易成本,使水资源利用得以实现效益最大化,水产品能够适当地组合以发展水获得权,承认和保护环境需求,为第三方利益提供适当的保护,并对流域水资源现状、生态系统、管理行动,以及流域规划实施情况进行反馈评估。

(四) 借鉴参考

虽然墨累—达令河流域的治理存在许多问题,如地方政府未能正式参与管理决策、诸多相关协议未被纳入墨累—达令河流域的总体管理中等。但不可否认的是,其治理的成效显著,对我国的跨区域生态环境治理有较大的借鉴与参考意义。尤其是墨累—达令河流域所设置的社区咨询委员会,扮演社区与政府间中间人的角色,发挥双向沟通与实时反馈的作用。与澳大利亚相比,我国流域管理体制是流域水资源管理与行政区划管理相结合的管理体制。主要流域虽然设立了专门的、独立的流域管理委员会,但流域管理机构的界限不够明确,权限划分不清晰,加上流域多部门、多层次的管理体制,造成了行政部门各自为政、条块分割的局面,无法实现流域水资源的统一调配。[1] 随着长江经济带建设的推进,长江流域治理亟待法治化。[2] 通过立法可以体现国家的坚定立场与鲜明的政治态度,奠定水生态环境治理的法律地位,保证生态水量

---

[1]　夏军等:《海河流域与墨累—达令流域管理比较研究》,《资源科学》2009 年第 31 期。
[2]　胡德胜等:《国际水法对长江流域立法的启示和意义》,《自然资源学报》2020 年第 35 期。

不被任意占用,保障管理落到实处。同时,在一定意义上也避免了政出多门的现象发生。

在流域治理中,有效治理是成功治理的前提。我国水流域管理体制应当借鉴澳大利亚流域州际协议,依靠地区合作体制制定区域间的流域协议,加强综合管理,进一步明晰水资源管理职权,建立专门的水量调度机构,敦促流域生态调度的实施,保证水资源管理政策落到实处,并共担风险,改善部门与地区分割的现状。针对我国公众参与管理积极性不高的问题,建立流域管理咨询委员会,发挥高校和科研机构等智库的力量,为流域管理工作提供参与平台,广泛收集公众对流域管理工作的反馈意见,加大公众参与力度,保证各相关利益主体的共同参与,形成网络化的流域治理模式。

此外,还可通过界定产权的方式引导水资源高效配置。政府不仅是规制的实施者,还是治理的领路人,更是治理的带头人与鼓励者。在建立水管理法律体系的基础上,发挥政府不可或缺的作用,进一步完善流域管理法律体系,要避免权利冲突,特别是起草流域协议,形成水环境治理合力。当然,由于两国的体制不同,我国在参考借鉴的基础上应立足我国国情与实际,借鉴澳大利亚墨累—达令河流域管理模式,结合我国流域特点和流域管理现状,实现我国长江经济带沿线城市的协同治理和保护。

四、欧洲莱茵河治理

(一) 流域概况

莱茵河是西欧第一长的河流,源于阿尔卑斯山北麓,流经奥地利、列支敦士登、德国、法国、荷兰、瑞士六个国家,最后注入北海,全长为 1332 千米,流域面积超过 22 万平方千米。莱茵河是西欧一条非常著名的国际性河流,在德国境内长 865 千米。它全年水量充沛,支流众多,与欧洲重要的塞纳河、多瑙河相通,可谓是四通八达。河流中下游资源丰富、地势平坦,是欧洲重要工业的集聚地,因此也被称为黄金水道。莱茵河流域沿岸的人口约为 5000 万,为 40%的欧洲人提供所需的饮用水,其水质保护一直是沿岸国家重点关注的目标,因此被称为欧洲人民的"生命之河"。

受到 19 世纪欧洲工业革命的影响,莱茵河的水质遭受了严重的破坏。二战结束后,欧洲各国进行工业重建,从而忽视了环境保护,以牺牲生态环境为代价进行工业发展。受到人口急速增长和工业化进程加速的影响,越来越多的有机物和无机物被排入河道,莱茵河水质由此恶化。甚至造成部分河段溶解氧为零,鱼类完全消失。昔日的"天然泳池""黄金水道"沦落为"欧洲下水道"和"欧洲公共厕所"。20 世纪末,河流下游的荷兰受污染影响严重,拟订莱茵河水质标准,由于上下游之间缺乏合作意识,莱茵河生态污染危机并未化解。

(二) 治理模式

其开发利用及治理主要分为四大阶段:第一阶段是在 1860 年以前,莱茵河流域居民从事农业生产活动,对莱茵河流域局部的生态环境造成了一定的影响,但未上升到生态危机层面。第二阶段为 1860 年至 1960 年之间,其关键性事件是莱茵河流域的物质资料生产方式产生了天翻地覆的变化,从农业生产转向工业生产,大量工业废水排入莱茵河,引起莱茵河水质恶化。第三阶段为 20 世纪 70 年代至 90 年代,莱茵河多起生态环境污染案例引起了莱茵河流域周边的多个国家的反思与重视,多国试图通过技术改进与资金投入的方式进行环境整治,虽取得一定成效,但未能形成长效的、积极的治理反馈机制。第四阶段为进入 21 世纪至今,莱茵河流域周边各国为实现莱茵河的有效治理,开启了区域治理协同合作模式,取得了巨大治理绩效。

为了改善莱茵河的水质,使莱茵河重现往日的清澈,莱茵河流域国家采取了一系列措施。

1. 建立统一协调机构,进行综合治理

20 世纪 50 年代到 60 年代,二战后的欧洲各国都以恢复和发展经济为其主要目标。能源、钢铁、冶金、化工等高污染的企业开始向莱茵河畔聚集,大量的工业污水未经处理直接被排入莱茵河,加剧了莱茵河水质恶化的程度。为了使莱茵河重现往日的清澈,莱茵河流域沿岸的国家在下游国家荷兰的倡导下于 1950 年成立了保护莱茵河国际委员会(以下简称 ICPR)。ICPR 制定了严格的排污标准和环保法案,其下设的若干个专门的工作组专门负责水质标准的制定、水质监测、污染源监控和治理评估等工作。[①] 它通过落实"责任到户",使得治理工作具体可行。在沿岸国家的共同努力下,莱茵河重返清澈,恢复了往日的生机和活力。

1976 年,欧洲的欧共体委员会(以下简称 EEC)作为缔约方加入了ICPR,ICPR 的委员会成员由原先的欧洲五国变为欧洲六国。保护莱茵河国际委员会每年定期召开会议,在会议中,每一个委员会成员可以就某一项重大议题发表自己的见解,会议整合每一位委员会成员的意见,合理协调每一位委员会成员的利益诉求,形成共同的目标,促使委员会成员为实现共同目标而努力。ICPR 设立一个主席席位,主席的任期为 3 年,主席席位通过不同的成员国推选自己的代表来轮流担任,主席的职责是协调各方面的工作,主席下设秘书处,秘书处的职责是做好日常工作。此外,还设立了各个工作小组,工作小组具体负责监测莱茵河的水质、监控污染源与恢复生态系统等工作。

1976 年底,"保护莱茵河国际委员会"签订了"盐类协定"及"化学物协定",这些协议在恢复莱茵河水质方面发挥了重要作用。此外,定期召开莱茵河国家部长会议,汇报莱茵河沿岸各国防污染政策以及政策的执行情况,并制定有关防污染的行动规划与条文。1987 年,保护莱茵河国际委员会通过了

---

① 高晓龙:《水污染治理的国外借鉴》,《中国生态文明》2014 年第 2 期。

"莱茵河 2000 年行动计划"。该计划包括拆除不合理的航道等,对莱茵河生态系统的整体恢复起到了重要作用,该行动计划也获得了显著成效。① 2000年,委员会又制定了"莱茵河 2020 行动计划"。该计划的主要任务是进一步改善并巩固莱茵河流域可持续发展的生态系统,主要目标是在莱茵河整个范围内,制定量化的水质标准,提高地表水质、保证莱茵河沿岸饮用水安全;减少有害污染物,实施相应措施减少意外污染事故发生,改善沉积物污染状态,保护地下水等。②

2. 鼓励公众参与治理

保护环境与每一个人的利益息息相关,不仅需要政府的高度重视和支持,而且需要市场、企业、公众也树立保护环境的意识。只有多元行为主体的通力合作与共同努力,才能使保护环境工作落实到实处。在社会公众参与环境治理方面,我国可以借鉴德国的经验。德国颁布《环境信息法》,规定了社会公众参与环境治理的详细方式、平台和程序,该法建立信息交流平台,为社会公众参与环境治理提供途径,整合现有的水资源合作机制,让公众能够通过便捷的网络技术获取流域管理的政策文本以及水生态环境监测结果公告等公开信息。社会公众也可以通过多样化的方式保护水资源、水环境,主动积极地参与管理决策过程,监督政府执行政策情况,从而成为水流域管理的重要参与者,保障了公众的参与权、知情权和监督权,更保障了社会公众利益。2003 年,为了提高社会公众参与水环境治理的效率,委员会设立了公民评审团,由 14 人组成,公民陪审团作为公众参与莱茵河水治理的重要途径,提高了社会公众参与水环境治理的效率。2004 年,委员会设立了专业的公民评审团,对莱茵河

---

① 沈晓悦等:《欧洲流域综合管理经验对长江大保护的借鉴和启示》,《环境与可持续发展》2020 年第 45 期。

② 王思凯等:《莱茵河流域综合管理和生态修复模式及其启示》,《长江流域资源与环境》2018 年第 27 期。

的水质管理进行研究。① 2007 年,委员会在乌得勒支市设立专门的公民评审团,专门协商各流域城市水质管理的优先次序。

3. 制度化保障规范化

ICPR 的各个委员会成员依据公平协商的原则,制定了许多莱茵河环境保护协议,包括《保护莱茵河不受化学污染公约》《莱茵河洪水管理行动计划》《保护莱茵河不受化学污染公约》等。② 这些协议和公约对各个委员会成员的行为起着约束作用,促使委员会成员共同担负起保护与治理莱茵河的职责。尽管欧洲莱茵河流域各地区经济发展水平不一致,但保护与治理莱茵河流域、实现莱茵河流域的可持续发展是各地区共同目标。莱茵河流域管理行动计划要求跨区域地区之间的密切合作,区域间的密切合作不是以某一方的管理措施为导向,而是以实现莱茵河流域环境保护可持续发展为终极目标。

4. 协调流域各方利益

长江经济带区域环境治理的关键一环是长江经济带沿线城市能否协同治理长江流域。我国可以借鉴欧洲 ICPR 的管理方式,荷兰位于莱茵河的最下游,该国受水污染的危害最大。为了促进欧洲各国的合作能够协调有序的进行,ICPR 的主席席位虽由各成员国轮流担任,但是委员会常设秘书长的职位由荷兰人担任,生态补偿制度提升了利益受损严重的荷兰的话语权,有利于增强利益受损者治污的责任心和积极性。对于跨国家跨地区的大型河流,平衡好上下游城市的利益关系,最好的方式莫过于法律化的经济手段。德国通过制定相关法律向排污者征收污水费和生态保护税,对于征收的各种罚金和税收进行综合管理,加大对重点生态功能区转移支付力度,建立具有倾斜性质的生态补偿制度。合理制定补偿资金分配标准,既保证了下游地区的生态安全,

---

① 黄燕芬等:《协同治理视域下黄河流域生态保护和高质量发展——欧洲莱茵河流域治理的经验和启示》,《中州学刊》2020 年第 2 期。

② 胡德胜等:《国际水法对长江流域立法的启示和意义》,《自然资源学报》2020 年第35 期。

也实现了上游地区的经济发展目标。①

（三）借鉴参考

莱茵河作为跨国性河流,经历了"先污染、后治理"的老路。当然随着西欧人民富裕起来,他们也更加注重其生活的品质和对环境的保护,所以对环境问题的关注度大大提升。② 通过对污水的集中处理、对沿河流域的有毒物质排放进行严格的控制,采取禁排或限排等措施,莱茵河流域的污水排放量显著减少,污染物也有所减少,在很大程度上改善了莱茵河水质。③ 经过近百年的治理,莱茵河水质已经达到饮用水标准,生态功能逐渐恢复。莱茵河水污染治理取得成效的原因表现在以下几个方面:第一,各个成员国都树立了水生态环境保护意识,也认识到水流域生态环境与其自身的发展息息相关。第二,进行大多数执行性会议,各个成员国之间合理分工执行任务,提高了政策执行效率。第三,社会舆论在政策执行方面起到了监督作用,有效约束了行为。

通过近 50 年的努力,莱茵河环境治理才达到初步的治理目标。不仅成立了欧盟海事局来负责船舶污染,还成立了国际管理机构来处理相关事宜,制订了相关的国际条约进行规范管理。每个机构都有自己负责的部分,分工明确,权责分明。如莱茵河国际管理委员会严格要求航道开发的标准、国际管理机构制定相关的法律以保证船只的安全性与环保性,这些都大大提高了防治河流污染的效率,保证了质量效果。相比我国的内河管理,莱茵河的管理则更为简单。我国政府部门众多,在一些职责上很难划分责任,造成界限模糊的情况。④

---

① 陈维肖等:《大河流域岸线生态保护与治理国际经验借鉴——以莱茵河为例》,《长江流域资源与环境》2019 年第 28 期。
② 沈桂花:《莱茵河水资源国际合作治理困境与突破》,《水资源保护》2019 年第 6 期。
③ CPR,List of Rhine Substance,Technical Report No.215,Koblenz,2014.
④ 马明路、王国波:《莱茵河航行安全管理体制机制探索》,《中国海事》2019 年第 4 期。

我国长江流域,水污染加重的问题并没有得到根本性的解决。在中央政府统一领导下,明确规定了污染源排放达标的标准,但其作用是有限的,长江流域水污染治理是一项长期工程,必须投入较长的时间、较高的成本才能从根本上改善。分析莱茵河流域曾经经过的污染、治理、生态恢复过程,针对我国的生态文明建设和长江流域环境大保护行动,得出如下治理模式与发展经验:第一,打造协同治理合作平台,建立"长江保护委员会";第二,加强流域协同管理,明确流域治理目标,制定"长江保护行动计划";第三,建立生态补偿机制协调长江经济带沿带各方利益;第四,加强合作,积极鼓励政府、民众和企业参与,形成保护长江的共识与合力,协同治理需要政府的重视和财政的支持,更需要社会公众树立环境保护的意识,积极、自觉地参与水环境治理;第五,我国长江经济带各流域应该借鉴欧洲环境治理方法,对排污进行严格监测,加强监督,依法治理。

五、日本琵琶湖

(一) 流域概况

日本琵琶湖是日本面积最大的湖泊,也是世界上第三古老的湖泊。位于日本滋贺县,流域面积为 3174 平方千米,湖岸线长 235 千米,湖体面积约为 670 平方千米,是大量动植物的栖息地,有 60 多种鱼类及 40 多种甲壳动物栖息于此。琵琶湖南北长度为 63.5 千米,宽度近 23 千米,被分为南北两个湖泊,最大水深约为 104 米。

琵琶湖也是日本最大的淡水湖,物产丰富,风景优美,景色宜人。1994年,被列入国际重要湿地名录。湿地公约又称拉姆萨尔公约,其法定的全称为《关于特别是作为水禽栖息地的国际重要湿地公约》。20 世纪 60 年代,随着日本社会经济及工业化、城市化的高速发展,琵琶湖的生态环境受到了极大的破坏。随着琵琶湖水位的下降、浅滩湖岸带的面积减少,生物多样性急速减少。以前琵琶湖生态系统受到破坏,湖内自净能力下降,水质恶化,不但出现水发霉、发臭的现象,还出现淡水赤潮。日本政府意识到了加强琵琶湖生态环境保护力度的重要性,决定对琵琶湖进行一体化管理,旨在还下一代一个充满生机的湖泊。

（二）治理模式

日本政府出台了一套极具针对性的法律法规,试图通过立法实践实现治理的最佳效果,于是积极参与国际公约。水资源管理是湿地公约的核心内容,但由于居民的认知有限,对湿地公约的了解程度不一,造成对琵琶湖水污染防治的推动作用有限。在国家层面上,日本通过确立《环境基本法》,积极与全国环境新形势进行接轨,确立了对生态环境治理的法律框架。于 1896 年制定《冰川法》,提倡通过水资源一体化管理的方式实现治水与水利并重的效果。1970 年,日本国会就水质量的调控制定了《水污染防治法》。通过推进生活污水的有效处理,谋求人与自然和谐相处。1985 年 3 月,日本政府基于对琵琶湖水质的保护,又颁布了《清洁湖泊法》,并制定各项举措,就减少琵琶湖污染负荷作出新规定。除了日本政府对琵琶湖生态环境治理十分重视以外,琵琶湖所在县的政府也十分重视琵琶湖的生态环境发展。在地方层面也开展了多次立法实践,如《母亲河 21 世纪计划滋贺县环境基本法条例》《严格的地方污水标准条例》《滋贺县公害防止条例》《琵琶湖条例》《琵琶湖芦苇群落保护条例》《琵琶湖观光利用条例》等。这些措施在实行期间遭遇诸多阻碍,好在达到了水质保护、水源涵养、人居环境改善、森林景观保护的目的,为琵琶湖生态环境治理提供了新的契机。此外,还根据不同湖段进行相应的对策安排,上游植树造林、中游疏通河道、下游节约用水。经过上述努力,日本琵琶湖的水质得以恢复,达到了相当于我国二级标准的水平,赤潮蓝藻消失,污染得到有效的控制,水质透明度达到 6 米以上。琵琶湖不但成为旅游胜地,也成为了世界湖泊治理的典范。

（三）参考借鉴

我国尤为重视生态环境治理与生态环境保护，中央政府针对环境资源的开发利用也出台了诸多相关政策法规。但我国国土面积广阔，河流湖泊众多，环境治理难度较大。日本琵琶湖的成功实践，为我国长江经济带下一步的环境治理工作带来了启发。具体体现在：①组织领导有力。滋贺县政府承担了组织领导角色，治理工作秩序井然。②基本目标明确。通过长短期的目标规划，一步步实现水质的恢复，规划中提到，2020 年，琵琶湖水质预期恢复至1970 年的水平。③行动计划完善。通过三期计划的制定，根据琵琶湖不同河流及支流的特点，分别制定不同的对策。④全民参与国际合作。长江经济带作为国家级重大发展战略区，占有我国五分之一的领土面积，长江经济带的河湖治理便显得十分重要。为此，相关政府单位应深刻认识到湖泊与流域之间的密切联系与关系，应加强长江经济带上中下游的协同治理，积极发挥政府的主导作用，制定可持续发展目标，建立利益补偿机制。通过情报信息共享的方式，加大生态环境保护与治理的宣传力度，争取公众的广泛参与。

第二节　国内跨区域生态治理的个案分析

本节以太湖流域为例展开研究。太湖位于中国长江三角洲南部，是我国五大淡水湖之一，位于江苏省南部，北临江苏无锡，南濒浙江湖州，西依江苏宜兴，东近江苏苏州，从地理位置来看，属于长江下游地区典型的跨区域湖泊。流域面积约 36900 平方千米，流域内自然条件优越，水资源丰富。宽阔的水域为当地农业资源的开发、早期经济的发展提供了有利的条件。流域内人口密度大，产业密集，是中国长三角经济发展的重要支柱。由于其显著的经济地位以及优越的地理位置，环太湖地区在江苏省乃至整个长江经济带的建设中具有重大的战略地位。

　　20 世纪 60 年代以前,太湖流域的生态环境基本良好。到了 20 世纪 70 年代,随着苏南乡镇工业的发展,河流的水质开始受到影响,20% 的水域受到一定程度的污染,河流已经不适合人类饮用。自 20 世纪 80 年代开始,太湖流域水体质量基本上每十年下降一个等级。当时太湖平均水质为 III 类,局部为 IV 类和 V 类,流域内 60% 的骨干河流被污染;20 世纪 90 年代,太湖流域跨界水体水质平均超标率为 68.87%。① 平均水质已达 IV 类,其中三分之一为 V 类水体,河道污染严重;2000—2007 年,太湖流域跨界水体水质基本上以 V 类和劣 V 类水体为主,水污染超标率平均为 92.21%。② 此后,太湖水质一直保持劣 V 类标准。水体富营养化使得流域内居民饮用水和水生物生存日益受到严重的威胁,例如 2007 年爆发的梅梁湖蓝藻危机,给当地人民的生产生活带来巨大威胁,也促使政府加强对太湖生态环境综合治理的重视。面对日益严峻的水环境污染问题,国家对太湖流域水污染治理也予以高度重视,并在借鉴国内外流域水污染综合治理经验的基础上,结合不同时期太湖流域的水污染特点采取了一系列相应的水环境保护措施。据 2020 年的调查数据显示,太湖流域的水质状况总体为轻度污染③,相对于 2010 年水质总体为劣 V 类而言,水污染情况得到大幅改善。梳理太湖治理的历史脉络发现,太湖流域治理之所以取得如此显著成效,主要有以下方面可以借鉴。

一、政府高度重视,科学规划

　　1985 年,我国引进了流域管理理念,成立太湖流域管理局实行流域综合管理,负责流域水资源配置。1991 年起,国家正式启动第一期太湖水环境治理工程,加强环境保护投资力度,数十年间投资逾百亿元,支持了 6400

---

　　① 胡惠良、谈俊益:《江苏太湖流域水环境综合治理回顾与思考》,《中国工程咨询》2019 年第 3 期。

　　② 郭玉华:《太湖流域跨界水生态现状及演化的原因分析》,《生态经济》2009 年第 2 期。

　　③ 中华人民共和国生态环境部:《2020 中国生态环境状况公报》,见 https://www.mee.gov.cn/hjzl/sthjzk/zghjzkgb/202105/P020210526572756184785.pdf。

多个项目,省级专项引导资金安排了 180 多亿元,带动全社会投资超千亿元。江浙沪三地也共同确定和实施治太骨干工程和增加水利投资的措施,搭建起太湖流域防洪骨干工程体系框架。此后,国家有关部门将太湖列入"三河三湖"水污染防治的重点,先后编制太湖水污染防治的"九五""十五"两个五年计划,"十一五"规划中也将太湖流域综合治理作为流域水污染防治的重点。针对流域水污染防治问题,国务院先后批复了《太湖流域水环境综合治理总体方案(2013 年修编)》和《太湖流域水功能区划》,颁布施行了《太湖流域管理条例》,建立了由国家发展和改革委员会牵头的太湖流域水环境综合治理省部际联席会议制度。① 与此同时,江苏、浙江、上海两省一市党委、政府高度重视,在《太湖流域水环境综合治理总体方案》的基础上,制定地方的环境综合治理方案,部分地区逐步运用水权交易、生态补偿等市场调节手段,取得了一定的进展。

二、坚持依法治太湖,健全法律法规

依法治水是做好流域水环境综合治理的保证。2011 年《太湖流域管理条例》的颁布开创了我国流域性综合立法的先河,重点围绕饮用水安全、水资源保护、水污染防治、防汛抗旱与水域岸线保护等诸多方面作出了详细规定,有力地推动了依法行政和依法治水。从地方政府层面来说,2007 年江苏省颁布了《江苏省太湖水污染防治条例》,建立了严格的环保法规标准,进一步明确了产业准入门槛,健全监控体系,把产业结构调整、资源优化配置等理念以及行之有效的管理实践上升为法律条款。随后又相继出台了《江苏省太湖水污染环境资源区域补偿试点方案》《江苏省环境资源区域补偿方法》《江苏省太湖流域环境资源补偿试点方案》等重要条例,从资源补偿政策、工程设施建设、技术标准和管理体制多方面确定了太湖治理的基本措施。2009 年,上海

---

① 朱威等:《太湖流域水环境综合治理及其启示》,《水资源保护》2016 年第 32 期。

市根据地方实际情况出台了太湖流域水环境治理的具体实施方案,制定了《上海市太湖流域水环境综合治理实施方案》。浙江省于 2008 年出台了《浙江省水污染防治条例》等,为流域水环境综合治理的法治化奠定了基础。

三、坚持落实各方责任,建立有效治理协商机制

生态治理多元主体之间存在利益冲突,突出表现为不同层级政府之间以及同级政府之间存在利益冲突。建立有效的跨区域环境治理协商机制需要坚持"一盘棋"的思想,统筹协调,落实各方责任,破除地方主义的藩篱。2007年,太湖流域的蓝藻爆发事件以及水环境持续恶化的现象,催生出了"河长制"的全面诞生。"河长制"是指由各级政府部门主要负责人担任当地的"河长",负责治理本地区内部的河水污染,并问责相关人员在环境保护与治理过程中的失责行为。"河长制"的设立在很大程度上改善了江苏无锡太湖流域的水环境。2008 年,国务院批复成立了由国家发展和改革委员会牵头的太湖流域水环境综合治理省部际联席会议。浙江、江苏、上海两省一市人民政府以及水利部、生态环保部等 13 个部门定期召开会议,统筹协调太湖流域水环境综合治理的各项工作。另外,环太湖五市即无锡、苏州、嘉兴、湖州和常州举行治理太湖联席会议,就治理太湖合作意向和合作机制开展探讨,并先后通过《无锡宣言》《关于"十二五"期间保护和治理太湖的建议案》《关于加快规划建设环太湖绿色经济产业带的联合建议》等决议①,各市县也相继成立了太湖办,统一履行辖区内治太工作组织协调和综合监管职责,政府纵向和横向之间的府际沟通进一步增强。

四、坚持引导社会参与,充分发挥市场作用

环境具有资源属性,太湖治理过程中也注重发挥了市场在资源配置中的

---

①　朱喜群:《生态治理的多元协同:太湖流域个案》,《改革》2017 年第 2 期。

决定性作用。2007 年太湖蓝藻危机爆发后,太湖流域更加注重环境经济政策四两拨千斤的作用,注重发挥市场的调节作用,先后实施了排污费差别化征收、污水处理收费领跑标准、排污权有偿分配和交易试点、水环境区域补偿、生态补偿、绿色保险、绿色信贷、环境质量达标奖励和污染物排放总量挂钩等一系列政策。① 除此之外,企业、科研机构、新闻媒体与公众主体也广泛参与到太湖流域生态环境治理之中。例如,上海勘测设计研究院有限公司、上海蓝泰信息咨询有限公司等企业主体通过太湖流域管理局提供专业性的人力资源和信息咨询参与到环境保护之中。环太湖的众多高校以及科研机构能够为太湖流域管理提供丰富的技术支持与理论资源,同时也能够向该区域输送高水平的人力资本。与此同时,太湖流域也为科研工作者提供了良好的研究范例,从而能够进一步对太湖地区水污染问题提供针对性的建议方案。另外,太湖流域是主流媒体对于水环境治理报道主题的焦点,在 2007 年太湖蓝藻危机爆发之后,太湖流域推行的"河长制"创新对于改善太湖水污染起到了至关重要的作用,经过《人民日报》、新华网、中国新闻网等媒体的宣传与报道,"河长制"的经验示范作用引起其他地区的竞相学习,并最终得到了中央的认可,在全国范围内加以推广,中共中央办公厅、国务院办公厅印发了《关于全面推行河长制的意见》(厅字〔2016〕42 号)。在此过程中,太湖流域管理局也建立了多元化的渠道吸引公众的参与,既包括传统的投诉热线、政务咨询、环保信访等渠道,还通过设立"民间河长"的方式真正赋予公众权利,从而与政府部门一道共同守护太湖生态环境。

经过国家以及太湖流域内各省市的共同努力,太湖流域再没有发生过大面积水华,生态环境得到了一定的修复,流域社会经济转型发展取得初步成效。太湖流域的治理带有明显的中国特色,走着"先污染、后治理"的发展老路。虽然整体上太湖流域的跨区域综合治理有诸多不完善的地方,例如治理

---

① 朱玫:《太湖流域治理十年回顾与展望》,《环境保护》2017 年第 4 期。

主体依旧单一化、市场作用还有待进一步开发、产业转型困难等,但其治理过程也为其他地区生态保护提供了宝贵经验。

第三节 中国流域治理模式的发展与变迁

一、发展历程梳理

本节梳理了中国流域治理模式近几十年的变迁。从条块分割的"九龙治水"乱象到目前条块融合的治理阶段,依靠政府强制力,流域治理收到一定效果。这体现了制度的整合力和执行力,但是仍然有着较大发展的空间,可能会过渡到网络治理模式,其中又会经历政府主导型网络、自组织型网络两个阶段。

善治国者,必重水利。习近平总书记在党的十九大报告中做出"中国特色社会主义进入了新时代"的重大论断,提出建设"富强民主文明和谐美丽的社会主义现代化强国"的奋斗目标。[①] 水利事业建设,尤其是水治理,事关民众福祉和国家长远发展。水治理是一项浩大复杂的系统工程,不仅需要政府重视、社会关注、资金投入与技术支撑,更需要依靠制度与政策上的创新。

流域治理中的"河长制"便是环境治理制度创新的典型,因其显著的治理成效,成为贯彻"五位一体"总体布局和落实生态环境保护战略的重要举措。流域治理中的"河长制"是由中国各级党政主要领导人担任"河长",负责综合管理、统筹协调、规划实施辖区内所属的河湖保护与治理工作,并纳入其年度绩效考核的制度。[②] 截至 2018 年 12 月,我国各省市根据自身实际,相继出台"河湖长制"实施办法,标志着河湖长制的制度体系在全国范围内逐渐建立起来。

---

① 中共中央办公厅、国务院办公厅:《关于全面推行河长制的意见》,2018 年 2 月 26 日,见 http://www.gov.cn/xinwen/2016-12/11/content_5146628.htm。

② 申琳:《江苏探索多元化河道管护(全面推行河长制)》,《人民日报》2016 年 12 月 14 日。

其中,湖北省"河湖长制"经历"九龙治水"到首长负责,最后到多元共治的演进过程,带有较强的"运动式治理"的特征,依靠强政府规制力掀起一场又一场的水质攻坚战,在水环境治理方面取得了显著的成绩。但在当前的治理实践中,"河湖长制"的协调性问题日益突出,"河湖长制"如何走向"河湖长治",实现"河湖长制"的创新和河湖治理的可持续发展,这是一个值得思考的问题。

为了解决流域治理和当前河湖"多头"治理乱象,河湖长制应运而生,明确职责归属,整合政府内外部资源,以行政权力强力推行治污,取得了显著成效。但同时"河湖长制"的运行过程中也存在着组织困境、能力困境和协同困境等问题,恐难长效。目前,学术界上对"河湖长制"的研究还处于初步研究阶段,深入研究与分析的学术性文献较少,尤其是对于河湖治理模式进行进一步探索的文献,还存在很大的研究空间和探究价值。

许多学者都尝试运用新制度经济学相关理论对"河长制"这一创新制度进行分析和研究。王书明、蔡萌萌[1]运用新制度经济学相关理论以质性的方法分析"河长制"的优势和缺陷:"职责归属明确,权责清晰;是合理的路径依赖基础上的制度创新;铁腕治污提高治污效率;创新扩散机制值得提倡"和"无法根除委托—代理问题;缺乏透明的监督机制;容易出现利益合谋;忽视了社会力量;行政问责很难落实"。沈满洪[2]运用新制度经济学里对制度的研究范式对河长制的发展阶段、带来的收益和出现的问题进行了分析和阐述,最终提出了"河长制"未来的可能发展趋势,包括政府主导型模式、社会主导模式和市场主导模式。李胜[3]、宋以[4]也运用博弈论对"河长制"的现状和困境等进行分析。这些文献对"河湖长制"存在的现实困境写得较为笼统,不够细

---

① 王书明、蔡萌萌:《基于新制度经济学视角的"河长制"评析》,《中国人口·资源与环境》2011 年第 21 期。

② 沈满洪:《河长制的制度经济学分析》,《中国人口·资源与环境》2018 年第 1 期。

③ 李胜:《基于制度分析的跨行政区流域水污染治理绩效优化研究》,《水土保持通报》2015 年第 35 期。

④ 宋以:《"河长制"政策执行损耗的博弈分析》,《宜宾学院学报》2018 年第 18 期。

致和深入,造成后续分析"河湖长制"发展过程中产生问题的原因不够深入。

由于水资源的跨界特性,也有部分学者从跨区域环境治理的角度重点关注河长制运行机制和过程。任敏[①]聚焦跨部门协同机制,指出河长制中跨部门协同较好地解决了"责任机制的'权威泄露'问题,短期内成效明显",是一种"混合型权威依托的等级制协同模式",同时也指出"河湖长制"将会面临的责任困境等挑战。熊烨[②]从权力运行的角度和向度,根据纵向、横向权力作业机制的强弱构建出一个跨区域环境治理的二维分析框架,并运用此框架分析"河长制"的运行模式。李波等[③]将压力型体制根据政治压力传导过程的内在规律划分,并分析"河长制"的治理机制和运行模式,同时表明河长制的优势和缺陷,并为其改革提出法治化、市场化和民主化等方向和建议。这些文献从理论上分析了"河湖长制"的运行机制,并以此指出"河湖长制"的优点和缺点,从而提出改进建议,提供了较为完善的分析框架,但是建议较为抽象,不够具体和鞭辟入里。

目前的研究深入程度不一,已经有部分研究对河长制的运行机制和出现的困境等方面做了较为详尽的研究,主要运用了整体性治理理论、新制度经济学等理论,但是许多学者并未在实质上为未来河湖治理模式提出创新性想法和进一步的展望。

二、治理模式划分

(一) 条块分割

从新中国成立至21世纪初,经济的飞速发展带来一系列水污染问题,但

---

① 任敏:《"河长制":一个中国政府流域治理跨部门协同的样本研究》,《北京行政学院学报》2015年第3期。

② 熊烨:《跨区域环境治理:一个"纵向—横向"机制的分析框架——以"河长制"为分析样本》,《北京社会科学》2017年第5期。

③ 李波、于水:《达标压力型体制:地方水环境河长制治理的运作逻辑研究》,《宁夏社会科学》2018年第2期。

是政府层面未出台相关防治水污染的法律法规,我国水污染治理法制方面仍存在诸多不足。总体而言,水污染治理处于无序状态,也并未成为治理领域中的重要课题。

21世纪初,我国水污染治理法治建设不断完善。2002年颁布的《中华人民共和国水法》提出水污染治理的区域划分,却为之后跨流域治理埋下隐患。2008年,颁布《中华人民共和国水污染防治法》,制定水环境的相关质量标准,提出综合治理原则,此时虽然指出部分治理主体,但是存在主体权责划分不明、区域与行政治理割裂的问题,出现了流域管理上"条块分割"、区域管理上"城乡分割"、同一流域水源功能管理上"部门分割"的"九龙治水"现象。

1. 治理主体及关系

《中华人民共和国水污染防治法》将"水"定义为地表水(主要指江河、湖泊、冰川等)和地下水,水资源法定管理机关主要包括各级水行政部门和流域管理机构,水污染防治的管理部门主要是各级环保行政部门、水利管理部门、卫生行政部门、地质矿产部门、市政管理部门、主要江河的水源保护机构,各级交通部门的航政部门、渔政监督部门也在各自职权范围内享有一定的管辖权。①

政府各级行政部门、职能部门、流域管理机构都是法定的水资源治理主体,在这一阶段中,政府是唯一具有实质权力的治理主体。虽然立法的初衷在于各个机构和部门分工负责,相互协作支持,实现统管与分管的结合,但是实际上,由于部门众多,难免出现利益冲突和保护主义,最终导致行政异化,水污染问题日渐严重,水资源治理成为治理领域不可忽视的课题。

2. 治理手段与驱动力

这个阶段由于治理主体只有政府,所以治理的动力主要是依靠政府的强

---

① 武从斌:《减少部门条块分割,形成协助制度——试论我国环境管理体制的改善》,《行政与法》2003年第4期。

制行政力拉动整体的河湖治理。此阶段,政府仅仅依靠粗放笼统的法律法规约束和管理各个部门,缺乏强有力的权力链贯穿"条块",导致并没有具体的治理手段,也并没有进行内部"条块"间的协调。

3.权力向度与利益分配

纵向上,随着行政层级权力向度自上而下,但是由于央地存在委托代理关系难免存在利益冲突,中央意志难以贯彻落实;横向上,块与块之间属于同一行政级别,由于并没有协调机制和机构,导致块与块之间无法相互配合协作,所以各部门呈现出各自为政的状态,缺乏强有力的贯穿的权力链。

水资源的管理在这个阶段并没有受到足够的重视,各部门没有完全意识到问题的严峻性和跨界性,都是从各自的利益出发,并且会因为权责混乱和博弈而导致利益冲突。

4.信息传递

纵向行政层级上,主要依靠科层制和中国的压力型体制通过政府的强制力上传下达所需传递的信息,是一种单向有效率的传递,在横向和斜向的传递上由于保护主义和出于利益独享的考虑出现信息壁垒。

5.理论支撑

主要是韦伯提出的科层制和泰勒提出的科学管理。科层制是一种建立在理性基础上的组织管理制度,其理性基础来源于现代法理权威,具有"技术最优性"。科层制,又称官僚制,上下级等级严格、关系明确,各级都有明确严格的权责和从属关系、分工细致和职责明确有利于减少部门间摩擦,提高组织的工作效率。科层制是社会分工精细和合作密切深入的结果,是管理科学化的体现,但是会产生形式主义、官僚主义和"去人性化"等问题,压抑人性、能动性和创造力,人仿佛精密工作的机械上的一颗螺丝钉。科学管理的核心也是不断细化分工以提高效率,但同时也忽略了组织人员的内在需求和激励。

(二) 条块融合

水资源治理各部门权责不明、推诿责任,水污染治理成效不明显,河湖污染治理迫切需要打破原有行政区域与行政部门的制度安排,重塑治理新格局,"河湖长制"这一中国式创新制度应运而生。"河湖长制"是由上而下集体领导、分工负责的首长负责制环境治理制度,水污染防治与政治责任仅在行政官僚系统中逐级发包,依托常规科层组织体系建立了省、市、县、乡、村五级河长责任层级,多级河长责任网络的存在使上级河长通过向下级河长推行政令来实现自身的治水责任成为必然。

1. 治理主体及关系

在这个阶段,治理主体主要还是政府相关部门、机构,但"河湖长制"在制度设计时特意设立民间河长,给普通公众、企业和第三部门提供了参与治理的渠道,引入了部分社会力量,但由于民间河长并没有实质的权力,所以社会力量的参与较弱,没有起到实质的治理和监督的作用。

2. 治理手段与驱动力

"河长制"是嵌入在压力型体制这一宏观制度环境中,经历重组和再结构化过程,从政策规定的责任压力驱动演化为党政权威施加的政治压力驱动,治理手段也从法律政策转变为行政命令,辅以促使各级河长在有限资源和有限时间的条件下按期实现上级政府部署的治水任务目标。"河长制"这一制度解决了跨区域河流治理中的"权威缺失"问题,通过"职位权威"和"组织权威"的叠加,极大地提高了跨区域河流治理中的整合力、执行力。

3. 权力向度与利益分配

纵向上,权力自上而下通过压力型体制层层向下;横向上,通过协调机制和机构处于水平层级的部门相互配合,整体呈现出"倒T形"的权力链。河湖长处于整个河湖治理权力的唯一中心,其余治理各部门或组织都处于"河湖长制"命令链的下端,并且权力相对平行。

此阶段,由于横向的协调机制部际联席会议、机构河湖长制办公室(工作处)和领导小组,以及纵向的权力层级整合,各治理部门的冲突逐渐淡化,利益呈现出趋同的趋势。

4. 信息传递

纵向方向的信息传递,主要是通过政令传递,层层下达。但是横向和斜向之间,由于不存在从属关系和连贯的权力链,信息传递缺乏通畅的渠道,间断不畅,且极少存在反馈。整体而言,信息传递效率低下且多为单向传递。

5. 理论支撑

河湖长制是中国依据自身特点在原本的压力型体制中进行的制度创新,采用跨部门协同机制。这是结构性协同机制和程序性协同机制相结合的产物,即协同的组织载体或结构性安排以及协同的程序性安排和技术手段。其中,结构性协同机制是以权威为依托的等级制纵向协同模式和以部际联席会议为代表的横向协同模式相结合的方式,既存在"河湖长制"纵向权威等级制,又设置部际联席会议机制进行协调。①

(三) 网络化河湖治理模式

网络化河湖治理模式由于自身的发展性和适应性,会经历政府主导型河湖治理网络和自组织型河湖治理网络两个阶段。

1. 政府主导型河湖治理网络

政府主导型河湖治理网络中,治理主体渐渐扩大,社会力量参与较多,主要包括私营部门、第三部门和公众,政府与其他成员组织在名义上是处于平等地位的独立个体,但事实上,政府却是处于整个河湖治理网络的中心角色,对网络中的其他主体具有较强的影响与控制能力,呈现出政府主导、多元参与的治理局面。

政府部门处于整个河湖治理网络的中心和枢纽,政府部门利用其自身权威、独占性资源和公正中立形象将不同的参与主体集结在一起,通过共商共筹来协调它们之间的活动,并且处理彼此间的各种争端。

---

① 周志忍、蒋敏娟:《中国政府跨部门协同机制探析——一个叙事与诊断框架》,《公共行政评论》2013 年第 6 期。

治理的驱动力也有相当一部分源于中心角色政府部门,主要是所有治理主体在共商共筹后,政府部门利用自身中心角色具有的各种权力确立目标和任务,以驱动其他治理主体做出行动。

政府的控制能力来源于政府对资源的独占性,对信息的掌握程度以及与其他组织在权力方面的不对称性。在政府主导型河湖治理网络中,政府部门处于网络的中心角色,对私营部门和第三部门具有较强的控制能力,主体间同时存在直接联系和间接联系,政府部门与其他部门之间权威机制的协调作用大于价格机制。在河湖治理网络中,其他部门之间的协调机制取决于价格机制和它们之间的地位落差状况,地位差异取决于资源及信息的不对称性。但治理主体各方仍因价格机制而各有所获,资源和信息的差异仅影响各自发挥作用的程度和从合作中获得利益大小,整体利益基本是各治理主体共同分享。

政府主导型河湖治理网络与条块分割明显的不同就在于数字化的信息分享,治理网络不仅是权力关系制衡形成的网络,同时也是信息传递的通道网络。因此,关系的密切程度和权力的制衡程度可以从网络中的每条链路的长短和粗细体现出来。整个网络的信息传递是以政府为枢纽和中心,分别对每个主体进行双向联系,但是其余各个主体间也会存在某些直接或间接的联系。

2. 自组织型河湖治理网络

自组织型河湖治理网络是由政府、私营部门和第三部门因共同的价值追求而自发形成的。政府仅通过制定相应的政策、法律、规则对治理网络进行监督、规范和服务,或为网络参与主体搭建合作交流平台,创造网络建立与运行条件,而对于网络的运行仅是一个旁观者和参与者,并不拥有压倒性权力。①各河湖治理主体之间地位平等,合作关系相对松散,规模不定,并且通过作为网络内各主体关系协调的基本准则的开放网络协议(契约)进行协调。任何一个主体都无法支配网络内的全部资源,即主体之间不存在行政命令式的上

---

① 姚引良等:《网络治理理论在地方政府公共管理实践中的运用及其对行政体制改革的启示》,《人文杂志》2010 年第 1 期。

下级关系,而是一种基于信任、利益共享、风险共担的合作伙伴的关系,一切活动都建立在自主协商的基础上。

在自组织型河湖治理网络中,治理手段主要是在政府主导型河湖网络治理的基础上,以共建共享为主,协调和行为规则是由各个治理主体共同建立,治理所得利益也是由所有主体共享,各个主体所共同的,也是共享的利益驱动整个网络的正常运行。在自组织型河湖治理网络中,众多的主体在相互依存的环境中通过彼此合作,分享资源和权利来共同管理公共事务,各治理主体可以通过对话来增进理解,并发挥自己的比较优势,从而实现良好的网络治理效果。

在自组织型河湖治理网络中,随着社会力量的参与逐渐深入以及发展的不断壮大,权力分散于各个治理主体,并在相互制约中处于平衡的状态,形成一种多中心多元共治的治理格局,且形成了相当部分的共同利益,利益开始在整个河湖治理网络中共享。

在政府主导型河湖治理网络的基础上,自组织型河湖治理网络中各个主体并不依靠政府作为信息的枢纽,而是所有主体分散在网络中,都拥有网络链路能够进行互通协商和双向的信息传递,所有主体拥有的信息大部分都在整个治理网络中共享。

这一大阶段的治理模式主要采用网络治理理论,是数字化治理和整体性治理理论的融合。网络治理模式实质是第三方政府、协同政府、数字化革命和公民的选择四种公共部门的发展趋势的融合,将第三方政府高水平的公私特性与协同政府充沛的网络管理能力相结合。对社会问题解决和社会治理需求的回应,一方面要促成公众生活世界的价值与行为方式重构;另一方面推进构成行政国家系统世界的制度体系的开放性,并在两者的互动之中实现治道变革。[1]　政府内部组织日益扁平化,纵向程序减少,横向治理整体

① 　陈剩勇、于兰兰:《网络治理:一种新的公共治理模式》,《政治学研究》2012 年第 2 期。

化,网络治理将垂直的、自上而下的单一控制结构转变为多元网络、双向互动的参与结构;政府外部,形成政府、私营部门和第三部门多方参与的制度安排。

(四) Water 型河湖治理模式

Water 型河湖治理模式,即 W——workable(可塑的),a——autonomous(自治的),t——target-oriented(目标导向的),e——entirety(整体性),r——relevant(相互联系的),具有流动灵活、弹性透明、完整连贯等特征,政府部门、私营部门与第三部门之间边界柔性化,河湖治理网络行动快速并能够提供多样化和个性化河湖治理方案,具有较强的回应性,并以一种整体协同而不是各自为政的方式进行河湖治理。在这种模式下,河湖治理主体的形式和界限是可以流动和变化的,具有渗透性;治理主体之间是一种直接接触、人性化的关系,曾经存在于主体内部和主体间的壁垒转化成协作治理网络。基于适应性治理理论和道家思想,在河湖治理模式的逐步演进过程中,随着价值追求、权力共享和技术引入的逐渐深入,河湖治理网络(模式)会经历从政府主导型河湖治理网络到政府参与型河湖治理网络再到自组织型河湖治理网络,最终落成 Water 型河湖治理模式。

Water 型河湖治理模式的治理出发点在于网络对参与者态度和行为的调整,其最大意义在于弥补"政府失灵""市场失灵""志愿失灵",发挥治理主体的各自优势,发掘社会资本,实现资源共享。建构 Water 型河湖治理模式,实质上还是依赖治理各主体的职能变革和角色重塑,重新进行主体认知,完成角色定位转换。

在目前的河湖治理制度中,政府俨然是其中最为核心的一环。[1] 近年来,通过地方短期利益与长期利益的博弈,由于水资源消费负外部性现象的累积进而导致流域生态的衰败,使得公共利益价值凸显、协同治理的强烈愿望产

---

[1]　范从林:《流域涉水网络中的中心角色治理研究》,《科技管理研究》2013 年第 33 期。

生。① 出于这样的理性自觉,政府的角色定位应由主管者变为协管者,管理方式也应由家长式的大包大揽转变为引导式的组织与协调,甚至仅仅成为一方的参与者,与其他主体处于完全平等的地位。

政府为了治理跨区域水污染,不断提高水污染物排放标准,大量私营部门为了适应竞争和追求效益,不断优化配置自身的资源要素,积极寻求其他企业和科研机构合作研发清洁生产技术,减少污染排放。随着公众对环境保护的关注增多,为回应来自作为消费者的公众压力,越来越多的企业开始探索各种环保减污方案,树立企业环保形象。

第三部门由于独具公益性、志愿性和自治性等特性,在河湖治理中发挥的作用不可忽视。第三部门所具有的资源、信息与政府和私营部门共享,同时风险共担、权力共享,可以有效弥补政府和私营部门的职能无法覆盖的"市场失灵"和"政府失灵",广泛凝聚社会力量。

当河湖治理模式发展到 Water 型河湖治理模式时,治理主体已经扩大到广泛的可动员社会力量,主要包括政府部门、私营部门、第三部门与公众,呈现出一种多元自治、灵活适应的治理格局。各个治理主体直接联系,所有治理主体关系都非常紧密,且处于独立平等的地位。各个治理主体边界感弱化,没有具体的组织形态,而是一种灵活弹性、流动而整体的形态。根据河湖治理具体事务的需要,经过共商共筹赋予和明确各个治理主体的不同权责,领导者也在这个过程中产生,以保证治理的顺利完成。

在 Water 型河湖治理模式中,各个主体依靠共同的价值观和文化集聚在一起,并以共同的价值和文化观为引导和驱动力,各个河湖治理主体不再互相依附,而是地位平等、独立自主、权力分散、信息共享、信任协作,最终实现共享共赢。

在 Water 型河湖治理模式中,权力网络不再存在中心角色,处于一种无中

---

① 易志斌:《跨区域水污染的网络治理模式研究》,《生态经济》2012 年第 12 期。

心、各个治理主体独立自主却又合而为一成为一个整体的治理格局,所有治理主体地位平等,通过"共商共筹——共建共治——共赢共享"达到一种和谐平衡的状态。各个治理主体的权力随着河湖治理事务的需要变化,它们的利益也已经趋于一致,不再存在分配的问题。

在 Water 型河湖治理模式中,由于各个治理主体已经整体化和平等化,信息壁垒已经被消除,各个主体可以自由多向地传递信息,信息在各个治理主体中实现完全的共享和透明。

适应性治理,也可称为灵活性治理,制度设计和安排具有弹性和可塑性,可以依据事务类型、组织规模、环境等因素的变化产生适应性的改变。适应性治理突出的特点就是主体的主动性和预测力,主体并不是跟随环境的变化改变组织设计,而是主动地利用现代数据监测和调控系统对环境进行分析甚至预测,以科学地设计组织和做出决策。

适应性治理通过科学管理、监测和调控管理活动来提高当前数据收集水平,以满足生态系统容量和社会需求方面的变化。它围绕系统管理的不确定性展开一系列设计、规划、监测、管理资源等行动,目的在于实现系统健康及资源管理的可持续性。

奥斯特罗姆还提出了用于适应性治理所必须具备的七个条件:信息的提供、冲突的解决、服从规则的引导、基础设施的提供、为变化做准备、谨慎地分析、保护和制度的多样性,为适应性治理的落地提供了进一步的基础。[①]

道家对水非常推崇,赞叹"上善若水",认为"有像之类,莫尊于水",即有形态的所有东西中最尊贵、最好的形态就是水,"弱之胜强,柔之胜刚,天下莫不知,莫能行",并且以水喻道,体现出水柔中有刚的韧性和流动性。两千多年前,道家思想萌芽,在吸收和凝聚道家思想智慧的基础上,本研究提出"善

---

① 张克中:《公共治理之道:埃莉诺·奥斯特罗姆理论述评》,《政治学研究》2009 年第 6 期。

治若水"这一概念,用来形容 Water 型河湖治理模式所达到和呈现出的治理思想和治理格局。Water 型河湖治理模式,灵活适应、整体协调,各个治理主体之间边界渐渐消失、关系逐渐密切,形成一种具有共同价值观和文化的整体,其权力对比、关系、信息、资源传递方式根据具体治理事务的需求而设计,且可以灵活转化。

第六章　跨区域生态环境"共建共治"中的协同模式探究

在我国跨区域生态环境治理发展进程中,各主体逐渐从分割自治走向协作共治,从单一主体主导到多元主体协同,市场系统与社会系统在跨区域生态环境治理中的重要性逐渐凸显。在新时代生态文明建设的特殊政治话语情境之下,随着制度环境的不断变化,政府环境治理政策内容与治理工具也在不断变迁。更重要的是,在大多数跨区域环境问题上,政府始终起着决定性的主导作用,以社会和企业为代表的市场系统则处于从属地位,整体性协作治理模式与传统跨区域环境治理的不同之处在于:社企作为从属地位的参与作用从被动参与转向了主动谋求协作机会。结合我国的跨区域生态环境治理实践,为更加微观地剖析整体性治理模式的具体路径,本章立足于我国特殊的政治情境与府际关系,从压力、动力、阻力等维度构建力场分析框架,剖析"政府主导、社企从属"模式的形成动力。在此基础上,运用整体性协作治理的过程性思维,结合新制度主义理论基础构建"制度—行动者—绩效"分析思路,对跨界环境治理中的"政府主导、社企从属"模式的治理路径进行系统阐述。本研究认为,在众多跨区域生态环境治理案例中,京津冀地区围绕着大气污染问题开展的协作治理属于政府主导、社企从属模式的典型代表。因此,本章力图对京津冀大气污染协作治理进行案例分析,尤其关注协作过程中的多元主体关系,进而更加细致地展示政府主导、社企从属模式的形成过程、突出特征及其对于跨区域生态环境整体性协作治理长期发展的优势与不足之处。

第一节 政企从属模式的力场分析

面对跨区域环境问题,中央政府与地方政府具有各自相异的治理动机。出于国家治理体系与治理能力优化的整体目标,中央政府在推进生态文明体系建设与环境治理工作时,注重考虑协调、公平等价值性原则。就地方政府而言,作为区域经济体,在应对跨行政区域环境问题的过程中,更加注重成本、收益等效率性原则。这种治理动机的不同,奠定了政府在跨区域生态环境治理中的主导性地位,中央政府基于公平与协调的价值性原则进行环境治理工作布局决定了中央层面对国家环境治理工作的统筹地位,地方政府基于效率原则开展区域环境治理工作决定了环境治理结果的有效性。前者从整体入手营造宏观制度环境,后者从局部入手动员关键行动者。从中央到地方,共同形成了我国跨区域生态环境整体性协作治理模式中的"政府主导、社企从属"模式。在此基础上,为了更好地剖析多元治理主体缘何会采取协作治理的方式,这种动机也是解释"政府主导、社企从属"模式的核心线索。本节借鉴公共能量场理论搭建一个力场分析框架,进而对跨区域生态环境治理场域中的主体间整体性协作治理的原因进行恰当解释。

一、组织间关系的"力场"分析框架

在提炼"力场"分析框架之前,我们首先要对政府治理中的"场域"有所了解。就环境治理事务而言,治理主体并不是在真空情境中开展行动的。若要对行动主体的行为进行分析,必须明确行动者所处的由一系列客观条件所组成的现实环境,即行动者所面临的"治理场域"。关于治理场域,有研究者指出,治理场域本质上是基于地理或议题形成的制度生活空间,不同能动主体在依据场域中的制度规则和自身占据的位置构建起相对稳定的关系网络和可预测的互动行为模式。① 由此可见,治理场域实质上是一种制度生活空间,生活在其中的行动者围绕着特定制度规则会形成可预测的互动行为模式。因此,在跨区域生态环境治理议题上,多元主体在宏观政治话语情境所形成的制度空间内,势必会形成由政府、市场(企业)、环保型社会组织、社会公众等众多行动者构成的行为模式。基于已有的环境治理实践,本研究认为在跨区域生态环境整体性协作治理模式上,"政府主导、社企从属"的协作模式即是在特定政治话语情境下所形成的可预测的行为模式。但是,提炼出这一可预测的行为模式尚显粗浅,研究的关键在于分析该模式形成的动力,即"政府主导、社企从属"的协作模式是在什么样的制度空间范围内形成的。为了更好地解释这一有趣的问题,本节引入社会科学领域的力场理论,以对该模式形成的动力进行系统性的逻辑归纳。

"力场"概念起源于物理学领域,从基本意义上讲,"力场"是一个动态化概念,特指各种力的存在状态与作用空间。事实上,在政府治理中,力场概念经常会被提及,例如基层官员面临的压力、改革创新面临的阻力、地方发展所追求的动力⋯⋯在理论解释层面,以勒温(Lewin)为代表的力场理论(Force Field Theory)认为,试图保持事物原状的是制约力,推动事务变革的则是驱动力。力场理论强调公共组织间合作行为的达成需要克服阻力,还需要合作所需的推动力、牵引力和外压力。② 通过对力场理论核心内容的阐述,可见力场分析对于跨区域生态环境治理中的主体间关系具有较强的解释力,结合中国生态环境治理的特定场域,本研究主要从压力、动力、阻力三个维度建立"政府主导、社企从属"的力场分析框架。

---

① 李姚姚:《治理场域:一个社会治理分析的中观视角》,《社会主义研究》2017年第6期。
② 韩艺:《省直管县改革中的市县合作关系——一个组织间关系的"力场"分析框架》,《北京社会科学》2017年第7期。

二、政府主导、社企从属模式的形成动力

中国跨区域生态环境治理过程实质是在中国共产党的领导下,多元主体协作共治的过程。面对共同的跨界环境问题,中央政府与地方政府或主动或被动地进行了一系列合作,从而使得我国生态环境治理取得了显著成效。面对跨区域环境问题,多元主体整体性协作治理过程中,受到生态环境问题驱动、制度引导以及地方政府绩效倒逼因素的影响,按照力场理论关于力的存在状态与作用空间的阐述,从总体上看,跨区域生态环境的整体性协作治理行为大致面临着压力、动力、阻力三种主要的作用力。与此同时,这三种力在生态环境治理的过程中并非相互独立、互不干涉,而是随着环境治理议题的变迁与地方政府行为调适的变化而相互影响甚至相互转化,虽然地方政府与其他系统主体协作过程中面临的力场状态复杂多变且情况各异,但对于政府主导、社企从属模式而言,仍存在规律可循。

三、高强度的政治压力与问题压力

在中国众多治理特质的理论抽象中,"压力型体制"因兼具形象性和生动性广受国内外学者的认同,作为理解中国政府运作现实的理论描绘,它生动地描绘出中国各级政府是在各种压力的驱动下运行的,从上而下的政治行政命令是其中最核心的压力。[①] 因此,要理解地方政府在环境治理上缘何采取合作行为,宏观"压力型体制"之下的压力系统是解释该问题的核心线索。纵观我国跨区域生态环境治理实践,地方政府缘何会从单一走向协作,大致可从"自上而下"与"由内向外"两条路径加以解释。

一方面,"自上而下"是指地方政府在跨区域生态环境问题上,面临着中央政府高强度的政治压力,表现为自上而下发布的环境治理信号与强制性考

---

① 杨雪冬:《压力型体制:一个概念的简明史》,《社会科学》2012 年第 11 期。

核评价指标等。在这种生态环境高强度政治压力的情境之下,地方政府迫切需要自下而上消解环境治理压力。近年来,中央高度重视环境治理工作,不仅建立了环保约束指标考核、"一票否决制"等惩罚性制度,同时在全国 31 个省份定期开展中央生态环保督察行动。在这样高强度的政治压力之下,地方政府不得不积极寻求企业与社会公众的"帮助",从而力图形成大环保治理的格局。

另一方面,"由内向外"是指政府在环境治理上所呈现出的突出问题,要求地方政府必须进行由内向外的自我反思,既要开展刀刃向内的自我革新,又要开展积极同外部对话沟通的综合改革。在过去的跨区域环境问题治理上,有些地方政府由于受到"GDP 增长论"的长期影响,在与邻近地区合作时,动力不足、积极性不高,多采用"表面协作"方式消极应对环境治理工作。长此以往,不仅跨区域的生态环境恶化程度加剧,同时也影响了地方政府的形象并弱化了相邻政府间合作关系的信任度,对政府的治理能力形成了严峻挑战。因此,在高强度的政治压力与问题压力之下,地方政府不得不进一步厘清自身的环保职能,积极吸纳辖区内企业和公众的参与,并同跨行政区域的地方政府开展实质性合作。

四、条块分割化背景下的高阻力

高压力的正向作用决定了政府需要与其他主体相协作以化解自上而下的政治压力与由内向外的问题压力,但这并不意味着否定政府在跨区域生态环境治理中的责任与义务,相反,这更进一步强化了政府在整体性协作治理模式中的主导作用。在我国的环境治理中,"条块分割"的政府治理结构决定了区域政府间协作行为存在着多重阻力。一方面,由于条块交织的政府治理网络的存在,跨区域环境治理主体所形成的行动网络可能存在地位相当的权威性主体,而这些权威性主体可能存在着零和博弈、恶性竞争等行为,从而不利于协作行为的长期存在。另一方面,跨区域治理面临的最大问题就是"成本—

收益"分摊问题,由于跨区域生态环境具有典型的外部性,各参与主体本应成本共摊、收益共享,但在现实操作过程中,公平、公正且照顾到所有参与主体的"成本—收益"分摊制度设计和实施难度都较大,这些因素的存在可能会使得跨区域环境治理协作行为具有潜在的高风险,并进而影响区域主体之间长期协作关系的形成。除此之外,"稳定"与"发展"是悬在地方政府治理头上的两把利剑,因此,出于维稳目标的考量,地方政府不可能放任公众及环保 NGO 成为环境治理事务的主导者,而是会通过政府购买、召开听证会等方式有组织地吸收企业与社会公众的参与。这也决定了当前我国跨区域生态环境治理中社会系统和企业系统的从属地位,而为了保证跨区域生态环境治理协作行为的实现,政府必须在此过程中占据主导地位。

五、政府效能提升的高动力

从本质上讲,地方政府治理行为的调适除了受到外在高强度的"压力"因素之外,也有其内在的提升自身效能的动力因素影响。从微观上看,改善跨区域的生态环境状况是地方政府职能的重要组成部分,要求政府改进自身的治理工具与治理手段。从宏观上看,生态环境治理议题在政府治理事项中逐渐占据重要地位,也是政府合法性与有效性的内在要求发展的结果。跨区域环境污染与生态破坏等问题已经严重影响到了居民的日常生活,政府主导、社企从属模式形成的动力主要在于硬性技术与软性意识的发展。具体来看,一是由于新时代背景下,中国共产党关于生态文明建设、美丽中国、绿色发展的理论逐渐内化为全党上下必须遵循的执政理念。二是在国家层面生态文明政治话语逐渐深化的同时,国民的生态文明素养也在不断提高、环保意识在逐渐增强,企业在环境保护方面的社会责任受到更广泛的监督,环保 NGO 通过直接登记改革等方式获得了更加广阔的生长空间,社会主体和企业主体在流域治理(如保卫母亲河)、大气污染防治、垃圾分类等议题中的作用逐渐凸显,个体责任在环境治理这一公共议题上愈加得到重视,这为政府向其他主体寻求协作提供了重要动力。三是互联网、大数据等环境监测技术硬性手段日新月异，这使得生态环境信息传递更加便捷，信息内容也更加真实化、公开化，各主体间在传统环境治理过程中的"信息不对称"现象有所减弱。正是以上这些因素的存在，为政府主导、社企从属模式奠定了基础，为整体性协作治理模式的形成提供了重要的动力来源。

　　需要强调的是，本研究中所强调的跨区域生态环境治理协作行为所面临的压力、动力与阻力并非是绝对的，而是随着环境议题的变化而不断发生变化，甚至相互转化的。综合而言，高强度的政治压力和问题压力决定了单纯依靠政府行政手段治理跨区域环境问题的有限性，地方政府必须转而寻求企业和社会公众的参与作用。虽然后者在该过程中处于从属地位，但其实质性参与作用的发挥极大地改进了我国跨区域生态环境治理的局面。然而高压力并不意味着地方政府将跨区域环境治理事务完全转移至企业和社会公众，就我国条块分割的政府治理结构而言，相邻地方政府之间以及政府官员之间仍然存在着显著的竞争关系，加之合作风险与"成本—收益"分摊风险的存在，完全多中心的治理模式仍然存在着较大的阻力。因此需要政府出于整体性思维的考虑而担任主导地位，并吸纳企业和社会公众积极参与跨区域环境治理行动之中。值得注意的是，尽管跨区域环境治理中的主体协作存在着较高的阻力，但随着新时代背景下国民生态文明素养的提高，以及互联网、大数据等监测技术手段的更新，信息传递更加便捷，信息内容更加公开化、真实化，这些因素的存在为非政府主体参与环境治理提供了重要条件。与此同时，环保NGO能力的提升与企业环保技术革新带来的低成本治理方式，更是进一步成为政府与社会和企业系统协作的重要动力。这些动力因素的存在进一步提升了化解高强度的政治压力和问题压力的可能性，使得压力可能转化为合作的动力，压力在成为影响地方政府行为的阻力的同时也能够转化为合作的动力。由此，在高压力、高动力、高阻力等多种力的混合作用之下，政府主导、社企从属模式的整体性协作治理行为得以形成并发挥作用。

第二节　政企从属模式的治理路径

党的十八届三中全会强调,我国生态文明制度体系的建立需要依赖于用制度保护生态环境,在生态环境治理实践中,制度既是治理主体开展行动的依据,同时也是规范行动者行为、维持治理效能的根基。从前面的分析中可知,地方政府是在高强度的政治压力和问题压力、政府效能提升的高动力、条块分割背景下的高阻力下开展跨区域生态环境治理行动的。但是,这种相互作用的"力场"相当抽象,在实际的治理过程中通常会转化为自上而下出台的正式制度文本,并结合执政党内规范官员行为的非正式制度话语从而影响治理主体的行为。

一、治理路径的"制度—行动者—绩效"思路分析

为了厘清跨区域生态环境整体性协作治理模式中的政府主导、社企从属模式的实现路径,本研究立足于新制度主义理论基础,试图从"制度—行动者—绩效"的思路对该问题进行综合阐述。在这一分析思路中,制度主要是指政府所面临的生态环境治理相关的制度环境(包括正式制度与非正式制度),在特定的制度环境之下,行动者的行为会受到制度的影响,因制度兼具稳定性与持续性(制度变迁),行动者的行为也会随着制度变迁而发生变化,但不论如何变化,政府的治理行动最终指向的是政府效能的变化,这种结果性变化既包括量化的政府特定显性指标绩效的变化,也包括在此过程中政府行动带来的公众满意度、信任度、社会认可度等隐性效能的改变。在跨区域生态环境整体性协作治理模式中,政府主导、社企从属模式作为典型模式,其中的行动者主要指政府、企业和社会系统(包括环保 NGO 和社会公众),由于政府在其中占据主导作用,因此本章分析的重点即为政府所面临的正式制度环境及非正式制度规范。在我国地方政府治理过程中,围绕着效能提升的根本方

式即为"胡萝卜加大棒式"管理方式,通过对地方政府官员开展奖惩并举的方式,来推动官员履行职能。围绕着这一核心主线,本研究所分析的制度环境具体表现为政府官员在环境治理上的制度约束,重点从地方政府所面临的正向作用的激励制度与负向作用的监督约束制度两个维度展开研究分析,由此归纳政府主导、社企从属模式在跨区域生态环境治理中的治理路径。

从整体性治理理论的内核来看,其内在的逻辑体系在于以协调与整合为核心的工具理性与以公众为核心的价值理性的有机统一,因此,治理目标的达成在于实现行政机构的多元化伙伴关系,其更为重要的是强调多元治理主体功能间的相互嵌入与整合。① 跨区域生态环境治理作为一项系统化工程,融合工具理性与价值理性的治理思路,通过有效嵌入使得各地方政府的碎片化治理模式得以结构化,从而实现治理主体间的协调与合作。纵观我国跨区域生态环境治理的制度情境,大致可划归为两类制度情境:一是以正向作用为出发点设立的奖励政策,力图利用"胡萝卜式"的激励方式来促进地方政府推进环境治理工作;二是以负向约束作用为出发点建立的一系列监督约束制度,力图通过高压"大棒"的惩罚方式提升地方政府在环境治理上的违规成本,进而与奖励制度相结合共同改进环境治理绩效。因此,从这一思路出发,本研究认为,跨区域生态环境治理中的政府主导、社企从属模式的实践过程也呈现出两大治理路径:一是在正向奖励激励制度情境下,出于趋利性动机,主动与其他治理主体相协商共同形成协作网络以应对跨区域环境问题的"趋利+协调"路径;二是在负向监督约束制度情境下,出于避害性动机(规避惩罚),被动地回应其他治理主体的需求的"避害+回应"路径,关于不同治理路径的制度情境及主体间关系及其互动内容,将在以下部分进行阐述。

二、正向奖励激励制度下的"趋利+协调"路径

可以达成共识的是,在跨区域生态环境治理问题上,地方政府既需要上下

---

① 詹国辉:《跨域水环境、河长制与整体性治理》,《学习与实践》2018年第3期。

联动,同时也需要内外结合,市场主体、社会资本都应当成为跨区域环境污染治理的重要主体。这意味着政府在占据着主导地位的同时,也应当积极同市场和社会公众开展协作。从政府主导、社企从属模式产生的动力来源看,市场环保治理技术的改善、环保社会组织能力的提升、社会公众环保意识的增强皆是该模式产生的重要动力。因此,一方面,外部条件(包括非公共部门环保意识的增强和能力的提升、大数据及互联网技术的进步)的改善为政府同其他治理主体协作提供了基础;另一方面,政府内部自上而下不断出台的激励制度为政府主导、社企从属模式的落实提供了制度保障。在两个方面的共同作用之下,地方政府内在的趋利型动机得以制度化呈现,从而使得以"协调"为核心的整体性协作治理模式能够在环境治理实践中发挥积极作用。

三、地方政府官员奖惩并举的环保考核评估

过去,地方政府在环境治理工作上往往流于形式,在跨区域环境问题上缺乏开展合作的动机,就算是合作也只是停留在"象征性合作"层面。随着环境治理问题愈发凸显,环境治理议题在国内国际皆受到广泛重视,针对政府官员相应的可操作化、奖励力度大的政策设计逐渐落地,在"绿水青山就是金山银山""绿色发展"等理念的深入实施过程中,大多数地方政府都看到了生态保护和开发所带来的"红利",这对地方政府积极协调市场企业和社会公众的环保诉求,进而形成整体性协作模式以应对环境问题的局面大有裨益。具体来看,在2016年12月中共中央办公厅、国务院办公厅出台的《生态文明建设目标评价考核办法》中,强调生态文明建设目标评价应当坚持奖惩并举的原则。随后出台的《绿色发展指标体系》和《生态文明建设考核目标体系》更是为地方政府在环境治理领域开展考核评估提供了具体的操作指南。在我国环境治理过程中,上述"一个办法、两个体系"成为开展生态文明建设评估考核的基本依据,也是国家从地方官员角度开展奖励激励的主要依据。

四、企业及公民对生态环境违法行为的举报奖励制度

除了对政府系统主体开展正向奖励之外,国家还对于市场系统(企业)和社会系统(社会公众)的奖励制度进行了明确规定。虽然我国一直鼓励环境治理中的公民参与,在《环境保护法》《环境保护公民参与办法》等制度设计中都强调了企业和社会公众对环境治理的参与作用,但过去的鼓励仅限于"喊号子"的口头表扬和精神鼓励阶段,并未从实质上对企业和公众参与环境保护的作用进行看得见的物质奖励。近年来,生态环境部为提升环境执法能力,出台了《关于实施生态环境违法行为举报奖励制度的指导意见》(环办执法〔2020〕8号),该意见对生态环境违法行为举报奖励制度的相关内容进行了明确规定,在中央层面的示范作用下,各地方政府积极响应,根据统计,目前我国已有30个省级和313个地市级生态环境部门制定出台了举报奖励规定。2020年,全国共实施奖励13870起,同比增加44%;奖励总金额719万元,同比增加100%。从案件地域分布看,河南、安徽、四川、山东、广东居前。从奖励总金额看,广东、河北、河南、安徽、江苏居前。①

由此可见,生态环境违法行为的举报奖励制度是优化生态环境保护执法方式、提高执法效能的重要举措,能够广泛调动社会力量,在广泛吸纳政府外部力量参与生态环境治理过程中起着积极的作用。正是在政府内部奖励制度与面向社会公众的奖励制度同步完善的情境之下,实现了对政府系统、社会系统、企业系统的精准激励,催生了扮演主导者角色的政府的趋利性动机,从而主动地与跨区域环境问题所涉及的企业和公众积极协调,并由此形成了政府主导、社企从属模式的可行性治理路径,即正向奖励激励制度下的"趋利+协调"实施路径。

---

① 陈磊:《建立生态环境违法举报奖励制度斩断污染环境黑手》,《法治日报》2021年6月18日。

五、负向监督约束制度下的"避害+回应"路径

在政府主导跨区域环境治理的过程中,虽然中央自上而下、政府由内向外逐渐建立起了正向的奖励激励制度并发挥了实际作用,但是,单纯依靠正向奖励制度并不能完全改变地方政府的环境治理行为,反而可能助长地方官员追逐奖励的自利行为,同时在长期奖励累积效应之下增加上级政府的财政负担和压力。总体来看,在我国"压力型"政治体制之下,中央与地方政府属于多任务委托—代理关系,其间存在着广泛的信息不对称和代理人行为不当等问题,环境治理作为地方政府众多任务之一,如若缺乏有效的制度对其行为加以约束,地方政府在环境治理上的违规成本较低,很容易沦为地方政府的"边缘性"事务。因此,为了更好地规制地方政府的环境治理行为,国家从监督约束角度出发,近年来对我国的生态环境治理监督管理制度进行了全方位的改革与完善,包括"环境影响评价区域和流域限批"制度、中央环保督察制度、环境信访制度等代表性的监督管理制度,这些制度侧重点各异,但相对于正向作用激励地方政府重视环境治理工作而言,它们都体现了国家出于避害性目的,为避免过去重大环境污染和破坏情况再度发生而出台的,其制度实质具有惩戒性、纠错性。基于此动机,政府在主导跨区域生态环境治理过程中,不得不回应企业和社会公众的环境参与和话语诉求,相较于"趋利性"动机的主动协调而言,避害性动机的协作行为更为被动。

六、"环评风暴"——环境影响评价区域和流域限批

环境影响评价区域和流域限批制度开始于 2007 年,是在 2003 年公布的《中华人民共和国环境影响评价法》的基础上进一步深化的制度体现,在当时,该制度被视为生态环境部所采取的最为严厉的"环评风暴"。虽然环境影响评价制度在当前已经成为我国地方政府环境治理所依据的基础性制度之一,但也有研究者认为,这种权威性、"连坐"形式的环境治理方式的合法性和

带来的环境治理效益值得怀疑。① 值得肯定的是,环境影响评价区域和流域限批制度具有运动式治理的高压式、快速性特征,虽缺乏一定的合法性,但却具有短期性的高效率性。在区域环境影响评价上,我国针对三大地区(京津冀、长三角、珠三角地区)开展了多轮区域战略环评工作,这三大地区既是我国经济发展的重心,同时也是生态环境问题最为突出的地区,因此,如何破解这些地区的经济与环境两难困境,在全国生态环境治理中具有示范性作用。总的来看,在"环评风暴"之下,地方政府需要在项目规划和建设等阶段以各种方式"摆平"环境影响评价的程序性要求,与此同时还要符合区域内生态环境治理的结果性要求,在此过程中,结果性要求的达成需要政府从整体性进行把控主导,而程序性要求的实现有赖于区域政府间、地方政府、辖区企业和公众间的协作行动,通过这种"避害型"制度的设计,推动政府切实回应企业和社会公众的环保需求。

具体来看,对于这三大地区的战略环评工作,主要依据"生态保护红线、环境质量底线、资源利用上线和环境准入清单"为依据指导具体工作。一是守住生态保护红线,这是由我国国土空间开发环境管控形势所决定的,坚守生态底线强调在区域发展过程中要用空间红线来约束地方政府的无序开发,这是因为三大地区的人地矛盾凸显,区域中许多大型都市中的空间利用和环境保护矛盾十分突出,因此更需要严守生态红线。二是守住环境质量底线和资源利用上线,在环境问题日渐严峻的形势之下,地方政府在发展过程中要用总量红线对区域开发的规模和强度进行调控,根据环境治理来分配控制重点行业污染物排放总量。三大地区的城市化发展进程较快且人口密度大,其生产生活过程中所排放的废气、废水、固体废弃物等污染物体量巨大,因此必须采取强硬措施对区域内的资源利用上线进行明确规定,例如,在实现"碳排放"与"碳中和"目标的背景之下,各地区重点化工企业、高能耗产业等的二氧化

---

① 冉冉:《中国地方环境政治:政策与执行之间的距离》,中央编译出版社 2015 年版,第85—86 页。

碳排放量必须得到严格控制,从而使得地区重点产业的发展规模控制在资源环境可承载的范围之内,并从长远出发降低污染物排放的增量,从而实现整体环境治理目标。三是强化环境准入清单,市场产业类型多样,需要用环境准入红线来从源头控制产业准入,从而明确资源型、风险型、污染型产业,推动后续行业差别化准入管理要求并加快三大地区的经济转型,从而优化三大地区生态空间格局与开发布局、资源环境承载与产业结构规模的矛盾,实现区域空间结构和环境治理体系的双重优化。

七、"环保钦差"——中央环保督察行动下的大环保格局

区域生态环保监督检查制度由来已久,从制度变迁进程来看,该制度自2000 年试点建立"区域环保督察中心",到 2008 年六大中心全面组建,并于2015 年调整为"区域环保督察局"[1],再到 2017 年正式成立华北、华东、华南、西北、西南、东北六大"督察局"承担中央生态环境保护督察相关工作,进一步强化督政,中央环保督察员也被形象地称为"环保钦差"。自 2016 年起,中央环保督察工作分两轮(第二轮于 2019 年启动)展开,这体现了中央对地方政府环保绩效的考核正在实现从总量考核向质量考核的转型。[2] 但更为重要的是,中央生态环保督察相较于以往的环保督察而言,最本质的区别在于从"督企"转向"督政"的变化,这一监管取向的变化直指地方政府行为。在以往的环境治理实践中,企业排污行为通常被视作环境污染的主要来源,因此监管的对象往往是企业,这样的制度安排最大的弊病在于,地方政府既是企业排污行为的监管者,同时也是依赖于企业生产提升地区经济水平的共同利益者,因此,地方政府在监管过程中不可避免地会出现"政企合谋"与"基层政府间共

---

① 陈晓红等:《我国生态环境监管体系的制度变迁逻辑与启示》,《管理世界》2020 年第36 期。

② 张凌云等:《从量考到质考:政府环保考核转型分析》,《中国人口·资源与环境》2018 年第 10 期。

谋"现象,中央环保督察行动是由中央层面直接下派被称为"环保钦差"的督察组对目标省份进行进驻,通过为期一个月的监督考察,直接将督察情况向全社会公开,而被督察的省份则需要在规定时间内,针对督察中的问题出台相应的整改方案,该方案同样需要向全社会公布。中央环保督察行动的展开,抓住了中央政府、地方政府、市场企业、社会公众、新闻媒体等多元化主体进行有效互动的"牛鼻子",使得不同主体的话语和行动能够在具有共同价值的生态环境治理网络中展开互动与对话,从而加深整体性协作治理的程度。

从统计结果上看,早在 2017 年底,在生态环境部举行的例行新闻发布会上,数据显示第一轮督察共受理群众信访举报 13.5 万余件,累计立案处罚 2.9 万件,罚款约 14.3 亿元;立案侦查 1518 件,拘留 1527 人;约谈党政领导干部 18448 人,问责 18199 人。① 其后,第二轮中央环保督察的约谈和问责人数有所减少,但督察力度仍然不减。从督察直接推动解决的环境问题类别来看,涉及垃圾、恶臭、噪声、油烟、黑臭水体、"散乱污"企业污染等诸多与群众息息相关的环境问题。这些数据表明了中央自上而下开展环境治理行动的决心,同时也体现在环保督察行动这一"避害性"制度安排之下,多元主体的环境治理积极性被调动起来,环境治理中的企业社会责任与公民个人责任也得以显现,虽然市场与社会系统仍然处于从属地位,但其作用的实质性得到了大幅度提升。地方政府为应对高压环保态势,同横向、纵向以及内外部积极协作,在此过程中,地方政府在环境治理中的主导地位进一步彰显,要公开鼓励倡导"生态文明"等环保理念的传播。由此,政府主导、社企从属模式的"避害+回应"式治理路径得以形成,在此过程中,整体性协作治理方式发展过程中的大环保格局效应逐渐提升,跨区域生态环境治理的绩效改善程度明显。

---

① 中华人民共和国政府网:《中央环保督察实现全覆盖问责人数超 1.8 万》,2017 年 12 月 28 日,见 http://www.gov.cn/hudong/2017-12/28/content_5251261.htm。

第三节 京津冀大气污染协作治理

如前所述,在大多数跨区域生态环境问题的治理上,政府在整体性协作治理模式中占据着主导地位,而市场企业与社会公众系统则居于从属地位,通过政府主动协调与被动回应的方式与其展开协作,共同应对环境议题。在我国具体的环境事务中,大气污染防治问题首先发端于京津冀地区,在经历了一个漫长的治理过程后,取得了较为明显的成效。与此同时,由于京津冀地区是我国政治、经济、文化、教育等多功能核心区,该地区的环境污染问题所造成的破坏性后果更强,引起的关注更多,探究该地区大气污染防治过程中的政府主导、社企从属模式的运作过程,对于分析跨区域环境治理中的整体性治理模式更具代表性。基于以上考虑,本研究选取京津冀地区大气污染防治作为典型案例,通过对横向上多元主体的协作过程,以及纵向上主体行为的历时性变化,对跨区域环境整体性协作治理的"政府主导、社企从属"模式进行系统分析。

一、京津冀地区大气污染概况

大气污染主要是指大气不断排放出对环境或者人类产生有害影响的物质,这些有害物质的排放可能源发于自然过程,也可能源于人类活动。从全国范围来看,大气污染作为一个公共问题引起人们的广泛关注时间并不长,直到2010年严重的"雾霾"威胁人们日常生活及身体健康时,以"雾霾"为代表的大气污染问题才引起公众及政府的高度重视,从而使得人们谈之色变。百度指数作为以海量网民行为数据为基础的数据分析平台,是当前互联网最重要的统计分析平台之一,百度指数搜索显示:2011年之后,"大气污染"在全国范围内受到网民们的高度关注,尤其是在2013年、2014年、2017年左右达到了搜索指数的峰值(如图6-1所示)。数据背后反映的是行为的变化,就"大气污染而言",这至少反映了两大方面的信息:一是大气污染问题愈发严重,引起社会公众及媒体的广泛关注;二是政府针对大气污染问题的防治行动、相关政策频率增加,释放出的政治信号更加明显,由此吸引了公众关注及媒体的竞相报道。

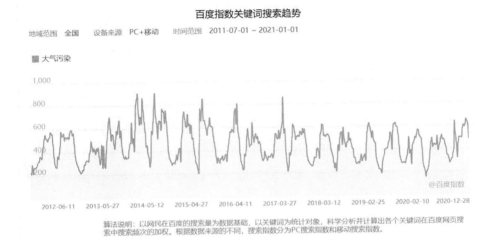

图 6-1　百度指数"大气污染"搜索趋势

数据来源:百度指数官网(搜索截止日期为 2021 年 1 月 1 日)。

　　实践表明,大气污染问题并不是始发于京津冀地区,而是在全国各城市中均有所体现,但可以达成共识的是,京津冀地区的大气污染问题是率先引起国家层面重视,并进而采取强有力的防治行动的,这与京津冀地区的特殊地理区位、区域功能定位、特定的历史背景等因素有关。在特殊地理区位上,京津冀地区属于温带大陆性季风气候带,夏季高温多雨,冬季寒冷干燥。更为特殊的是,京津冀地区位于蒙古国的东南部,很容易受到来自该区域的冷空气大风影响,灾害性的沙尘暴或扬尘天气多发,因而使得该地区的大气污染问题尤为突出。在功能定位上,京津冀地区的整体定位是"以首都为核心的世界级城市群、区域整体协同发展改革指导区、全国创新驱动经济增长新引擎、生态修复环境改善示范区"。因此,生态修复与环境改善作为京津冀地区发展的战略要求,大气污染防治工作便是实现这一战略要求的重要抓手。从特定历史背景来看,根据统计显示,2013 年左右,京津冀地区的大气污染问题已十分严重,在该区域的 13 个城市中,空气质量达标城市数量为 0,这种情况在长三角、珠三角区域也同样存在。但是,如表 6-1 所示,由于 2008 年北京奥运会的举办,在北京及其他地区也曾出现过短暂的蓝天,空气质量创造了北京市十年内空气质量的最好水平,这是因为,为保障北京奥运会期间空气质量,由生态环境部和北京市政府牵头,北京、天津、河北等 6 省区市及有关部门共同制定了《第 29 届奥运会北京空气质量保障措施》。① 这是该区域首次在中央牵头作用下,针对区域内的大气污染开展统一协调联动行动,而由于没有形成固定化的行动体系,奥运会召开之后,京津冀地区的空气质量状况又转向了恶化状态。由此可见在京津冀地区的大气污染防治过程中,协作机制的形成与落实经历了一个历史过程,该过程的主线即为区域内多元治理主体间围绕着大气污染防治议题开展协作行动,关于治理主体的具体行动过程及特征,是本章余下部分重点讨论的内容。

表 6-1 2013 年重点区域大气中各项污染物达标城市数量

区域	城市总数	SO_2	NO_2	PM_{10}	CO	O_3	$PM_{2.5}$	综合达标
京津冀	13	7	3	0	6	8	0	0
长三角	25	25	10	2	25	21	1	1
珠三角	9	9	5	5	9	4	0	0

数据来源:中华人民共和国生态环境部《2013 中国环境状况公报》。

① 赵新峰、袁宗威:《京津冀区域政府间大气污染治理政策协调问题研究》,《中国行政管理》2014 年第 11 期。

二、中央政府主导下的运动式治理

回溯京津冀地区大气污染防治发展历程,本研究认为,早期京津冀地区的大气污染防治工作主要是由中央政府主导的,由于当时缺乏区域协作应对大气污染的常态化工作机制,京津冀地区的大气污染问题更多地被视为一种环境突发性危机事件。因此,在治理方式上呈现出高度动员、快速推进的"运动式治理"特征。具体表现为,中共中央以京津冀地区大气污染防治工作为中心,通过出台一系列政策文件,对该辖区内各政府主体在大气污染防治上所要达成的治理目标、组织机构、工作方式等内容进行制度化规定,进而从国家层面回应京津冀地区的大气污染防治问题。

一方面,中央专门针对京津冀地区大气污染防治工作出台政策文件。2012 年 9 月 27 日,国务院批复了我国第一部综合性大气污染防治规划——《重点区域大气污染防治"十二五"规划》。该规划针对京津冀、长江三角洲、珠江三角洲等涉及城市群的大气污染工作做出了明确规定,并指出各个城市"各自为战"难以解决区域性大气环境问题。为此,必须要坚持联防联控与属地管理相结合,建立健全区域大气污染联防联控管理机制。通过规划机制,各个层级不同领域的政策主体相互链接成为一个庞大的网络,输出不计其数的政策文本,引导或干预经济主体的活动,塑造或制约各级政府的行为。[1] "十二五"规划开启了我国大气污染防治工作的新局面,超越了属地管理思维,使得大气污染防治从过去的地方政府"各自为战"转向以"重点区域"为主,这也为区域内各地方政府间的协作行动提供了权威性依据。2013 年 9 月,国务院发布《关于印发大气污染防治行动计划的通知》(国发〔2013〕37 号),简称"大气十条",从"规划"到"计划",体现了国家对大气污染防治工作落地的重视,该计划对京津冀、长三角等重点区域的大气污染防治设定了具体指

---

[1]　韩博天、奥利佛·麦尔敦、石磊:《规划:中国政策过程的核心机制》,《开放时代》2013 年第 6 期。

标:到2017年,京津冀、长三角、珠三角等区域细颗粒物浓度分别下降25%、20%、15%左右,其中北京市细颗粒物年均浓度控制在60微克/立方米左右。[①] 正是在中央统筹规划与计划的前提下,京津冀地区大气污染联防联控协同机制开始形成,但这一时期的协作行动主要是由中央政府主导,是为了避免大气污染问题进一步恶化所带来的重大风险所形成的。因此,各地方政府存在着"被动回应"上级要求的行为倾向,这种"协作关系"是基于中央政府自上而下的控制与激励,是地方政府在外部和内部环境下采取的战略性行动。

另一方面,重大活动情境下的高度动员与协作关系。北京是我国承接世界型活动及会议的重要城市,严重的雾霾天气会给与会者带来不好的体验,同时也不利于我国在国际上树立良好形象。在大气污染防治上,除了2008年期间的"奥运蓝","APEC蓝"也是中国运用超常规的运动式手段所形成的独特现象,形容的是在2014年11月7—12日亚太经合组织(APEC)会议召开期间在北京地区形成的优良空气质量。为改善会议期间的空气质量,中央高度重视,在中央统一领导下,利用强有力的行政手段强化督导,要求区域内的政府、企业实施。在组织机构上,2013年10月,京津冀及周边地区大气污染防治协作小组成立,专门负责该区域的大气污染协作工作。与此同时,中央制定了《京津冀及周边地区2014年亚太经济合作组织会议空气质量方案》,并建立了区域空气质量会商机制,细化空气质量保障方案。除了对地方政府的行为进行严格规定,地方政府也在中央统筹领导之下,运用行政手段对企业进行整顿,根据统计,当时停产企业高达9298家、限产3900家、工地停工40000余处、车辆限行1173万辆。[②] "非常时期、非常措施"成为地方政府动用行政力

---

① 国务院网:《国务院关于印发大气污染防治行动计划的通知》,2013年9月10日,见ht-tps://www.gov.cn/gongbao/content/2013/content_2496394.htm。

② 周宏春:《APEC蓝及其对我国大气污染治理的启示》,《中国经济时报》2015年3月16日。

量的依据,这些非常措施就是在中央政府主导下的运动式治理手段。在这种特殊时期,企业与社会公众处于从属的地位,面对政府的高度行政动员,社会公众和企业只能被动服从命令,所谓的协作关系实质上是企业和公众单方面配合政府的行动。但不可否认的是,"APEC 蓝"的出现,体现了中央政府强制型府际空气污染跨区域治理模式,它强调集权"统一""命令",促进了府际合作中各方严格按照规则和指标行事。① 如果地方政府不按照规则和指标行事、企业和社会公众拒不配合,将会受到严厉的惩罚,这使得这种企业与社会公众处于从属地位的模式在大气污染防治上能够在短期内取得显著效果。

三、大气污染防治协作机制运作的常态化治理

京津冀地区的大气污染问题是常态。随着国家生态环境治理工作的统筹推进,围绕着京津冀地区的大气污染问题,经过中央政府多轮专项整治行动的展开,该地区的重污染天数明显减少,重大突发性环境危机事件发生的概率大大降低,"APEC 蓝"不再是该区域的罕见天气。但是,由于大气污染问题的多发性、复杂性和流动性,京津冀地区的大气污染问题仍然是我国跨区域生态环境治理的重要议题,并且已经在京津冀协同发展战略过程中逐渐进入常态化治理阶段。相较于早期应对大气污染的"避害性"动机而言,常态化治理背景下的大气污染防治工作呈现出诸多变化。一是就治理动机而言,京津冀协同发展战略的提出,使得各地方政府感知到了协同发展的红利,在面对该区域的大气污染问题时,更倾向于从"趋利性"的动机出发进行协同合作。二是就行为方式而言,在风险规避动机下,地方政府的协作行为往往是被动回应式的,而在利益共赢的动机之下,各治理主体会通过主动协调的方式来赢取更多的合作机会。三是就治理情境而言,运动式治理的

① 范永茂、殷玉敏:《跨界环境问题的合作治理模式选择——理论讨论和三个案例》,《公共管理学报》2016 年第 13 期。

高度动员性具有短暂性特征,只能在面对重大活动时快速地将人力、物力、财力等资源集中于大气污染防控,但这种完全由中央主导的动员方式很难具有长效性。因此,京津冀地区的大气污染防治处于从运动式治理转向常态化治理的过程之中。随着相关制度建设的完善,京津冀大气污染防治协作机制的运行也逐渐同科层制结构相融合,内嵌于该地区政府的常态化治理过程中。

在京津冀大气污染防治协作机制从运动式治理转向常态化治理的过程中,针对政府系统、企业系统和社会系统的相关制度也逐渐完善。从国家层面来看,针对京津冀地区大气污染防治问题,国务院、环保部门围绕着大气污染防治行动细则、督察工作、信息公开、主体问责、组织结构调整等内容作出了系统的规定(如表6-2所示)。这些政策文件一方面从正式制度出发,规范了地方政府官员的行为;另一方面,将正式制度与官员非人格化特征相结合,各地区在反复多次针对大气污染防治行动的互动过程中,逐渐形成了常态化的运行机制,对于大气污染防治的长效工作机制具有重要积极意义。

表6-2　中央层面出台的京津冀地区大气污染防治相关政策文本

发文时间	政策名称	发文字号
2020.10.28	生态环境部、国家发展和改革委员会、工业和信息化部等关于印发《京津冀及周边地区、汾渭平原2020—2021年秋冬季大气污染综合治理攻坚行动方案》的通知	环大气〔2020〕61号
2019.09.25	生态环境部、国家发展和改革委员会、工业和信息化部等关于印发《京津冀及周边地区2019—2020年秋冬季大气污染综合治理攻坚行动方案》的通知	环大气〔2019〕88号
2018.09.18	生态环境部、国家发展和改革委员会、工业和信息化部等关于印发《京津冀及周边地区2018—2019年秋冬季大气污染综合治理攻坚行动方案》的通知	环大气〔2018〕100号

续表

发文时间	政策名称	发文字号
2018.07.11	国务院办公厅《关于成立京津冀及周边地区大气污染防治领导小组》的通知	国办发〔2018〕54 号
2017.08.28	环境保护部、北京市人民政府、天津市人民政府等关于印发《京津冀及周边地区 2017—2018 年秋冬季大气污染综合治理攻坚行动量化问责规定》的通知	环督察〔2017〕115 号
2017.08.28	环境保护部、北京市人民政府、天津市人民政府等关于印发《京津冀及周边地区 2017—2018 年秋冬季大气污染综合治理攻坚行动强化督查信息公开方案》的通知	环环监〔2017〕114 号
2017.08.28	环境保护部、北京市人民政府、天津市人民政府等《关于开展京津冀及周边地区 2017—2018 年秋冬季大气污染综合治理攻坚行动巡查工作》的通知	环环监〔2017〕113 号
2017.08.22	环境保护部关于印发《京津冀及周边地区 2017—2018 年秋冬季大气污染综合治理攻坚行动强化督查方案》的通知	环环监〔2017〕116 号
2017.08.18	环境保护部、国家发展和改革委员会、工业和信息化部等关于印发《京津冀及周边地区 2017—2018 年秋冬季大气污染综合治理攻坚行动方案》的通知	环大气〔2017〕110 号
2014.09.30	国家发展和改革委员会、农业部、环境保护部关于印发《京津冀及周边地区秸秆综合利用和禁烧工作方案（2014—2015 年）》的通知	发改环资〔2014〕2231 号
2014.07.25	环境保护部关于印发《京津冀及周边地区重点行业大气污染限期治理方案》的通知	环发〔2014〕112 号
2013.09.17	环境保护部、国家发展和改革委员会、工业和信息化部等关于印发《京津冀及周边地区落实大气污染防治行动计划实施细则》的通知	环发〔2013〕104 号

资料来源：笔者根据北大法宝、生态环境部官方网站搜索整理而得。

在具有制度性转折意义的规定中，2018 年 7 月 11 日，国务院办公厅出台《关于成立京津冀及周边地区大气污染防治领导小组的通知》（国办发〔2018〕

54 号），该文件将 2013 年成立的"协作小组"升格为国务院领导亲任组长的"领导小组"，升级后的领导小组具有领导层级更高、职责分工更细、参与成员更多的特征。① 进一步讲，京津冀地区的大气污染防治行动在助推形成"京津冀协同发展战略"上具有重要作用。当前，京津冀地区的大气污染防治正处于"避害+回应"的中央政府主导下的运动式治理，以及"趋利+协调"的大气污染防治协作工作机制常态化的"双轨耦合"治理阶段，属于从运动式治理向常态化治理的转型期。

---

① 　谢佳沥：《协作小组为何调整为领导小组？》，《中国环境报》2018 年 7 月 13 日。

第七章　跨区域生态环境"共建共治"的实施路径设计

第一节　"共建共治"的原则基础

一、责权对等原则

责权对等原则是跨区域协同治理的首要原则。生态资源这一公共物品具有公共性特征,涉及每一位社会公众的利益。由于"经济人"特征,社会公众在行为选择时常常以追求个人利益最大化为目标,对于公共物品的合作常常倾向于付出最少或者是不付出任何成本以求他人付出成本从而坐享其成,引发"搭便车"问题,进而造成"公地悲剧"式的集体行动困境。有些区域污染问题跨度较宽,涉及对方利益主体。因此,在生态环境"共建共治"过程中,政府、企业、市场以及社会公众等多元治理主体需要合理划分各自的权力与义务,以便更好地展开合作。权责对等意味着责任权力一体,责任者不仅是责任的承担者还是权力的拥有者,这样才能调动各主体的工作积极性,推动生态保护工作的开展。一方面需要对区域内的各级政府的职权进行明确的划分,另一方面需要对政府、企业、社会组织与社会公众的权责进行明确的划分。对于政府来说,首先,政府应扮演好"掌舵者"的角色,对绿色公共产品的生产进行合理的规划与安排,发挥好宏观调控作用。其次,政府应当扮演好"引领者"的角色,鼓励非政府公共组织,例如市场、企业、社会组织以及社会公众,积极参与到生态环境治理中。最后,政府应当扮演好称职的"支持者",生态环境的治理工程需要花费大量的人力、物力和财力,特别是需要财政支持。政府不仅要担负起财政供应,还应该动员社会组织、基金组织共同筹备生态环境治理所需要的物质。地方政府在参与治理的过程中,必须树立合作意识,只有跨区域各级政府部门形成责权对等的局面,才有利于促进区域协同"共建共治"良好局面的形成。企业是生态环境治理的必要主体,作为地方财政收入的重要来源,应当树立责任意识,担负起时代重任和应尽的职责。对于非营利组织来说,作为跨区域治理的重要主体应该着力于发挥自身的优势,弥补政府工作的不足,例如可以加大宣传环保知识的力度以加强社会公众的环境意识,借助专业人士或具有影响力人士的"智库"作用参与决策。对于普通公众来说,应该积极参与社会公众事务,建言献策。

二、政策协同原则

政策协同是指不同政府及政府部门通过相互兼容、相互协调,以共同解决所面临的复杂性问题和实现共同目标的方式。[①] 在跨区域协同"共建共治"过程中,完善政策协同的保障机制可以从以下几个方面出发:第一,完善组织管理体制。生态环境治理涉及多个利益主体,加强生态保护是各政府主体共同的意愿,然而由于多种因素影响,"公地悲剧"的产生不可避免。各地政府之间存在竞争,但是又无明显的隶属关系,因此必须建立一个权威的组织以协调各方利益关系。由专门的协作组织机构主导跨区域环境治理规划和政策设计,为不同政府主体表达利益诉求、建立互信关系、环境信息交换、纠纷调解发挥关键纽带作用。实现在政策制定阶段的跨区域府际沟通和利益协调,强化

---

① 朱光喜:《政策协同:功能、类型与途径——基于文献的分析》,《广东行政学院学报》2015 年第 27 期。

政策目标协同,保证区域整体治理政策体系的完整性和系统性,缓和区域政策冲突。第二,完善制度保障机制以及相关法律法规。在组建起权威的组织管理机构的基础上,还需建立起一套完善的制度体系,为跨区域政府在动态环境中进行突发性环境污染应对时进行政策选择、实现区域协同发挥起指导作用。同时也给各地政府环境政策实施过程中的职能发挥提供制度化、程序化的规范要求,强化对政府协同的约束、激励,保障政府明确协同职责和协同程序,监督考核到位,形成跨区域治污合力。与此同时,面对跨区域环境治理过程中各方主体间的利益分配及责任归属难题,加之跨区域性环境污染问题的复杂性,促进区域内政府主体间的政策协同需要依靠法律法规的权威性做支撑。依靠法律权威,让环境协作治理中的政府主体及企业、社会主体的权利、行为、责任、义务都有法可依,去除地方保护主义的阻碍,规范政府的政策选择,为跨区域环境治理政策协同构建起强大的外部"保护罩",从法律层面保障跨区域环境治理绩效。第三,完善沟通交流机制。建立环境治理信息交流平台机制,保证每一个政府主体和社会主体都能依托此平台获取环境治理所需的各种要素,包括环境质量检测信息、重大环境污染预警信息等,具体来说包括环境信息共享平台、联合预警、科技成果共享等。各地政府在掌握全面、完全的环境信息基础上出台的政策文件协调性更好、协同程度更高,更有利于推进跨区域环境协作治理。第四,完善联防联控机制。不同区域具有明显的发展不平衡的特征,要提升整体政策工具手段的落差,必须构建区域联动机制,加强政策智库建设和完善,将应急联动措施纳入统一政策体系中,保证各地政府"政出一门",强化政策间的协调。鉴于水资源的流动性极高,且具有显著的外部性特征,水流域环境"共建共治"协同合作则是重中之重。在党中央集中统一领导下,根据各省市实际的生态环境承受力,确定各省市的成本投入比重,明确划分各省市的职责权限,制定任务清单,避免出现基础设施重复建设、资源重复浪费、无人承担高投入低回报项目的现象。全面树立协同合作的治理理念,根据生态环境治理的根本要求,以多中心治理作为理念导向,推动城市群产业发展,发挥各大城市群的功能,实现人口、产业结构、城市活力、生态环境等多元要素的协调发展。

三、府际协同原则

府际协同作为协同治理的重要组成部分,是跨区域生态环境协调治理的必然要求和现实路径。跨区域"共建共治"需要考虑以下方面。

一是要处理好中央和地方政府之间的关系。在跨区域生态环境"共建共治"过程中,中央政府与地方政府之间始终存在着竞争与合作的博弈关系。一方面,在该博弈中,中央政府占据主导地位并制定长江流域水污染治理的政策与规则,地方政府作为中央政府治污政策的执行者,能够直接获取水污染的数据与信息。在缺乏激励机制的前提下,地方政府出于理性考虑,倾向于敷衍执行中央的水污染治理指标,并向中央传递虚假的治理信息,以实现自身利益。[1] 中央政府的博弈地位优势与地方政府的信息优势相互作用,增加了该博弈的复杂性。另一方面,中央政府与地方政府在落实水污染治理中的表现不一。中央政府高度重视长江水污染问题,经常通过开展环境保护专项行动等方式推动"长江大保护",但由于鞭长莫及、信息不畅等问题,中央政府的意志在传达时容易出现纰漏。因此,必须完善中央和地方的对话机制,加强中央政府和地方政府间的沟通协调。

二是要明确地方政府横向和纵向间的关系。在横向上,各级地方政府应该承担起对应的环境治理方面的职责,建立跨行政区的生态环境保护协同机制,有效实现跨区域的生态环境的信息交流与共享,破除地方保护主义的藩篱。在纵向上,合理界定地方政府各层级之间的环境责任,形成良好的上下级合作和互动关系。推进生态环境共建进程,必须协调好不同地区间的利益,划分好各主体的职责,协调各方利益,明确各方责任就必须在生态共建区建立

---

① 吴晓雪:《京津冀生态环境共享共建》,《山西农经》2017年第2期。

"地区统筹发展领导小组"。该领导小组由上一级行政区领导或者行政主管部门组成,作为该区域统一的组织领导,必须担负起区域间统筹规划、联合建设与有序开发的工作。

三是要协调地方政府内部各部门之间的关系,明确他们之间的权力分工,加强各部门之间的协同配合,全面问责,避免将环境职责归咎于环保部门及其工作人员,必须由统一的领导和政策方针来协调跨区域生态环境治理的工作。现阶段,我国成立了环境整治领导小组。[①] 例如,长江经济带九省二市成立了推动长江经济带发展的领导小组,在领导小组的带领下进行统筹协调工作,引导九省二市开展生态环境共建工作,避免出现"上有政策,下有对策"的混乱局面,也防止了各自为政的矛盾等问题,确保共建工作顺利开展。任何事物都有自身的特殊性,以长江经济带九省二市为例,应当正确认识各省市的独特之处,明晰其所处的地理环境、经济发展水平、社会发展程度以及文化教育状况等不尽相同,在立足于实际特征基础上,统筹规划域内各省市的不同优势,通过优势互补,互相促进共同发展。

四、主体协同原则

目前,对跨区域的生态环境的管理均采取传统的管理方式,即以政府为单一主体的单向度生态环境管理模式。传统的管理模式存在种种弊端,以政府为单一主体的单向度生态环境管理模式无法从根本上解决跨界生态环境污染问题,更难以满足社会公众对美好生态环境的现实需要。要从根本上提升跨区域的生态环境状况,必须形成整体性行动和整体性协调,激发各地区之间的联动效应。就治理主体而言,跨区域治理主体主要分为政府、社会组织、企业、市场以及社会公众。推进跨区域"共建共治"主体协同,一方面要改革环境治理结构,即打破政府作为单一行为主体的管理模式,将社会组织、企业、市场以

---

① 董阳、常征:《区域经济发展与资源保护协调机制研究》,《中国行政管理》2013 年第 4 期。

及社会公众纳入跨区域生态环境治理的框架之中,并鼓励多元行为主体参与到生态治理的全过程之中,充分发挥多元主体的优势,弥补政府的劣势,解决政府行为失灵的困境。生态环境治理的主体不仅包括政府,还包括非政府组织,例如市场、企业、社会公众等。应当充分发挥市场在资源配置中的决定性作用,促进政府职能与角色的转变,形成联动开放、竞争有序的区域统一市场,实现生产要素在国际、国内市场的自由、合理流动,促进资源优化、合理配置,竭力构建市场、企业、社会等多元行为主体共同参与、协同合作的生态环境治理框架。① 同时,要确保各行为主体的利益,保障其参与生态环境治理的付出和收益是对等的,充分发挥市场力量,激发社会组织活力,构建以政府为主导,社会组织、企业、市场以及社会公众等多元主体共同参与生态环境治理的协同共治框架。另一方面要加强区域整体与中央政府的协调,相邻区域的协调,以及区域内各地方政府,所有省市之间的多方联动和协调,最终实现区域生态善治以及该区域经济社会环境等各个领域的协同发展。

我们应当正确认识人与自然的关系,坚持人与自然和谐相生的现代生态文明理念。经济社会发展与生态文明建设并不是相互矛盾、相互冲突的,两者应当有机地结合起来。

第二节　"共建共治"的多元主体

一、政府方面

在生态"共建共治"发展的过程中,绿色发展始终是跨区域生态共建发展的总基调。各省市政府应当将保护生态环境,提升居民整体生活质量视为自

---

① 樊鸿禄等:《建立中俄生态环境安全国际合作共建机制的研究》,《中国林业经济》2014年第 4 期。

身不可推卸的责任。在跨区域生态环境治理"共建共治"发展的过程中,遇到过各种体制和机制上的障碍与阻力,同时,也遇到过一些不可调和的矛盾与冲突,想要突破体制和机制上的障碍与阻力,调和矛盾与冲突,就必须要发挥中央政府的宏观调控作用。跨区域各级地方政府在"共建共治"发展的过程中,其关系既是合作关系也是竞争关系。中央政府必须跳出地方政府的局限视角,站在跨区域生态共建的国家战略发展高度,扮演各级地方政府之间信息的传递者和沟通者、冲突与矛盾的裁判者和协调者。中央政府的宏观调控作用还体现在监督和约束方面,生态"共建共治"这一国家战略在实施过程中,中央政府应加强对地方政府行为的监督和约束,及时发现并纠正各地政府的恶性竞争行为,促使其恶性竞争行为转变为良性竞争行为。中央政府应当发挥好统筹作用,相比较地方政府而言,无论是在权力还是在资源统筹能力、整体调控能力方面,中央政府都具有明显的优势,地方政府之间的合作有赖于中央政府的宏观调控。一方面,中央政府要整体把握跨区域河流水污染的现状,从整体出发,结合每条跨区域河流的现实情况,制定出系统的治理措施。另一方面,要发挥中央政府的协调作用。地方政府之间的合作需要一个强有力的组织者在其中发挥协调统筹的作用,而中央政府无疑需要承担起这样一个角色,通过具体的政策或制度引导和鼓励地方政府合作治理跨区域河流的水污染问题,为地方政府之间的合作搭建合作平台,营造合作共治的良好氛围。

利益失衡是导致流域内各地方政府无法实现有效合作的一大影响因素,在地理环境的主要作用下,流域内的各级地方政府的收益和承担的负面影响有所差异,处于河流上游的区域具有天然的污水转移优势,水污染可以顺着河水走向将污染转移到下游区域,上游城市受益,导致下游污染加重,使下游城市承担高昂的治理成本,逐渐形成水污染"公地悲剧"的局面。在面对流域利益失衡问题时,中央政府必须充分协调各级地方政府之间的利益关系,明确各自的权力与责任。这种基于地理条件带来的便利,削弱了上游城市主动治污的积极性,同时也造成下游城市的不满,造成上下游城市在水资源利用的利益失衡,桎梏地方政府合作治理水污染进程。基于河流的属性,中央政府在全面统筹分配各地方政府的利益,同时匹配相应的责任,建立有效的合作补偿与利益共享机制,使权力与责任相匹配,明确各地方政府在合作治理跨区域水污染当中的职责,规避各级地方政府的"搭便车"行为。除此之外,在生态环境"共建共治"过程中,各省市政府也应该加强信息共享,打破地域界限,推进政府间的协同共治,联合起来以解决跨区域出现的污染问题。

生态环境共建过程中最为重要的一环是构建跨区域生态环境质量的预警机制和应急联动机制。各区域应该加快实现在生态环境治理方面的信息共享,如有关水、空气、土壤等自然资源的信息。只有实现真正意义上的信息共享,才能打破地域界限,推进政府间的协同共治,联合起来解决跨区域出现的污染问题。各省市政府间的协同共治应当从共同制定公认的规定开始,以信息资源共享为基础,使信息在多元行为主体之间自由通畅地传递,才能从源头上遏制区域之间的交叉污染现象,提升跨区域整体的生态环境治理效率。

生态环境是人类生产、生活以及经济社会发展赖以生存且不可或缺的环境基础。① 提升生态环境质量,开发生产绿色产品,倡导绿色生活有利于促进社会主义建设事业蓬勃发展。绿色发展的核心价值理念与可持续发展是一脉相承的,其关键在于正确处理人与自然的关系,追求人与自然和谐共处。其要旨就是要树立人与自然和谐相处的发展观,坚持经济发展不应以破坏生态环境为代价的观念。生态环境是公共产品,公共产品具有公共性,生态环境的质量直接影响人民群众的生活环境与身体健康。因此,各省市政府应当将保护生态环境,提升居民整体生活质量视为自身不可推卸的责任。

二、市场方面

在跨区域生态环境共建的过程中,应充分发挥市场对于资源配置的决定

---

① 李明达:《论京津冀生态环境的共建共享》,《燕山大学学报(哲学社会科学版)》2014 年第 15 期。

性作用,认清有效发挥市场作用有利于促进跨区域生态环境共建的绿色发展。因此,在跨区域生态环境共建过程中,必须发挥市场在资源配置中的决定性作用,突破行政区划的界限,消除各种体制和机制障碍,通过建立统一有序的市场竞争机制,打破由地域界限带来的贸易壁垒,在市场规则的调配下,促进区域内要素和资源的自由合理流动。实际上,首先就是逐步打破区域内地方市场的分隔和界限,明晰不利于有序、统一的市场形成的各种障碍,实现资源和要素自由流动,使各种资源在市场作用下进行优化配置和重组,逐步建立起统一、公正、竞争有序的市场体系。纵观长江经济带、珠三角、长三角生态环境治理发展历程可知,各地区市场的界限和利益的固化是导致跨区域生态环境共建进程步伐缓慢、成效不显的一个重要因素。因此,在跨区域生态环境共建的过程中,应充分发挥市场的决定性作用,运用市场优化配置以及自我调整的优势将各地区连接为能够进行信息共享和资源自由流动的整体,通过构建统一规范、竞争有序、制度完备、治理完善的高标准市场体系,实现资源和要素的自由流动,只有这样,跨区域生态环境共建才能稳步向前发展。

优化市场调节,灵活运用多种市场工具。例如,采用收税以及补贴等市场化工具,构建跨区域生态环境共建机制。环境税是以控制污染排放、改善环境质量为目的,以污染物排放的浓度和种类为征税对象而征收的一种税。[①] 环境税又叫"庇古税",是把环境污染和生态破坏的社会成本,内化到生产成本和市场价格中去,再通过市场机制来分配环境资源的一种经济手段。环境税秉承着"开发者保护、污染者付费"的原则,能够对污染物的源头形成有效的控制。在我国跨区域环境治理中,应该就污染物的排放征收环境税,比如就大气污染征收二氧化硫税、碳税,就水污染征收水污染税,就垃圾污染征收固体废弃物税。当然,涉及税收法律的调整是难以一蹴而就的,须遵循"试点先

---

① 刘伟:《经济新常态与供给侧结构性改革》,《管理世界》2016年第7期。

行、逐步推开"的原则,辅之以征税技术的支撑和环保执法部门的严格执法。排污费是按规定直接向排放污染物的单位和个体工商户征收的费用。排污费也包括废气排污费、废水排污费、固体废物排污费和噪声超标排污费。征收排污费使企业的运行成本提高,可以刺激企业节能减排。排污费相对于环境税而言更具有灵活性和快捷性,在实际运行中往往能发挥更好的效果,能够在一定程度上遏制企业的排污行为,促进绿色生产。不仅如此,征收排污费还可以筹集一定的环保资金,专门用于环境保护和污染物的治理。绿色补贴是为了鼓励企业减少污染、绿色生产而进行的财政转移支付。绿色补贴包括赠款奖励、低息贷款和税收补贴。绿色补贴对企业来说是一种机会成本,企业为了得到补贴必须减少相应的污染排放,进行环境友好型生产,比如改进生产工艺、使用控污先进设备。① 绿色补贴的运用还可以形成一种正面的宣传和示范效应,使更多的企业加入到绿色生产的行列中来。为了使绿色补贴充分发挥作用,必须制定一套科学的补贴方案,实行先考核、达标后补贴,在财政预算中每年要列出足够的经费用于补贴项目,并保证地方配套资金及时跟进,还要实行补贴和教育相结合的手段,对企业进行环保教育,促进企业环保意识的提高。

企业作为最大的市场主体,在区域环境协作治理中理应成为环境治理的中坚力量。首先,企业在追求经济效益最大化的前提下,要转变传统的生产观念,强化生产经营活动中的自我约束和管理意识,无论是重工业还是轻工业,其生产活动都会消耗巨大的能源,并且带来严重的污染,因此企业必须转变以往只看重经济效益的生产观念,树立"绿水青山就是金山银山"的发展理念,积极同政府进行合作,接受政府和社会公众的监督,将环境保护根植于企业文化中。其次,企业要主动调整生产结构,改良生产技术,企业的生产可以借助科研手段提高生产技术和煤炭等传统能源的利用率,加大高耗能产业的淘汰

---

① 卢丽文等:《长江经济带城市发展绿色效率研究》,《中国人口·资源与环境》2016 年第6 期。

力度,在竞争中促进企业对于风电、太阳能、核电等新能源的使用,通过技术革新来调整企业发展方向,减轻工业生产对于环境的破坏程度。最后,企业应主动同政府、社会组织等团体就环境治理进行合作,签署节能减排和环境保护协议,签署协议属于企业主动参与环境治理的方式,能够避免与政府出台的环保强制性政策产生直接冲突,并有效指导企业规范生产。

三、社会方面

在推进跨区域生态环境共建、走绿色发展道路的过程中,不应该只有政府作为唯一的主体参与其中,各类社会组织也应当作为其中一员,广泛参与到共建治理、绿色发展的过程中。这些社会组织主要包括各类中介组织、商会协会以及各种民间团体等。各种社会组织作为非政府公共组织,是政府组织的重要补充,在跨区域生态环境共建、走绿色发展道路的过程中,担负起沟通信息的职责,扮演着利益主体间协调的桥梁。在跨区域绿色发展的过程中,社会组织的广泛参与对各类企业的企业文化形成、企业文化凝聚起到积极的促进作用。此外,社会组织也可以作为沟通政府与企业、政府与社会之间关系的桥梁和纽带,对于调和政府与企业之间的矛盾,化解政府与社会之间的分歧,促进政府与企业、政府与社会之间的良性互动、和谐发展意义重大。社会组织的行动不以营利为目的,不会受到体制内框架的局限,在生态环境治理中能够发挥独一无二的作用,因此必须提升社会组织参与环境治理的影响力,使社会组织的治理能力得以充分发挥。对此,可从以下路径着手:其一,放宽社会组织的准入权限。各地民政部门要简化社会组织行政审批手续,为社会组织参与区域环境治理创造有利的政策环境。同时,要减少对社会组织过多的行政干预,变传统管控式的政社关系为合作式正式关系,避免出现政事不分、政社不分的情况。① 其二,引导社会组织积极利用自身优势,为环境治理建言献策。随着

---

① 张丙宣:《支持型社会组织:社会协同与地方治理》,《浙江社会科学》2012 年第 10 期。

社会组织专业化趋势的不断增强,吸引着越来越多具有专业技术的人才加入,一些环保型社会组织能够在环境治理上提供更加科学的行动指南。在区域环境协作治理中,社会组织要利用好自身技术专长,为政府和企业的环境治理与生产活动提出具有针对性的建议,并且发挥社会组织中介作用,协调政府与企业之间的矛盾。其三,借助社会组织的行动营造环境保护的社会氛围。社会组织可通过日常的、民间的环保公益活动,在社会上形成强有力的舆论号召,积极宣传、倡议、引导更多社会民众参与环境治理。

在社会生活中,群众常常以单独个体的形式出现,提高其个人的知识水平是扩大其个人收益的最优方式。公民作为环境保护和治理的最大受益者,同样需要在区域环境协作治理中贡献自己的力量。对此,可通过以下方式来实现:首先,对社会公众进行绿色教育。绿色发展的理念及绿色环保意识在全世界范围内都被认同,人类要想实现自身的永续发展就必须保护生态环境,使生态环境保持良性的可持续性的发展态势,这是绿色教育中不可或缺的。其次,还应该加大对绿色发展理念的宣传,可通过互联网、新闻传媒等方式,加大宣传强度,扩大宣传范围,完善信息发布,开设专题专栏。运用年轻人所熟知的微博、微信、知乎等相关新媒体智能网络应用程序,传播绿色发展理念和生态文明的意识,呼吁每一个公民树立保护生态环境、尊重自然的意识。除了宣传教育以外,还应当不断赋予生态文明新的时代内涵,建设环境友好型、资源节约型社区、加大校园生态文明教育、奖励生态家庭等,大力举办公众性生态文明组织活动,以此引导公民积极主动地参与到生态文明的建设中。再次,要为公民参与环境保护与治理搭建广阔平台。环境污染给社会公民造成的负面影响日益明显,越来越多的公民表现出对环境问题的关注。再次,作为普通公民,要树立起环境保护意识。对于普通公民来说,在日常生活中要提高环境保护意识,养成节约的生活习惯和绿色的生活方式,从自身做起,减少生活中的环境污染。① 最后，公民要提高参与环境治理的能力。除了在日常生活中约束自己的行为，公民还应该积极参与到环境治理中，严格遵守政府环境保护法律法规，参加社会组织的环境保护活动，对企业节能减排进行监督，为政府环保政策制定提出意见建议，不断提高环境治理参与能力。

第三节 "共建共治"的路径探索

一、开拓创新，坚持走绿色发展之路

创新是一个民族进步的动力源泉，不断创新产业和探索绿色产业是跨区域生态环境建设的主要实现形式之一。② 环境与经济密切相关，经济与产业密切相关，因此，环境与产业也是密切相关的，必须以绿色产业为依托推动绿色发展。所谓绿色产业，是指低污染、低消耗、高转化的新兴产业，不仅包括植树、种草、育花、绿化等内容，还包括绿色生产、绿色制造、绿色销售、绿色资源等内容，绿色产业是绿色发展的重要支撑。绿色发展、循环发展、环保发展和低碳发展都是绿色、健康的发展观，在实现经济发展目标的同时，保障生态环境不受破坏，促进资源可持续利用与开发。

经济发展要考虑到环境的承受力，在早些年，我国提出人与自然和谐相处的发展理念，这说明：我们在实现社会经济发展的同时，必须重视生态环境保护，充分考虑水资源、水环境和水生态的承载能力，不能以超越、破坏环境为代价发展经济。在修订长江流域及其主要支流流域综合规划时，提出资源利用上线、环境质量底线、生态保护红线和环境准入负面清单，就是要求综合规划流域发展时，必须考虑到社会经济发展与区域水生态环境的承载力，得出两者

---

① 苏振富：《加快生态文明制度建设强化生态伦理道德教育》，《中国高等教育》2014年第2期。

② 谈佳洁、刘士林：《长江经济带三大城市群经济产业比较研究》，《山东大学学报（哲学社会科学版）》2018年第1期。

相适应的区域,既要合理开发利用水资源,又要充分保护水环境。针对生产力发展与水资源条件不相适应的地区,坚决调整、优化产业结构,减轻水生态环境的负担力。调整产业结构,优化产业结构,就要求注重技术创新。

新型的工业化产业应当放弃传统高耗能、高排放的生产技术,要不断进行技术创新,要积极借鉴、学习新的产业技能和技术知识,同时,要鼓励建设各类大型生态工业园以促进新型工业化发展。在大力发展工业的同时,不能够忽视生态环境保护。应将每一个工业园视为一个小生态圈,在每一个小生态圈内提倡绿色发展,只有每一个小生态圈做到绿色发展,跨区域大生态圈才能做到绿色、可持续发展。

现如今,我国工业产业得到长足发展,但是生态环境日益恶化,水资源过度开发和利用,水污染问题日益严重。如果各区域只重视经济发展,将坚持GDP 的快速增长作为首要目标,过度、无节制地开发高能耗的第二产业,必然会造成竭泽而渔的状态,加剧水污染。从长远来看,其经济发展会更加艰难。可持续发展的道路是改变传统发展模式的必经之路,可持续发展的道路要求尊重自然界的客观规律,坚持以人为本的原则,要求人与自然和谐相处,努力协调好环境、人口和社会经济发展之间的关系与矛盾。为了更好地推进跨区域生态环境共建,就要秉持"绿水青山就是金山银山"的发展思路,发展绿色经济,努力建设环境友好型社会,推动人与自然的和谐共生。贯彻绿色发展理念,推动我国绿色经济的发展主要是需要从培植绿色文化、加快推进绿色生产方式和践行绿色生活方式三方面着手。

首先,培植绿色文化,文化作为一种意识形态对人们的行为往往有着潜移默化的影响。培植绿色文化就是要将绿色发展的理念融入到人们的世界观、人生观和价值观中去,使得全体社会成员自觉地认同绿色文化,只有全体社会成员自觉地认同了绿色发展文化,才会积极践行绿色生活,积极转变落后的、高污染的、高能耗的生产与生活方式。培植绿色文化需要从绿色教育和绿色宣传两处着手。就绿色教育而言,教育是教育者将知识和理念传输给受教育者的过程,通过学校教育、社会教育的方式可以让全体社会成员认识到贯彻绿色发展理念、保护生态环境的重要性,并增强受教育者对绿色发展的认同,因此要开展丰富多样的教育方式使得社会公众在日常生活中自觉地践行绿色文化。就绿色宣传而言,需要发动行业组织、社区团队以及各级地方政府等多种社会主体积极组织丰富多样的绿色宣传活动,让绿色文化进校园、进社区、进企业、进政府,发出践行绿色发展理念的最强音,夯实全社会对绿色发展的共识。

其次,鼓励企业和社会公众进行绿色生产,提供绿色产品。绿色生产是对传统高能耗、高污染生产方式的突破。企业是市场经济的主体,更是推动经济发展转型的主力军,因此,要积极鼓励企业进行绿色生产,淘汰落后产能,在生产端持续地提供绿色产品。但是企业的生产行为往往是以抢占市场份额、追逐市场利润为目的,大多数企业不会自动和自愿地进行绿色生产,因此各级政府需要从激励和规制两方面着手,推动企业积极进行绿色生产。政府激励主要是指政府通过财政补贴、税收减免、奖金奖励等多种经济激励的方式来鼓励企业淘汰落后产能,进行科技创新,进行绿色生产。政府规制则是指政府通过行政手段和法律手段对企业在生产全过程中的污染排放进行制裁,以此来规制企业的生产行为,刺激企业进行转型升级,淘汰落后产能,进行绿色生产。

最后,鼓励社会大众进行绿色化的生活方式,绿色发展理念一方面要落实到企业的绿色生产上,另一方面还需要鼓励社会公众践行绿色生活方式。绿色生活方式是指社会公众在日常生活中保持环境友好型的生活习惯以及践行环境友好型的生活方式。在社会公众的绿色生活方式中绿色消费尤为重要,因此鼓励社会公众践行绿色生活方式,特别是绿色消费方式,不仅有助于环境友好型社会的建设,还可以通过社会公众的绿色消费来繁荣绿色市场,从需求端来刺激企业进行绿色生产。总而言之,绿色文化引领绿色生产和绿色生活,绿色生产和绿色生活是贯彻绿色发展理念的抓手,二者如鸟之两翼、车之双轮,不断地推动绿色发展理念的落实。

二、学习强国,始终坚持以人为本

　　跨区域生态环境共建离不开社会公众这一主力军。社会组织以及社会中的广大群众始终保持着高昂的热情,参与到跨区域生态环境共建。因此,要坚持以人为本的理念,培养人民群众的创新精神和主体意识,提升社会公众的首创精神和创新意识。我国中东部地区高校和科研机构云集,占据了较大的人才优势和高校储备量,应当发挥该区域的人才等方面的优势:大力培养人才、利用优惠政策留住人才,为人才提供发展空间和机会,只有走"科技兴区"之路,注重教育,才能更好地构建跨区域生态环境共建机制,在人才培养方面应该积极响应国家建设学习型强国的号召,需要从以下三点着手:第一,继续加强对中小学生的义务教育,最大限度地保证中小学生的就学率,降低中小学生的辍学率。第二,重视职业规划培训,提升从业人员的专业技能,提升从业人员的基本素质。第三,为人才发展提供良好的发展空间和发展机会,搭建展示平台。注重开放和交流,积极开展多方面的国际交流,吸纳外资和优秀人才,坚持人力资源"人尽其才、物尽其用"的发展原则,争取在留住现有人才的基础上,通过人才引进政策以及优惠政策等,不断完善教育环境,提升教育质量,吸引优秀人才加入,以实现科教实力带动社会整体实力上升的目标。

三、统筹规划,提高公共资源利用效率

　　生态环境属于公共资源,其保护工作也具有强烈的公共属性,具有投入大、收益低、周期长、见效慢的特点。为了保证区域生态环境要素投入,应当发挥好政府与市场两方面的作用,发挥政府在区域生态环境要素投入中的宏观调控作用,发挥市场在要素分配以及优化方面的决定性作用。因此,必须以政府这只看得见的手为主导力量,政府通过定目标、列举措、严考核、促长效的宏观调控手段,在全社会中形成水生态环境保护的合力。同时,通过提供公益服务、打造生态旅游、推广绿色标签等举措,让市场在生态保护中发挥其应有的

经济价值。跨区域生态环境共建机制的构建是在社会主义市场经济这一大的时代背景之下,无论在何时,都需要充分发挥市场在资源配置中的决定性作用。产业生态化、生态城市及生态园区的布局需要政府的政策指引和区域规划,但其主要执行者仍然是企业,并且主要依托于市场。

目前,世界各国环境保护意识逐渐加强,绿色发展已经成为各国发展的必经之路。绿色产品也成为最畅销的产品之一。企业生产的产品是否达到生态及绿色的国际相关标准,已经成为产品能否进入市场的重要衡量标尺。但是,部分企业没有意识到绿色生产的重要性,生产出的产品往往达不到国际相关标准,进入国际市场屡屡碰壁后,企业却不愿从生产技术的方面着手解决问题,仍然运用传统生产技术生产劣质产品。为了解决上述问题,政府必须发挥统筹领导的作用,通过制定相关政策、指导性文件以及扶持政策,转变企业根深蒂固的传统思想观念,敦促企业树立生态创业、绿色发展的观念。例如,地方政府可以联合当地企业,邀请专家、学者等共同研讨关于管理方式和技术升级的策略,提出具有实际效应的管理理念,可以提升生产技术,促进企业生产结构的优化与转型。此外,地方政府可以出台相应扶持政策,指导各企业建立绿色的产业生态园,还可以尝试借助经济杠杆和财政税收等经济手段,对排污量达标的企业进行奖励,对排污量超标的企业给予严厉的惩罚,做到奖罚分明。将企业工业生产与观光旅游等进行有机结合,为企业带来收益的同时,也树立了生态经济效益型企业形象。只有这样才能够激发越来越多的企业实施绿色发展道路,推进跨区域走好生态绿色产业发展道路。

建立完善的生态环境治理系统,需要政府和市场的共同参与。首先,政府应当扮演好"掌舵人"的角色,统筹规划长江经济共建机制的构建,为区域的发展指明正确方向。其次,市场应积极发挥其协调作用,在中央的指导下,逐步淘汰重污染的企业和工厂,健全健康的绿色发展体系。最后,政府要积极发挥宏观调控作用,明确企业的奖惩制度,通过确立奖惩标准作为企业准入门槛。可使用树立优秀典范的形式宣扬绿色发展的理念,通过市场和政府的密切配合,为跨区域生态环境共建提供一个有序化、法治化的环境。

四、协同合作,齐心打造共赢局面

我国各地区生态环境情况差异较大,各省市对生态环境的资金、技术、人力等方面的投入也存在着较大的差距。推进跨区域生态环境共建机制的构建是各省市协同合作的结果,各省市必须坚持在党中央的统一部署下,打破各自的"一亩三分地"。① 摆脱旧的传统思想观念的约束,充分发挥各自的优势,展开紧密合作。在生态环境评估方面,应当建立标准化、全面化的生态环境承载力的评估机制和方法,将评估结果作为区域内部生态环境治理和生态文明建设的行动指南和重要依据;除此以外,还应该不断健全及完善现有的生态补偿机制,进一步提升生态区的转移制度力度,规范生态区内资金使用的方向、用途和制度,保证有限的资金更合理地用于环境保护和提升公共服务质量等方面,从而更好地发挥生态补偿制度的经济和生态效益。另外,应该积极地探索东部向中西部援助的措施,经济发达地区、生态环境承载力较好的地区应该对经济不发达地区、生态环境承载力较差的地区采取政策倾斜式的支持与援助。

第四节 "共建共治"的机制分析

在同一区域范围内,流域内的所有自然要素之间的联系非常密切,尤其是上下游间的有效衔接。例如长江经济带的 11 个省市能划分为好几个行政区域。尤其是在城市化、工业化以及市场化的重压下,很多地方为了追求经济利益,在区域治理中都是独立的竞争主体。本节内容围绕"共建共治"模式构建出以下几种机制。

---

① 叶堂林:《生态环境共建共享的国际经验》,《人民论坛》2015 年第 6 期。

一、竞争机制

由于江河流域水污染治理的外部性,一般情况下,作为"理性人"的地方政府都在等待其他地方政府进行水污染治理之后,再来分一杯羹。这种行为势必会造成集体的非理性。如果上下游的地方政府都不理会环境污染的问题,就代表着流域内的水污染成为"囚徒困境"。假如不进行制约,这种非合作恶性竞争会一直延续下去,江河的生态污染、环境问题也将越来越严重。因此,在很多时候,流域治理的诉求不能很好地解决,建立科学合理的竞争制度刻不容缓。

(一) 建立比较机制

为防止地方政府不作为,建立一个有政府参与的完善的市场经济体制需要一定的过程。因此在这一长远目标实现之前,可以通过建立地方政府间的标杆比较机制来维系地方政府间的适度竞争关系。实际上,地方政府之间的比较一直存在,但这种比较更多地集中在某一级行政区域内的各政府间,比较的内容多以经济指标为主,且这种比较暂未引起人们足够的重视。地方政府竞争机制之间的完美协调应该包括标杆比较的内容和标准,制定地方政府行政效率比较标准,并且有规律地对地方政府的效能、廉洁情况等进行考核。对区域政府的评估结果不仅要进行比较和排名,而且要对不能达到标准的地方政府进行处罚,甚至地方政府也可以将其作为是否参与区域合作的标准之一。地方政府之间的标杆比较结果应该是公开透明的,这样即使公民和组织没有在辖区内自由流动的权利,这些结果的公开也足以给地方政府造成压力。

应该要辨析清楚的是,地方政府之间的竞争并非是地方政府合作的对立面,政府间的竞争基于地方政府间的合作,是合作之上的竞争,甚至可以说竞争本身就是合作的组成部分。因此,将地方政府间的竞争完全从地方政府间合作中抽离出来是不可取的。但是,这并不意味着地方政府之间的竞争是合作的附属品。恰恰相反,由于地方政府之间始终存在利益关系,所以地方政府间的竞争才是永恒的主题,合作并不能消除竞争的影响。

(二) 健全评估体系

政府的目标价值本身存在着多样性,构建政府绩效评估价值和目标的同时,也需要分析绩效评估过程和效应,而不只是针对其行为的有效性进行评估。要分析其行为的正当性,不只是要评估行为的经济后果,同时还要评价其行为对政治、文化等多个方面的影响。尤其是关于社会的公平性和公正性的影响,要对其效率进行评价,还要关注其未来发展情况,如是否和谐与协调。要建立跨区域的政府评估体系,不仅要关注其经济指标,同时还要把社会指标、生态指标或者是环境指标作为具体的评价对象;不仅要关注投入了多少,同时也要分析取得的产出是多少,了解其具体行为和过程,关注其具体效果;不仅要了解效率,同时也要关注服务的满意度等相关问题,以建立注重效果和公众满意度的全新绩效评估制度为中心。

唯 GDP 论英雄的时代已经成为过去。在通过经济实现新生态发展的过程中,需要全面考察政府的政绩观。这就需要党中央和国务院要把生态文明建设作为官员绩效考核指标,也就是把资源消耗、环境损害、生态效益等指标纳入到政府经济和社会发展的综合评价体系中,大幅增加生态文明建设和考核的指标,在保证生态文明建设主体功能的同时,倒逼政府官员不得把经济指标作为唯一对其政绩进行判断的标准。各级党委和政府必须要建立起差异化的综合政绩考核制度,也就是要结合不同的区域经济主体功能定位,对官员的绩效考核指标体系进行差异化设计。

(三) 解决责任归属

除要完善政府绩效评估价值体系外,还要贯彻落实行政问责制度。2007年,太湖流域的蓝藻爆发事件以及水质持续恶化问题催生出了"河长制"的全面诞生。① "河长制"是指由各级党政主要负责人担任当地的"河长",负责对辖区内部的河水污染进行治理,并对相关人员就环境保护问题进行问责。"河长制"的设立明显改善了江苏无锡太湖流域的水生态环境,值得借鉴。"河长制"源于 2007 年江苏无锡市为应对流域水污染问题而印发的文件《无锡市河(湖、库、荡、氿)断面水质控制目标及考核办法(试行)》。② 随后,其他省市相继效仿,建立"河长制"以管理流域水污染问题。2016 年 12 月,中共中央办公厅、国务院办公厅印发了《关于全面推行"河长制"的意见》,并发出通知,要求各地区各部门结合实际认真贯彻落实。③

流域水污染问题的责任归属是多部门协同的关键难题,"河长制"的优越之处在于从制度上规定了流域水污染问题的责任归属,解决了水污染治理的激励问题。作为一项流域水环境治理的具体制度安排,当下制度意义上的"河长制"是指由当地各级党政主要负责人担任辖区内河流(湖泊、水库等)的"河长"(亦称"湖长""库长"等),负责辖区内河流(湖泊、水库等)的污染治理与水质保护。④ 一方面,"河长制"能够在一定程度上实现流域水污染治理的资源整合,担任"河长"的多为当地党政干部主要负责人,能够整合水污染治理中相关职能部门的资源,协调中央政府、地方政府以及不同部门间的利益冲突,实现较为高效的水污染治理;另一方面,"河长制"有助于降低政府规制中权力与利益之间产生关联的风险,在该制度下,"河长"的薪资待遇、晋升评优与流域水污染的治理成效挂钩,因而政府的水环境规制践行力度较大,也更容易出现治理成果。"河长制"的全面推行对落实各个流域水污染治理的责任

---

① 罗志高、杨继瑞:《流域生态环境生态与经济"共建—共治—共享"的协调发展国际经验及其镜鉴》,《重庆理工大学学报(社会科学版)》2019 年第 33 期。

② 姚晓丽:《河长制推行中法律问题探讨》,《四川环境》2019 年第 38 期。

③ 曹新富、周建国:《河长制促进流域良治:何以可能与何以可为》,《江海学刊》2019 年第 6 期。

④ 史玉成:《流域水环境治理"河长制"模式的规范建构——基于法律和政治系统的双重视角》,《现代法学》2018 年第 40 期。

归属、形成水污染防治的有效激励、实现更为高效的水污染治理行为具有重要意义。

明确的责任机制就是要求地方政府对于流域内的污染状况有全面的了解,在此基础上,结合各地方政府的实际情况,综合考虑各参与治理的地方政府的治理能力,合理地分配跨区域治理的责任,避免治理的"成本—收益"失衡或"公地悲剧"的再次发生。建立官员的任期生态治理责任制,其相关内容可以包括三个方面:一是编制《区域自然资源资产负债表》,对领导干部进行自然资源资产和环境离任审计。二是要对区域节能减排设置问责和考核制度:对不作为的行政官员,及时进行谈话;对作出错误决策的官员,要严肃处理和进行问责,追究有关人员的责任;对履职不力、监管不严的官员,依法对其监管责任进行检查。三是实行终身问责制,即对违反政府提出的科学发展观、对资源环境造成大幅度破坏的现象进行记录,并提出终身问责制,不再对其委以重任。这三个方面相辅相成,构成一个整体,并构成官员任期责任制的全部内容。其本质就是对跨区域范围内的公共权力进行监督,确保各地方政府在其位谋其政,用权受监督、违法受追究、侵权要赔偿。

二、补偿机制

利益协调是生态环境协同共治的关键。生态环境的生态与经济"共商共筹—共建共治—共赢共享"的协调发展工作,本质上就是要针对官员的冲突进行协调的过程。所以,实行生态补偿是实现跨区域生态环境"共商共筹—共建共治—共赢共享"机制协调发展中的最为关键的一步。加快构建跨区域的生态补偿机制,对于理顺大江大河上中下游各省市之间的生态关系,进而实现经济社会的全面协调可持续发展意义重大。

目前,跨区域生态补偿过程中面临的重要问题,是未能建立起对整体关系进行有效协调的利益机制,形成一个上下游区域联动、共同保护的格局。要实现跨区域的生态补偿,激励流域范围内的生态环境保护,需先在以下四个基本方面进行努力。

（一）产业革新、多元发展

跨区域环境污染的重要来源之一是农业污染，根据调查统计，跨区域的农业生产现代化程度较低，在很多城镇周边和农村仍然是采用传统的落后的农村生产方式，大量的农业污染源直接排放到长江干流及其支流，导致了跨区域整体生态赤字严重。因此，要想保护好跨区域的生态环境，必须要实现农业生产的绿色化和可持续化，要升级并优化产业结构，提高劳动生产效率。逐步淘汰污染重、耗能高的重金属产业，大力研发低耗能、轻污染的绿色环保型产业。在发展经济的同时，始终坚持把生态环境保护放在首要位置，大力发展生态产业。

在跨区域环境治理过程中，治理始终是一种手段，必须以发展的眼光来看待跨区域环境治理的问题，挖掘影响环境问题的根源，以创新的方法来代替这种影响因素，实现环境问题的源头治理。基于发展性理论的观点，要想切实把握环境治理的本质，保证跨区域发展与环境治理的协调并进，就必须大力推进产业的优化升级，实现由高耗能、高污染经济驱动向清洁型、创新型经济驱动的转变，必须主导产业革新，积极引导经济发展模式的转型，不遗余力地构建跨区域经济增长与环境保护协调发展的新格局。总而言之，这种理想目标取决于控制与优化举措的并驾齐驱。在控制层面，必须努力寻求清洁替代能源，逐步调整能源消费结构，扭转传统煤炭消费居高不下的局面。例如，长江经济带地域广袤、资源丰富，应该充分利用长江天然优势积极发展风能、太阳能、水能与生物质能，提高清洁能源比重，控制工业"三废"排放的外部效应，及时地跳出"先污染环境发展经济，再牺牲经济保护环境"的怪圈，真正地做到从环境污染的源头治理。在优化层面，必须大力发展新兴产业，促进产业结构优化升级，促进经济发展转型。长江经济带具有较好的经济基础与文化底蕴，应该牢牢把握优势，大力支持第三产业的发展，加快推进高新、科技、旅游与教育等经济的多元发展,切实改善经济发展水平,着实提高经济发展质量与效益,实现统筹经济增长与环境保护的双重目标。

（二）完善体系、有效整改

通过建立流域碳交易市场,运用"看不见的手"创新宏观调控新思路,进行跨流域生态补偿,缓解现有的生态资源使用者与攻击者错位的偏差,在充分探索生物多样性的基础上构建生态补偿机制。在继承现有的环境法的原则上,完善流域生态补偿的相关法律条文,有针对性地进行有效整改。

要尽快制定流域生态补偿的相关法律法规,健全生态补偿体系。通过明确生态补偿的种类、标准、范围和管理体制,实现跨区域跨省域生态补偿制度化和规范化;要加强中央政府对跨省域生态补偿工作的监督管理,对生态补偿资金的使用效果进行全程严格监督。要加强同级人大对地方政府的监督,将"生态补偿政策是否落实到位"纳入人大对地方政府工作的审议;进一步改进对地方政府的政绩考核方式,在对政府官员考核中,增加对"出境断面水质达标率""生态补偿资金补偿效果"等的考核,着力引导长江流域上下游地区走向合作共赢。

（三）利益共享、协同治理

目前,因为流域内部各省市间横向转移支付的缺失,跨区域生态补偿主要围绕着中央政府提供的纵向转移支付,有可能降低了资源利用效率,造成社会不公平。后文借助假设前提,构建了一个简单的横向生态补偿模型,并提取实际数据进行研究,为经济带生态补偿提供有力的数据参考。

将流域生态服务功能系统的上游省份视为主体 A,相对下游省份视为主体 B,上游 A 对环保产品 x 产生消耗。上游 A 对环保产品 x 的损耗不仅影响自身的效用水平,而且也会影响下游 B 的效用水平,所以主体 A、B 都关注 A 对 x 产品的消耗。然后,确定上游主体 A 和相对下游主体 B 的效用函数,并

将 GDP 作为效用函数指标。A 和 B 的效用函数分别是:

$$UA(x) = GDPA(x) = f(x)$$

$$UB(x) = GDPB(x) = g(x)$$

A 和 B 的边际效用函数具体可以写作:

$$MUA = \partial GDPA / \partial x = f'(x)$$

$$MUB = \partial GDPB / \partial x = g'(x)$$

对上式进行分析,结合 A 和 B 的边际效用分别确定环保产品 x 的最优投入量。如果上游主体 A 追求自身的效用最大化 maxUA(x),就必须满足:

$$MUA = f'(x) = 0$$

这时,确定环保最优投入量记为 x_A。如果使上游主体 A 对相对下游主体 B 产生的外部性内部化,那么新的行为主体追求上下游整体效用的最大化 maxUA(x)+UB(x),要求流域整体的边际效用为 0,所以:

$$MUA + MUB = f'(x) + g'(x) = 0$$

而这时,确定的环保最优投入量 x,能使上下游流域整体达到最大效用。

本书对 2010—2018 年长江流域生态服务功能系统上游地区重庆市环境保护投入及相对下游地区湖北省的 GDP 数据进行比较,提取上游重庆市 GDP_A 和其下游湖北省 GDP_B 与关于重庆市生态环境保护投入 x 的函数关系(如表 7-1 所示)。

表 7-1　长江经济带上下游省份的环保投入与 GDP

年份	重庆市生态环境 保护投入(万元)	重庆市 GDP_A (亿元)	湖北省 GDP_B (亿元)
2010	69.01	7926	15968
2011	100.81	10011	19632
2012	102.20	11410	22250
2013	105.51	12783	24792

续表

年份	重庆市生态环境保护投入（万元）	重庆市 GDP_A（亿元）	湖北省 GDP_B（亿元）
2014	114.54	14263	27379
2015	136.20	15717	29550
2016	140.73	17741	32665
2017	154.95	19425	35478
2018	160.19	21589	42022

将数据进行比对后，拟合二次函数关系如下：

$GDP_A = f(x) = -0.51x^2 + 25.32x - 3.59 \times 10^3 (R^2 = 0.939)$

$GDP_B = g(x) = -0.58x^2 + 107.57x - 5.49 \times 10^3 (R^2 = 0.929)$

结合上述两个公式，分别对 x 求导数，然后得到上游地区重庆和相对下游地区湖北这两个地区有关环保投入量的边际净价值，得到：

$GDP'_A = f'(x) = -1.02x + 25.32$

$GDP'_B = g'(x) = -1.16x + 107.57$

令 $GDP'_A = 0$，得到重庆市的最优生态环境保护投入量为 24.82 亿元，令 $GDP'_A + GDP'_B = 0$，得到对于整体外部性最优的重庆市生态环境保护投入量为 60.96 亿元。即如果上游重庆市没有获得相应补贴，重庆市会将其生态环境保护投入定在 24.82 亿元，但最优水平其实是 60.96 亿元。所以包括湖北省在内的其他中下游地区，可在一定范围内对重庆市进行生态补偿，但补偿总额不应高于 36.76 亿元。

通过构建生态环境横向转移支付补偿模型，可依照年度环保投入和上年度 GDP 数据，初步计算出相邻上下游地区的补偿金额。但具体的补偿金额，应当综合考虑到环保投入的效率、流域治理成效和政策补偿等相关因素。需要说明的是，该补偿函数模型是基于年度支出的拟合关系构建的，与实际情况存在一定差异。

总的来说,流域生态横向转移支付补偿机制的建立有利于平衡长江流域内各方利益诉求、规范以及约束行为者的行为、化解流域内生态环境保护工作与经济发展的矛盾,在推动流域生态环境治理工程中,能够发挥举足轻重的作用。当然,完善生态补偿机制,还需要法律作为法治保障,必须进一步完善和修订现行与资源、环境保护相关的法律法规,构建高效的横向转移支付与纵向转移支付相结合的转移支付体系,为流域内生态补偿提供必要的法律制度保障。

（四）明晰职权、共同担责

长江流域生态补偿涉及九省二市的地方政府、企业、社会等多元行为主体的利益,基于各方利益诉求多元化特征,仅靠省市间协商难度较大,需要在中央的引导下,建立国家、省、市、县四级联动综合协商机制,就省际补偿以及推进省内实施落实开展协商议定,制定出令各方满意的生态补偿政策方案,增强多元行为主体共担责任的意愿。长江流域生态补偿协同共担机制的有效运作,有赖于多元行为主体的协同参与和责任共担,更仰赖于一系列基础性制度安排。制度安排既包括约束参与主体行为的正式制度和规则,又包括激发主体积极性的非正式制度安排。

多元行为主体权责明晰是生态补偿协同共担机制得以有效运行的关键。运用正式制度规范长江流域生态补偿多元行为主体的职责权限,明确协同共担范围,保证权力运行的合法性和规范性,能够有效降低自利性带来的负面影响,提升生态补偿的治理成效。因此,政府应当制定并完善流域生态补偿的相关法规制度,合理配置多元行为主体参与生态补偿的职责权限,确定生态补偿标准以精确衡量补偿成效,完善问责机制和监督机制以实现长江流域生态补偿保障的长效运作。

非正式制度发挥作用的关键在于在社会中形成社会成员共同认可的生态

意识形态和生态文化。非正式制度作为一种内在约束力,能够使多元行为主体在生态补偿问题上达成共识,平衡公共利益与个人利益,化解差异化的利益冲突。因此,基于共识基础上的生态补偿价值观有助于多元主体间的相互理解,进而引导合作,为协同共担奠定基础。

三、保障机制

(一)"互联网+"信息共享平台

信息不对称是导致合作低效的重要原因,有效信息的获取是流域各政府展开合作的前提条件,行为主体间能够充分地交流有效的信息,这样有利于获取对方的支持、理解与信任。信息不对称这一现象最早是由迈克尔·斯彭斯、约瑟夫·斯蒂格利茨和乔治·阿克尔洛夫这三位美国经济学家于20世纪70年代提出的。信息不对称是指在市场经济活动中,市场主体在获取相关信息的数量与程度等方面存在差异;拥有较多信息资源者常常占据比较有利的地位;而拥有较少信息资源者,常常占据不利的地位。信息不对称现象在某种程度上为研究市场经济活动提供了一个全新视角。在现实案例中,信息不对称现象无处不在,它不仅存在于市场经济活动中,还存在于各类社会活动中,跨流域环境治理活动也避免不了存在着信息不对称。由于信息不对称,政府对本行政区域内的环境治理相关信息比较熟悉,而其他地方政府对该区域内的相关信息掌握较少,这就使得政府很难在区域环境治理中寻找到合适的合作伙伴。此外,各地方政府只能根据自身已掌握的仅有的信息作出决策,由于信息的不全面性,导致无法从整体环境生态与经济"共建—共治—共享"的协调发展的角度来考虑资源配置问题。这不仅造成资源的浪费,还使跨区域内各级政府无法实现利益共享。因此,必须搭建信息共享平台,实现信息公开。

推进信息网络的建设能够解决信息不对称问题,保障多元行为主体的知情权。首先,建立高效的信息机制才能促进信息公开,推进信息网络建设。信息机制主要由三个部分组成：一是信息支撑机制，其主要功能是收集、统计、分析区域环境信息，是信息公开的重要基础；二是信息整合机制，其主要功能是构建区域环境治理公共服务的项目，是信息公开的重要保障；三是信息服务机制，其主要功能是公开公布区域环境政策法规、办事信息和动态信息。这三个方面中任何一方面的信息不对称或者信息封闭，都不利于有效地搭建信息共享平台。其次，健全政务公开系统。政府的各部门应该适时且准确地公布涉及流域水环境治理及环境保护的相关信息，利用信息网络技术推行政务公开化、信息化。利用"互联网+"信息技术，搭建信息共享平台，拓宽信息交流渠道，在整合现有数据的基础上，实现流域信息的数据共享。基于现代信息技术的信息共享，将数字治理引入环境治理中。在治理过程中，应建立环境治理的信息共享平台，如跨区域内的环境保护及治理数据信息、水环境建设信息等。同时，要在这一平台中建立信息动态更新机制，使多元行为主体能够及时搜索到有关跨区域环境治理的信息，能够为成员政府之间的有效沟通提供坚实的物质基础，以便采取符合现实的行动措施，为利益分配创造极为有利的条件。

（二）设立流域公共事务协调机构

在任何一个体制内，都需要一个统一且高效的协调机构，该协调机构具有权威性，拥有充足的权力执行协调和行政控制工作，并且敦促各方在治理环境事务上进行合作。在跨区域环境治理领域，更加需要一个高效且统一的协调机构，流域内公共事务的跨区域特性要求设立一个协调机构，由此，负责综合协调管理职责的长江水利委员会成立了。该委员会拥有协调各级政府和部门的权力，以"强化水资源统一管理"。作为水利部的派出机构的长江水利委员会，属于事业单位而非国家行政机关，由于不具备权威性，长江水利委员会在面对级别等同于自己甚至高于自己的行政机关时，无法有效地发挥其统一管理职能。此外，长江水利委员会在与地方政府进行沟通时，信息在纵向层级的逐级传递过程中,出现信息失真、扭曲等现象,信息的不对称传递使长江水利委员会在与地方合作过程中难以获得流域管理的实际话语权。

长江流域内的各地方政府在治理环境问题时,难以合作治污,主要是由于难以平衡各地方政府的利益,缺乏相应的利益协调机制,没有建立统一的流域协调机构,因而各地区出于"经济人"属性的考虑,均从自身利益出发。在区域治理环境中各管各,将自身区域内利益最大化为终极目标,这样忽视整体利益的做法导致治理效果达不到预期效果。因此,在地方政府的合作过程中,必须建立一个统一的流域协调机构,才能有效地协调地方政府之间的矛盾,均衡各方利益,达到合作共赢的目标。

由于流域具有整体性的特征,在多元行为主体展开合作治理的过程中,应当解决好因行政区划及部门分割带来的碎片化管理问题,有效调和多元行为主体的利益诉求,从而实现流域内的集体行动。为了实现流域利益分配的公平和有效,应当设立一个专业独立的流域管理部门,统筹流域范围内的管理工作。赋予流域管理部门管理权限,使其具备权威性,提高流域管理的效率。因此,我国可实行垂直管理的流域管理机制,以水利部门为核心,以流域管理局为具体部门,实现垂直的领导管理。作为实体管理部门,拥有立法、监督与处罚的权力,通过计划与监控来开展相关的工作。

(三) 建立区域环境治理法律体系

健全的法律制度是促进跨区域生态环境治理机制的法治保障,也是流域协调机构实施统一动作的法治保障。必须建立完备的区域环境治理法律体系,使区域环境治理不再法律空白化。[①] 从国家层面,收集相关环境治理领域、司法领域和政策领域的专家学者来完善区域环境治理的法律体系,坚持与时俱进,这样,制定的政策文本和法律体系才具有专业性、可操作性以及时代

---

① 　王铮等:《关于"区域管理"的再讨论》,《经济地理》2019 年第 39 期。

性。健全跨区域河流利益共享的法律体系,运用法律制度保障流域上下游地区的生存权和发展权,明确规定各地方政府拥有的权力和应承担的义务。国家应使规章条文制度化,也就是出台相应的法律法规来支持合作的重点项目,用法律法规来约束多元行为者的行为。

同时,软约束氛围的营造也是非常有必要的,在协作治理中,多元主体内部的思想观念认同比外部硬约束的力量更强。因此,地方政府建立集成网络的共同文化,花费时间、精力向社会各界宣传合作共赢的理念,增强团队行动的凝聚力量,重塑合作文化精神,让社会各界了解合作共赢带来的诸多好处,加深社会各界对合作共赢的认识,唤醒社会各界的合作意识,进而强化社会各界对环境治理的思想观念认同。在当今时代,社会诚信理念不断深入人心,成为每一位社会成员的内化行为标准。作为合作联盟的一员,更应该自觉履行协议,自觉约束自身行为。

完善的法律法规体系是有效实现环境治理的重要法制保障,能够对多元行为主体的行为、多元行为主体整体活动的有序开展起到一定的规范、约束作用,为集体行为保驾护航。因此,我们应该尽快建立健全完备的区域环境治理法律体系,明确界定地方政府在环境治理中的责任和义务,将区域环境治理中各级地方政府的合作行为上升到法律高度,促使地方政府在区域环境协作治理中走向法治化和规范化,使区域环境治理协作做到真正意义上的有章可循、有法可依。

(四) 完善区域环境治理利益分配制度

财政管理政策对于实现联盟一体化是非常有必要的,可以有效实现财政转移。在对利益分配模型进行计算、调整之后,我们可以看出,参与合作联盟的利益主体之间,利益分配有时会存在一个大的转变,即有的地区利益会增加,有的地区利益会减少。那么,如何平衡好区域间、地区间的利益分配,成为一个亟待解决的问题。建立专款专项的治理基金,用于本河流的治理工作。

治理基金的来源可以是中央财政的拨款,例如从环境税中拨款,也可以是合作联盟中各地方政府交纳的资源,还可以是社会资金。PPP 模式即政府和社会资本合作,是公共基础设施中的一种项目运作模式。① 可运用 PPP 模式向社会筹集资金。治理基金可以由统一的流域协调机构共同管理,也可以由政府授权的专业性基金管理公司管理。利益补偿应当解除社会力量,根据长江流域内各地区的发展状况,进一步完善并拓宽利益补偿模式,改变资金完全依靠政府财政担负的局面,同时完善长江流域水资源综合治理资金分摊机制,实现跨区域的可持续发展。

(五) 形成包容性共同治理的美好愿景

利益最重要的意义在于全部过程的参与,多元行为主体利益共享本质上体现在多元主体参与跨区域环境治理的全部过程。也就是说,社会中不同领域内的行为主体,根据各自的领域、角色和需求,为实现区域环境公共利益的最大化,共同参与到跨区域环境治理过程中。不仅共同使用公共权力,同时承担相应的责任;不仅扮演着不同的角色,提出不同的利益诉求,也发挥各自独特的功能,这些构成了利益共享的主旨大意。就长江经济带而言,长江经济带流域公共治理行为逻辑是"基于公共利益形成的包容性共同体治理逻辑"②。在这一行动逻辑下,多元治理主体更多依靠流域内成员间的合作愿景,通过对话、协商、谈判、合作、"共建共治"等方式进行集体行动,切实捍卫社会公众的公共利益。

各个地方政府在协调各自利益关系的过程中出现矛盾时,跨区域非政府公共组织应当发挥自身的优势,扮演协调者的角色,加强各个地方政府之间的

---

① 王文斌:《推进政府和社会资本合作模式的思路与对策研究》,《中外企业家》2020 年第 16 期。

② 夏锦文:《"共建共治"共享的社会治理格局:理论构建与实践探索》,《江苏社会科学》2018 年第 3 期。

联系与沟通,保证合作的顺利进行。非政府组织不仅可以缓解利益主体间的冲突,也可以担负起相关的投资与建设等项目任务。但是,究其原因,在"共建共治"的利益分配过程中,政府的职能占据主导地位,掩盖了非政府组织的功能,压榨了非政府组织的发展空间,从而削弱了非政府组织的协调功能。即使有一些组织能够发挥作用,也必须经过政府授权才得以发挥其效用。因此,在"共建共治"后的利益共享机制的建设中,政府要鼓励非营利环保组织,提供便利的政策条件,为非政府组织的发展壮大积蓄力量,培育其协调作用。例如,大力支持社会公众依法成立的公益性环保组织,并且为公益性环保组织提供参与环境治理的机会和资源。此外,还应设立激励基金,对在跨区域环境治理中作出突出贡献的主体给予物质与精神双重激励,政府可以对积极参与环境治理的企业采取减免税收等倾斜性政策。只有通过不同形式激发社会组织及企业的参与积极性和热情,环境治理中的合作行动才有可能持续下去。

目前,社会公众一直关心水环境的质量问题以及水资源的开发与利用问题,社会公众作为水资源最直接的使用者,有权利更有义务参与到水流域治理过程中。让社会公众积极参与,并及时公开环境信息,及时公示环境规划决策,保证信息与政策的公开透明,这是有效实施流域生态环境治理的前提条件。但是,就我国目前的现状而言,长江流域水资源治理的政策制定、执行和评估反馈等环节都在体制内进行,此外,一些与公众利益紧密相关的水管理事务,社会公众的参与度不高。因此,政府可以采取积极的措施帮助社会公众树立参与意识,培养公众的参与积极性与热情。一方面要信息公开,保障社会公众知情权,例如定期或者不定期地发布涉及长江流域利益补偿的信息,并及时跟进政策实施进展以及目标实现状况。另一方面,要丰富公众参与决策的渠道,给予公众话语权,在利益补偿制度的建立与实施的各个环节,及时征询公众意见,主动接受社会公众的监督,例如开展座谈会、听证会等,及时处理长江流域利益补偿中的纠纷与冲突,并向社会公众公开最终的结果,向社会公众征求意见;通过问卷调研、走访等"接地气"的方式,认真聆听群众意见,将群众意见纳入决策中,也可以利用网络信息技术,广泛且全面地收集公众意见,丰富社会参与渠道。

(六) 强化各利益主体的认同感

高层领导的意识形态直接影响多元行为主体之间的合作效果。可以通过建立联席会议制度和不定期召开的联席会议,使各方能够充分表达自身利益诉求,增强合作愿景,共同探讨合作目标,并制定出各方都能够接受的政策。在合作联盟中,经常举行协商活动,有利于迅速发现合作中的疑难问题,在各方平等协商的基础上,寻求最佳的解决方案。也可以通过行政首长座谈会、学习考察、合作洽谈等形式,拓展合作形式。定期的高层对话,可以加强利益主体间的联系,更加了解彼此,强化利益主体对组织目标的认同感,培养共同愿景,促进合作意愿的形成。

此外,除了那些必须依法保密的决策,其他与公共利益、公众权益息息相关的决策,必须要加大社会公众的参与程度,通过座谈会、听证会等方式,广泛征求意见,增强社会公众的参与。通过社会公众的参与,保障社会公众的知情权和监督权,捍卫社会公众主人翁的地位,及时纠正长江流域生态利益补偿制度实施过程中的偏差,以确保利益补偿机制发挥其时效。

四、治理体系

流域管理在中国有着悠久的历史,积累了丰富的经验。与一般经济活动主要按行政区域管理相比,流域水资源管理的实施主要取决于水资源的自然特性。流域是指地表水的集水区,水资源按流域形成统一体,地表水与地下水相互转化,上下游、干支流、左右岸水量水质相互关联、相互影响。水资源的另一个特点是它的多功能性,水资源可用于灌溉、航运、发电、供水、水产养殖等。因此,只有以流域为单位进行水资源管理,对水资源开发的各项活动进行统一规划、统筹考虑、综合利用,流域水资源的利用和保护才可以扬长避短,最大限度地发挥水资源的经济、社会和环境效益。

（一） 行政管制为主

在我国,直接管制是流域管理主要采用的手段。20 世纪 80 年代,改革开放之后,我国经济开始快速发展。与此同时,环境污染变得日益严重起来,水污染问题开始凸显。因此,中央相关职能部门、流域管理机构和地方政府增加了一项重要的工作内容:水污染防治。谁主导水污染防治? 是以行政单位主导,还是以流域单位主导? 在新《水法》颁布以前并未明确。因此,中央政府、地方政府和流域管理机构按照各自的理解,在各自的职权范围内开展水污染防治工作,是情理之中的事情。最后导致的结局必然就是职责不清,权责不明,"九龙治水",效率低下,水污染问题更加严峻。

1. 新《水法》颁布前的直接管制

1988 年颁布的《水法》当中规定:国家对水资源实行统一管理与分级、分部门管理相结合的制度。国务院水行政主管部门负责全国水资源的统一管理工作。国务院其他相关部门按照国务院规定的职责分工,协同国务院水行政主管部门,负责有关的水资源管理工作。县级以上地方人民政府水行政主管部门和其他部门,按照同级人民政府规定的职责分工,负责有关的水资源管理工作。因此,此时确立的是"统一管理与分级、分部门管理相结合"的水资源管理制度,实质上仍是以区域为单元的水资源管理制度。

行政治理。在中央层级,进一步明确水利部为全国水资源的综合管理部门,行使全国水行政职责;成立由国务院副总理任组长并由有关 11 个部委负责人参加的全国水资源与水土保持工作领导小组(1994 年撤销),负责审核大江大河流域规划和水土保持工作的重要方针、政策和重点防治的重大问题以及处理部门之间有关水资源综合利用方面的重大问题和省际重大水事矛盾;明确国家环保总局行使全国水污染防治的职责;交通部、城市建设部等单位也负有一定的水污染防治责任。[①]　在地方层级,各级地方行政机构在水污染防治岗位和职责安排上实现了与中央相关职能部门的对接。同时,地方水务部门正向一体化方向改革,逐步削减"九龙治水"局面,水资源管理走向"统一"。在各大流域,加紧完成七大流域管理机构的布局,流域管理机构增设水土保持管理部门和流域水资源保护局,增加水污染防治职责,水质保护列入了流域管理范畴。通过"升级""统一"和"增设"步骤,我国逐步建立起水利部、流域机构和地方水行政主管部门分层、分级管理的水行政管理体制。[②]

立法治理。第一,水污染形势严峻。在形势的压力下,已经颁布了三部主要的水法。1984 年颁布的《中华人民共和国水污染防治法》(以下简称《水污染防治法》)为水污染防治提供了法律保障;1988 年颁布的《中华人民共和国水法》(以下简称旧水法)规定,国务院水行政主管部门负责全国水资源的统一管理;1989 年颁布的《中华人民共和国环境保护法》(以下简称《环境保护法》)设立环境保护部门,作为水污染防治的主管部门,负责水污染防治的统一监督管理。第二,立法决定了流域管理机构的法律地位。流域管理机构处于前台:虽然旧水法没有提到流域管理,但在水利部的"三定"计划中,流域组织被指定为水利部的机构;1997 年颁布的《中华人民共和国防洪法》(以下简称《防洪法》)首次明确授权流域管理机构进行防洪管理;1998 年,国务院批准了水利部的"三定"方案,进一步规定,水利部派出常委代表水利部履行流域水行政管理职责。第三,立法确定了我国水资源管理实行统一管理与分级、部门管理相结合的原则。该制度是水污染防治的基础:旧水法规定了水资源管理实行统一管理与分级分区管理相结合的原则;明确水利部是国务院水行政主管部门,负责全国水资源的统一管理;各省、自治区、直辖市明确了水利部门是各级水行政主管部门;建立取水许可证制度;从中央到地方建立水监管体系

---

① 吴志平:《执行新水法创建新型流域管理体制》,《中国水利》2003 年第 10 期。
② 曾庆庆:《基于流域统一管理的地方政府合作研究》,上海交通大学硕士学位论文,环境与资源保护法学系,2012 年。

和水行政执法团队。

2. 新《水法》颁布以后的直接管制

2002 年新修订的《水法》规定：国家对水资源实行流域管理与行政区域管理相结合的管理体制。国务院水行政主管部门负责全国水资源的统一管理和监督工作。国务院水行政主管部门在国家确定的重要江河、湖泊设立的流域管理机构（以下简称流域管理机构），在所管辖的范围内行使法律、行政法规规定的和国务院水行政主管部门授予的水资源管理和监督职责。县级以上地方人民政府水行政主管部门按照规定的权限，负责本行政区域内水资源的统一管理和监督工作。因此，此时确立的是流域管理和行政区域相结合的水资源管理体制。

行政治理。2003 年，人事部批准按照国家公务员制度管理七个流域管理机构的人员，公务员薪酬制度也将实施。这在一定程度上改善了流域管理机构的地位。但与此同时，流域管理机构的公共机构性质制约了其权力的有效行使。

立法治理。一是理顺水资源统一管理的思路。旧水法确立的"统管与分级分区相结合"的内涵不明确，运行困难，水资源综合管理效率低下。20 世纪 90 年代末，由于过度开采和水资源保护不善，水污染状况进一步严重。旧水法的许多规定落后于水管理的现实。统一管理、责任整合已成为必然。2002 年 8 月，全国人民代表大会通过了新《水法》。新《水法》规定，国务院水行政主管部门负责全国水资源的统一管理和监督。水质监测和验证水域污染物承载能力等水质管理职能也已移交给水利部，以加强水资源的统一管理。县级以上地方人民政府水行政主管部门按照规定的权限，负责本行政区域内水资源的统一管理和监督，将水资源局改组为水务局，将原属于城建部的城市给排水职能移交给水务局，使水务局成为城乡防洪、水资源供需平衡和水生态环境保护的统一管理机构。二是建立流域管理与行政区域管理相结合的管理体制。新《水法》规定了国家对水资源实行流域管理和行政区域管理相结合的管理体制,首次明确了流域管理机构在水资源统一管理中的法律地位。我国现行的水资源管理体制是"流域管理与区域管理相结合、分级管理与部门管理相结合"的管理体制,对我国水污染防治起到了积极的推动作用。但是,这一制度已不适应我国水污染防治的现实和我国经济社会发展的需要,其缺陷主要表现在以下几个方面。

第一,水污染防治各自为政,难以沟通和协调。目前,我国水污染防治工作处于分散、缺乏沟通协调的系统模式。中国有许多与水有关的管理部门,包括水利、环保、地矿、城建、农业、林业、电力、交通、土地、卫生、金融、规划、科学研究、气象、海洋等,"九龙治水"必然导致协调困难和管理效率低下,导致我国水资源管理的分散化。现行体制下国务院水资源管理部门及职能如表7-2所示。

表7-2　我国水管部门(国务院部门)及职能一览表

部门	主要职能
水利部	负责地表水管理
国家环保总局	负责水环境保护
地矿部	负责地下水管理
建设部	负责有关城市水资源开发保护建设的管理
农业部	负责有关农业用水的管理
林业部	负责保护流域森林
国家电力总公司	负责水电建设与管理
交通部	负责管理内陆航运
国土资源部	负责水资源工程用地管理
卫生部	负责监测与保护饮用水
财政部	负责批准防洪等各项水资源经费
国家发展和改革委员会	负责批准大型水资源工程项目

续表

部门	主要职能
国家科学技术委员会	负责管理水资源科学研究重大项目
国家气象局	负责防洪抗旱降水预报
国家海洋局	负责河流入海口滩涂管理

第二,行政区域管理与流域管理的矛盾与冲突。长期以来,中国的行政区域机构和流域管理机构承担着水资源管理的任务。除了行政体制中的"九龙治水"外,行政区域机构与流域管理机构之间也存在着冲突和矛盾。在处理跨境水事纠纷时,行政区域机构与行政区域机构、行政区域机构与流域管理机构之间存在诸多矛盾,尚未找到理想的协调模式和机制,导致我国流域水资源管理失控,区域水资源矛盾日益尖锐,水资源纠纷和人员伤亡事件频繁发生。

第三,协商治理机制未能形成。水污染防治涉及多个主体、行政区域管理、流域管理以及中央和地方政府。因此,如果不建立有效的协商治理机制,就不可能控制水污染。

第四,水污染防治机构内部政、事、企不分,管理水平低下。一些水污染防治机构政企不分、设备差、技术粗糙、资金短缺、人员素质低、管理效率低,严重影响了水污染防治工作的开展。

(二) 市场手段为辅

由于长期实施计划经济体制,在水资源管理和水污染防治领域我国主要以行政管制手段为主。但在向市场经济转型的过程中,随着市场经济体制的建立、社会经济环境的变化等因素的影响,我国的环境政策也开始转型,由过去过于单一的"命令—控制"式转向多种环境管理手段并用的方式。

目前,我国正在尝试运用市场手段治理流域水污染问题。但是,市场手段的运用和推广在我国面临很多问题。一方面,"命令—控制"式的行政管制手段历史悠久,影响深远,推行起来更加便捷省力,所以一些地方政府和职能部门仍然习惯运用"命令—控制"式的行政管制手段,行政管制手段在流域管理中仍然占据主导地位。另一方面,虽然我国治理流域水污染也采取了市场手段,而且已经有了很长一段时间的历史,但是由于"命令—控制"式的行政管制手段的运用已形成惯性,市场手段并没有发挥应有的作用。因此,在处理流域水污染问题时,市场手段很少使用,其成本优势也没有得到应有的重视。市场手段的运用对市场环境有很高的要求。市场手段运用成功的关键在于整个市场机制的完善。中国各地区经济发展水平的差异使得中国各地区市场手段的发展水平明显不同,具体实施过程中的情况也不同。

市场化机制可以减轻政府在流域治理中承担的沉重财政负担,优化资源的市场配置,促进流域水环境的全面改善。在流域治理中引入市场化机制,将流域污染的社会成本内化为企业的生产成本,激励企业促进产品优化升级,调整生产结构,从而达到保护环境的目的。我国现有的流域治理市场化机制主要包括:排污收费制度、排污权交易制度、经济处罚责任机制、公私合作机制(PPP 模式)。

(三) 排污收费制度

排污收费制度也称征收排污费制度,它是指排污者按照排放污染物的种类、数量和浓度,根据排污收费标准向环境保护主管部门设立的收费机关缴纳一定的治理污染或恢复环境破坏费用的法律制度。[1]

排污收费制度是我国水污染治理领域提出最早、应用最广泛的市场化手段。排污收费制度的实施经历了三个阶段。

1. 试行阶段:1978 年至 1982 年

1978 年 12 月 31 日,国务院环境保护领导小组起草的《环境保护工作汇

---

[1]　吕凯:《外部因素对企业环保行为的影响及评价研究》,天津大学博士学位论文,管理科学与工程系,2010 年。

报要点》首次提出了中国的排污收费制度。但是,这份文件只是一份工作报告,不是行政规定。因此,排污收费制度只是处于试验阶段。

1979年9月13日,全国人民代表大会常务委员会原则通过的《中华人民共和国环境保护法(试行)》第十八条规定,实行超标收费,即:污染物排放超过国家标准的,按照排放污染物的数量和浓度收取排污费,排污收费制度已被法律认可,但当时中国没有实施排污收费制度。

2. 实施阶段:1982年至1988年

1982年2月5日,国务院批准发布《征收排污费暂行办法》,自当年7月1日起在全国范围内实施。这标志着中国污水收费制度正式建立。1982年实施的排污费规定适用于二氧化硫,对超标的工业污染源(不含电力工业)征收排污费0.04元/公斤。

3. 完善阶段:1988年至今

1988年9月1日,中国开始实施《污染源治理专项资金有偿使用暂行办法》,规定排污费由划拨改为贷款,并改革排污费征收制度。此后,出台了一系列关于排污费使用和管理的政策,使我国排污费制度不断完善。

(四) 排污权交易制度

排放权交易是在污染物排放总量控制的基础上,通过排放许可证的行政管理手段实施的,这是我国最早的环境保护制度之一。

尽管我国早在20世纪80年代就已经开始试行排污许可证制度并在一些地区试点排污权交易,而且在许多官方文件中都提出要推行排污权交易制度,如《国务院关于落实科学发展观加强环境保护的决定》中提出"有条件的地区和单位可实行二氧化硫等排污权交易",但是时至今日,仍然没有出台一部全国性的排污权交易法规。

自20世纪80年代中期,中国的一些城市就开始试行总量控制和排污权交易,涉及的污染物包括大气污染物、水污染物等,并建立了包括排污权交易内容的部门规章和地方性法规。一些排污权交易的试点为中国运用灵活机制控制污染做了重要的尝试。基于这些试点,在政策层面,国家对排污权交易也越来越有信心,推动排污权交易的呼声也越来越高。

我国虽然还没有真正推行排污权交易制度,但经多年试点、研究以及相关必要的制度基础设施准备,我国已具备了全面推广排污权交易制度的基础。由此可见,我国的排污权交易制度还处于探索阶段,尚未形成统一的完善法律制度,但国家立法关于污染物排放总量和污染物排放许可证制度的确立已经为完整地建构我国排污权交易制度奠定了坚实的基础。

(五) 经济处罚责任机制

经济处罚的责任机制是外部性的事后评价或内部化。如果处罚成本大于处理成本,则可以限制非法排污。责任机制的有效实施需要一个完整的司法体系,确保违法者受到惩罚,受害者得到赔偿。其局限性在于管理成本高。处罚是环境保护法律法规中最常用的法律责任追究形式。

目前,由于污染者需要付出高昂的成本来满足排放要求,对于违法者来说,如果没有有效的问责机制,这意味着违法行为是一种具有"经济回报"的行为。与守法相比,他们在市场经济的竞争环境中占据着竞争优势。污染者自然会权衡利益和成本,这可能导致守法观念的崩溃、恶意或故意违法,并以罚款取代环保投资。事实上,这种不合理的追责和处罚方式的后果是诱发非法排污。最终的结果是,问责制的威慑力大大降低甚至失效,其他环境和经济手段失灵,公平的市场竞争秩序也遭到破坏。随着环境标准的提高,守法的成本越来越高,这种惩罚方式迫切需要改变。

第八章　跨区域生态环境"共建共治"的对策建议

第一节　跨区域生态环境共建对策

一、加强顶层设计,完善区域协同共建体系和制度建设

跨区域生态环境共建不仅要求在实践中加强合作,而且要求党和政府加强顶层设计,从宏观层面完善制度建设,做好发展规划。跨区域生态共建机制的构建是一项长期性工程,也是一项极其复杂的任务,复杂性体现在其地域面积跨度较大、多元行为主体加剧了利益协调难度。为了使地方政府在跨区域环境治理建设中的合作行为更加具有连续性和可持续性,必须完善跨区域地方政府合作的法律体系,通过法律体系约束各省市的治理行为。有了法治保障,才有利于跨区域生态环境的恢复以及经济持久稳定的发展。因此,我国应该尽快建立《跨区域地方政府合作法》,为跨区域生态环境治理中地方政府合作行为提供法律依据,对长江上游水资源的开发与利用进行立法,更要详细规定中下游参与上游水系的保护工作的具体行为规范,将中下游省市纳入到生态环境共建的前期工作中去。只有以法律作为共建的保障体系和行动指南,才能明确界定共建过程中各级政府的权力和职责,促进生态环境共建的持久性和稳定性。另外,作为国家战略的跨区域生态环境共建,必须要从行政管理

层面进行创新和探索,促使区域走好绿色发展道路。例如,要解决跨区域的环境污染问题,首先,要将这些区域视为一个整体,建立专业的区域协调机构对所跨区域进行统一监管和评估,监管和评估工作可以由跨区域环保部门来担任。其次,设立跨区域水污染联合工作小组,跨区域水污染联合工作小组的权限在各地的环保部门之上,其任务是负责制定跨区域水污染治理的总方针,并分配跨区域的水污染防治工作任务,对其工作进度进行监督。最后,要定期举行会议,定期汇报工作成果,共同探讨和学习跨区域以及国外成功的环境保护和治理的经验。除此之外,应发挥行政体系的约束规范作用,具体表现为:其一,建立长江流域综合管理机制。设立长江流域综合统筹协调机构,划清各单位的权责清单,进一步明确其职能。由长江流域综合统筹协调机构制定流域开发与利用制度,同时对重大问题及重点项目划定责任、制定规划方案、商讨决定,以此来保障其循环发展及永续利用。其二,逐步健全环境损害赔偿制度和责任追究制度。通过明确的法律法规,惩罚各种破坏环境的行为以及不合理现象,加大环境破坏罚款金额,合理合法追究当事人法律责任。其三,鼓励科技创新和文化创新。随着中国特色社会主义迈进新时代,作为新时代的两大主要驱动力——科学技术和文化创新也推动着跨区域生态环境共建机制的构建。推进跨区域生态环境共建应该充分利用这些优势条件,更加积极地为科技创新和文化创新搭建平台,进一步推进区域创新发展。

二、构建对话机制,加强信息互联互通,促进区域合作

跨区域协同共建的前提就是信息共享。实现生态文明的共同治理,必须要搭建开放的、透明的、顺畅的信息共享平台,不仅需要促进信息的透明化,还要畅通信息传递途径。首先,构建整体性治理的高层对话机制。通过高层领导会谈的形式促进信息的交换、思维的博弈、政策的谈判、问题的协商和协议,增强主体间的合作意愿。参与合作治理的地方政府之间应坚持信息公开、透明的原则,建立通畅的沟通机制和信息共享平台,通过及时的信息交流,保证

双方信息的对称性,增进地方政府之间的信任。其次,完善区域环境与政策信息的知情机制。对于跨区域生态环境的有效共建而言,各地方政府应行动起来,采取切实措施推进信息交流,保证多元行为主体的知情权,各地方政府应将自身掌握的与合作相关的信息提供给合作者;应从整体利益出发,站在全局角度推进资源优化配置;应加强与企业和社会组织的协同配合,实现多方协调,联通联动。探索构建政府内部及其与外部之间的信息交流共享机制①,以此保证系统信息畅通,推动系统功能的有效发挥。最后,需要健全区域内水资源利用与开发的信息公开制度、生态环境承载力的测评制度等相关制度。地方政府以及环境主管单位应当定期或者不定期地公开流域水污染的相关信息和污染防治的政策执行情况、企业污染物排放状况等信息,制定成规范性的政策文本和法律条文,从而为多元行为主体参与水污染防治提供必要的法治保障。

三、完善利益共享、利益补偿和冲突调解的制度建设

利益是一把双刃剑,多元行为主体为了实现自身利益诉求,会通过合作的方式来共赢,在实现集体利益的同时,也实现了自身利益诉求。但是,在利益分配时,往往会出现利益分配不均衡的问题,加剧利益得益者与利益受损者之间的矛盾,产生利益纠纷,进而影响利益集团的稳定。因此必须建立区域环境综合开发决策的利益表达机制,完善利益补偿机制,协调各方利益不平衡的情况。在利益分配过程中,应该遵循以下原则。

第一,合作共赢原则。各级政府应当认识到合作共赢的重要性,树立区域协同共建的发展思路,实现资源优势互补,健全地方政府间利益补偿机制,营造良性的区域合作氛围。只有持续走好合作共赢、信息共享的发展道路,才能激发各地方政府的积极性,从而有利于加速区域一体化进程。

---

① 郭海晏:《基于合作对策的投资分摊问题分析》,《新西部(理论版)》2015 年第 2 期。

第二,公平平等原则。所谓公平平等原则,指的是在合作联盟中的每个地方都处于公平的地位,享受平等的权利,而不会因为行政层级位置的高低而受到区别对待。公平平等原则实质上就是公平分配利益,具体而言,就是说在利益分配的过程中,不论参与者的社会地位、收入等有何不同,都要一视同仁,并且能够统筹兼顾到所有的利益相关者,最终利益分配的结果能够公平地惠及所有的利益参与主体,避免一方得到利益而另一方利益严重受损局面的发生。

第三,利益分配与需求相一致原则。当前,区域一体化发展进程缓慢、稳定性弱的原因在于利益分配不均。比如在跨区域水流域污染治理过程中,位于上游的地方政府能够使用较为优质的水资源,却不断向流域中排放污染物,没有承担应支付的治理成本,处于下游的地方政府的水资源利用率低,并且承担高额水污染治理成本。上下游地区水资源利益分配不均衡,获取水资源利用率存在差异,这种利益分配以及需求的不一致引发了上下游地区之间的矛盾和冲突。因此,在区域一体化进程中,利益分配不公平、不均等是影响区间合作共赢的直接原因,也是政府间不公平竞争的导火索,而构建和完善利益协调机制则是促进区域一体化的关键手段。各地方政府都是根据自身发展的实际需要,在区域合作过程中,不断争取能够实现自身实际发展需要的利益。有的地区经济发展迅速,人口集聚多,所需要的利益就更多,有些地区经济发展缓慢,常住人口较少,所需要的利益相对较少。在利益分配的过程中,如果利益分配结果无法满足发展需要,合作联盟就无法建立。

第四,利益分配与贡献相一致原则。衡量一个地区对流域整体发展的贡献应当包括该地区对维护流域可持续发展的投入,投入成本的多少是各地方政府参与利益分配的基础因素。这里指的投入是人力、资金与管理经验等投入。其中,各个地方政府投入得越多,承担的流域可持续发展的责任越大,期望获得的利益就越大。按照多劳多得的劳动分配原则,投入越多,期望值越大,收益就越大,但实际情况并非如此。根据上述案例分析,处于上游的政府水资源利用率高、收益大,但是没有承担相应的污染治理职责,而处于下游的政府受水污染的影响,必须承担起污染治理的职责,为污染治理投入人力、资金和管理,却没有获取高额的水资源利用率,利益分配与贡献的不一致激发了上下游政府之间的矛盾,不利于上下游政府间的合作共赢,损害了区域整体利益。

四、加快形成政府主导,构建多元协同治理体系

多元主体之间保持运转有序、协调有度、互动良好的合作方式,对于长江流域生态环境治理至关重要。目前跨区域生态环境治理参与主体中,地方政府仍然占据着主导地位,而企业、NGO 等社会力量发挥的作用较小。[1] 虽然政府主导的治理模式能够在短时间内集中较大数额的资金,对发生的污染事件做出迅速反应,采取强制性的措施,使水污染治理比较快地取得成效。但是,单靠政府主导的治理模式缺乏污染治理的内在动力,过于依赖外部压力并不能有效解决流域内的污染问题。随着市场经济的发展,我国政府应当逐渐转变职能,从管理型政府向服务型政府转变。

在区域生态环境共同建设的过程中,政府应尽量减少使用行政命令的手段,多采用经济手段,通过市场对其他行为主体进行激励,促使其他行为主体积极主动地参与建设过程,形成以政府治理为核心,多元治理主体并存的治理模式。[2] 同时,政府要简政放权,将事务性职能交给市场,把精力集中在大政方针的制定上,把专业问题外包给专业机构完成,由此将自身在区域环境治理中的部分责任转移给其他行为主体,减少自身的绝对主导作用。在此过程中,企业、社会组织和公民应该找准定位,发挥自身独特的作用。企业是生态环境治理的必要主体,应该树立责任意识,摒弃一切以自身利益最大化为出发点的传统理念,将降低资源耗能、加强防范污染的意识全面贯彻到实处,树立绿色

---

① 章熙春、殷越:《我国安全生产监管体制的演变与走向——基于制度变迁理论视角的考察》,《华南理工大学学报(社会科学版)》2018 年第 20 期。

② 尹珊珊:《区域大气污染地方政府联合防治的激励性法律规制》,《环境保护》2020 年第 48 期。

环保理念,以可持续发展的经济模式为一切工作的出发点,将绿色企业、环保企业打造成为企业文化,与此同时还可以多多参加社会公益事业。① 社会组织作为连接政府、市场和社会公众的桥梁,有着自身独特的优势,有着其他组织都无法比拟的民间基础,社会组织可以加大宣传,对公众进行在线教育。与此同时,可以借助专业人士的力量或者"智库"作用参与到国家治理中来。社会公众应当转变被服务和被管理的传统思维,积极主动地参与污染治理工作,加强对政府治理工作的监督和对环境保护的宣传,提升自身参与治理的能力。

第二节 跨区域生态环境共治对策

一、合作共赢,实现自身利益诉求

要想实现地方政府间合作共赢,必须建立以利益补偿为核心的合作运行机制。利益补偿机制的目的是降低或者缓解由于不公平的利益分配造成的利益两极化。在进行区域合作的过程中,应当建立利益补偿机制,弥补利益受损者的利益,稳定民心。因此,区域合作能够顺利实施的关键在于建立起有效的利益补偿机制,公平地协调各方利益。利益补偿机制实际上是对多元利益主体的利益进行再分配,从而实现各方共赢。构建利益补偿机制的重点在于:补偿对象的确立、补偿金额的合理划分以及补偿方式和途径的合理选择。② 具体而言,政府应当根据不同利益主体的补偿诉求,公正客观地计算利益受损者实际损失的利益,通过实践调查,合理划分利益受损者的经济利益损失、社会利益损失以及生态利益损失;通过综合且多样化的补偿方式,将直接补偿方式和间接补偿方式有机结合,弥补利益受损者的利益,协调利益相关者的利益诉

---

① 李捷:《习近平新时代中国特色社会主义思想对毛泽东思想的坚持、发展和创新》,《湘潭大学学报(哲学社会科学版)》2019 年第 43 期。

② 王娜等:《基于环境保护正外部性视角的我国生态补偿研究进展》,《生态学杂志》2015 年第 34 期。

求,争取实现双方乃至多方共赢。由此可见,构建行之有效的利益补偿机制,能够从根本上提高区域合作的有效性和持久性。

地方政府间的合作往往以分工协作的方式,汇聚各级地方政府的优势,从而在整体上提高各级地方政府的竞争实力,最终在实现地方政府利益的最大化的同时,获得区域经济利益最大化。地方政府之间合作的终极目标是实现共赢,只有合作才是实现共赢的最佳策略,可以说,合作是实现共赢的先决条件。从利益分配的角度看,政府把区域间合作视为一种理性选择,区域间合作能够实现信息共享、资源自由流动、优势互补、市场共享等多重利好,能够快速实现地方经济高质量发展。因此,地方政府应当认识到合作共赢的重要性,树立区域协同共治的发展思路,协调区域政府间的利益,实现资源优势互补,健全地方政府间利益补偿机制,营造良性的区域合作氛围。只有持续走好合作共赢、信息共享的发展道路,才能激发各地方政府的积极性,从而有利于加速区域一体化进程。

利益是一把双刃剑,多元行为主体为了实现自身利益诉求,会通过合作的方式来共赢,实现集体利益的同时,也实现了自身利益诉求。[1] 但是,在利益分配时,往往会出现利益分配不均衡的问题,加剧了得益者与利益受损者之间的矛盾,产生利益纠纷,利益冲突与矛盾会阻碍利益主体之间的合作行为,也会影响利益集团的稳定。利益约束是实现地方政府间合作共赢的前提保障。利益约束机制的重要目的就是保障多元利益主体的利益,保障其在合作过程中的利益不受损害,使复杂的利益协调行为变得可预见和易理解,从而使区域合作变得更加牢靠。[2] 构建利益约束机制,一方面要构建政府间合作的硬约束机制,另一方面要构建政府间合作的软约束机制。构建政府间合作的硬约

---

① 胡熠:《我国流域区际生态利益协调机制创新的目标模式》,《中国行政管理》2013 年第6 期。

② 石佑启、陈可翔:《粤港澳大湾区治理创新的法治进路》,《中国社会科学》2019 年第11 期。

束机制,归根结底就是要制定利益协调的法律制度、政策条例,使得利益协调行为有法可依,同时也要完善地方政府政绩考核体系,根据政绩考核结果,公平公正地分配利益,建立具有权威性的合作协调机构,赋予合作协调机构实际权力,规范各级地方政府的合作行为,避免地方政府在合作过程中由于自利动机的煽动出现滥用行政权力、以权谋私的现象。除了构建硬约束机制,政府间合作的软约束机制也是必不可少的。对于每一位社会公众而言,都应该具备合作共赢的意识,摒弃"封闭式发展"的传统思想理念。① 对于合作团体而言,在合作团体内部,应该营造良好合作文化氛围,在地方政府间也要营造良好的合作氛围,使开放式的合作理念内化为社会公众的行为准则,内化为各级政府执政的思维模式和行为标志。

二、运用科技手段实现高质量发展

科技支撑体系指的是以促进科技创新为目的,通过政府政策支持与市场机制共同作用而形成的主体功能定位准确、相互关系协调、运行机制完善、多要素合理配置和科技成果得以顺利转化的有机组成系统,可分为科技研发体系、科技推广体系、科技培训体系、科技政策体系,整个体系具有层次复杂、动态变化以及高效开放等特点。这是一个为能够有效促进生态环境治理的科技政策、科技手段和一切技术方法所构成的动态体系,其核心思想是运用一切手段更好地使科技为生态环境的治理所服务。有效率的科技支撑体系是促进科技成果转化、实现高质量发展的重要保障。② 本节以绿色科技为例,探讨如何运用科技手段实现高质量发展。

绿色科技区别于非绿色科技的一个显著性特征是其并非单纯地追求经济增长和利益扩大,而是以保护生态环境为基本前提,在保障资源可持续利用与

---

① 杨树旺、孟楠:《资源开发利益共享模式研究及启示》,《开发研究》2017 年第 1 期。
② 张长虹:《马克思主义中国化视域下的为政之德研究》,《南开学报(哲学社会科学版)》2017 年第 6 期。

环境良好的大前提下,追求更大的经济价值和更好的社会价值。将社会效益、生态效益与经济效益有机统一起来,增强人类社会的可持续发展能力。第二个显著特征是内涵广泛。生态环境治理的科技支撑体系,是对一切有利于资源节约、预防和治理环境污染的所有技术与方法的统称,既包括绿色技术又包括绿色科技知识、绿色管理等,也包括适合该环境的政策保障等,是环境保护、生态系统恢复、绿色生产等手段的总和。[①]

从生态环境治理的科技支撑体系的内涵来看,它本身应是一个多要素组成的动态系统。这些要素包括环保规划、环保研究、环保技术、环保生产(清洁生产)、环保法规、环保产品、科技队伍、环保管理和标志、环保营销、环保的产业政策、环保消费、环保教育、环保宣传、科技中介,等等。只有将这些要素有效地结合,才能构成现实的环保科技体系。单一要素的作用往往使环保科技停留于某一层面,并不能有效地支撑可持续发展。依据作用于环保科技的主体以及环保科技的要素层次不同,我们把环保科技体系分为科技研发体系、科技推广体系、科技创新体系、科技培养体系和政策保障体系五个子体系。由于要素之间的相互交织,这五个子体系实际上不可分割。它们共同推动着可持续发展。

生态环境治理科技属于准公共产品,一方面由于其存在实现经济和生态环境的"双赢"的机会而受到各方的推崇,另一方面生态环境治理科技要考虑除经济因素外的其他方面。[②] 所以,生态环境治理科技远比传统科技复杂,它的研究和开发存在更高的风险和不确定性。这样,政府资助就应该成为生态环境治理科技体系的研究和开发多元化主体的重要组成部分。市场化和现代企业制度被证明是提高科技效率(包括研究、开发、生产、商业化等)的有效方式。公众的参与监督和推动对于政府行为和企业行为都是必要的,同时对于

---

① 王前进等:《生态补偿的经济学理论基础及中国的实践》,《林业经济》2019 年第 41 期。

② 黄锡生、何江:《中国能源革命的法律表达:以〈电力法〉修改为视角》,《中国人口·资源与环境》2019 年第 29 期。

生态环境治理科技本身也是不可缺少的。因而,生态环境治理科技运作的基本模式应是以政府启动为开始,企业化运作,公众参与监督和推动,使各方在生态环境治理科技的运行中都能获得应得的利益。

三、"互联网+"科学治理

大数据时代已悄然来到。在生态环境治理中,大数据的收集和分析处理可提升环境污染的监测能力,有利于精准研判环境治理潜在和已有的风险,使所有可能发生和已发生的环境污染问题被全面感知成为可能。随着中国经济进入新旧动能转换的"高质量发展阶段",在移动计算、物联网、云计算等一系列技术形态的支持下,社交媒体、协同创造、虚拟服务等应用模式持续拓展着人类创造和利用信息的范围和形式。[1] 通过大数据的收集和分析处理,有利于全面了解和把握民众的需求和情绪变动,使为公众提供精准化、个性化的生态产品成为可能;利用大数据采集、管理、价值挖掘分析,对环境治理中看似相互之间毫无关联、碎片化的信息进行关联分析,并找到规律,使科学决策成为可能;利用大数据带来信息共享,在技术上通过跨系统、跨部门的数据集成打破信息孤岛,使各个部门的既有数据库可以实现高效互联互通,使即时响应及有效执行成为可能。由此可见,大数据驱动了一种新的治理模式,即智慧环境治理。作为一种技术导向环境治理的复合治理,智慧环境治理有着系统的内涵:它是政府、环保民间组织、社会公众的群体性智慧和体系性智能,旨在利用大数据强大的数据采集和分析能力,对环境治理规律、社会偏好(诉求)变化趋势及规律进行实时、数量化、可视化的观测,实现环境决策的智能化、环境监管的动态化和环境治理资源的最优化配置,以提升系统互用性和环境治理有效性的一种新的治理方式。[2]

---

[1]　李海舰、李燕:《对经济新形态的认识:微观经济的视角》,《中国工业经济》2020 年第 12 期。

[2]　余敏江:《智慧环境治理:一个理论分析框架》,《经济社会体制比较》2020 年第 3 期。

为了更好地保护生态环境和可持续利用资源,从社会和个人健康、安全的角度出发,为满足个人、家庭和组织需要而产生了可持续购买行为的消费者和用户群。因此,一般意义上的绿色市场包括个人和家庭、组织机构、社会团体和与之相应的其他群体。绿色市场又可解释为专门销售那些在生产和消费过程中很少产生环境污染的产品的市场。这一规定性体现了商品或服务"绿色""生态""环保""有形"的特征。绿色市场不仅是绿色产品与绿色消费的市场,更是绿色技术与服务交易的市场。市场的需求与导向决定了科技发展的朝向,绿色市场依赖于生态环境治理的科技支撑体系建设,同时又促进生态环境治理的科技支撑体系的完善和发展,绿色经济与可持续发展也成为生态环境治理的最佳模式。

形成监管与市场的链条后,还需要就发现的生态环境问题进行治理。科技治理有着两层涵义:一方面,要应用科学的思维来治理环境问题。科学思维就是用科学的思想方法观察、思考、分析现实问题,从纷繁复杂的矛盾中把握客观事物的规律,抓住主要矛盾和矛盾的主要方面,化繁为简,举重若轻,正确处理各类复杂矛盾,提高处理各类矛盾问题的本领。在环境治理中所体现的是抓住造成生态破坏的源头,进行科学系统的规划与治理,实现生态环境的治理。另一方面,要运用新的科学技术来进行生态环境治理。积极将最新的科技成果应用到生态环境的治理中来,以提高环境治理的效率,最大程度地还原生态环境,推动"绿水青山"与"金山银山"互融共赢。

四、多元主体协作治理

社会组织要想最大程度地发挥自身在生态环境治理中的优势,关键在于提升自身能力,"打铁还需自身硬"。在现行背景下,增强自身实力,也是社会组织安身立命的根本。提升社会组织自身能力,应主要从拓宽融资渠道、加强人力资源能力建设、健全内部管理制度三个方面着手。首先,拓宽融资渠道。提高组织众筹能力,加强对自身的宣传,让公众了解社会组织的性质以及存在的意义,提高公众对社会组织的认同感。尝试实行会费模式,向组织会员收取会费,增加自身的资金筹集渠道。其次,加强人力资源能力建设。社会组织长期发展依靠的根本动力是人才,因此,要加强对专业人才的培养,建立组织培训机制,提高组织成员专业素质及社会组织的专业化水平。形成社会组织特有的文化和使命,通过强烈的环保使命感招募、留住人才。完善薪资奖励机制,薪酬水平与工作人员的素质和工作热情成正比,而这又直接决定了社会组织的公共参与能力。最后,健全内部管理制度。明确组织定位,社会组织需要根据自身具备的优势和特点,明确自身的业务范围。优化组织治理结构,规范组织运行,根据自身的组织类型、规模建立适宜的治理结构体系。采取透明化的财务管理方式,使资金运作公开化、透明化,随时接受社会公众的监督。

一定的法规制度是社会组织合法性的来源,制度空间是社会组织生存和发展的基础。为了充分发挥社会组织在生态环境治理中的作用,要完善相关的法律制度,进一步构建社会组织介入生态环境治理的制度空间,具体要从健全登记管理制度、完善公益诉讼法律体系以及制定合理的税收政策法规三个方面入手。第一,健全登记管理制度。需要从法律层面降低社会组织准入门槛,打开制度空间,明确赋予社会组织的法律地位,切实保证社会组织在生态环境治理中的参与权、监督权和诉讼权。不仅要规范社会组织登记管理制度,还要对社会组织的性质、类别、监管等方面做出详细、明确的规定并以制度的形式固定下来,使社会组织的方方面面都处于法律框架之内,从而有效规范和引导社会组织的成立和发展。第二,完善公益诉讼法律体系。放宽环境公益诉讼提起主体资格,让更多的社会组织有提起环境公益诉讼的主体资格,建立环境公益诉讼费用保障制度,对提起环境公益诉讼并胜诉的社会组织给予适当的资金补助,被告罚金中的部分资金可以作为奖励给予社会组织,激励社会组织提起环境公益诉讼的行为。第三,制定合理的税收政策法规。制定明确的免税资格条件,严格规定相应的免税标准,切实保障应该得到税收优惠的社会组织的权利,排查浑水摸鱼的营利性企业,提高捐赠者的免税额度,激发捐赠者的捐赠积极性,支持社会组织的发展。

受到我国长期以来形成的思想观念的影响,在生态环境治理上,政府往往大包大揽,承担着超越自身能力的责任,不仅是财政上的压力,在人员上也显得捉襟见肘。这种对政府的依赖,也会导致社会公众产生懒惰心理,失去投入的积极性,不利于公众积极主动参与生态环境治理。要推进生态环境治理体系和治理能力的现代化,一个关键的环节就是让政府转变职能,让更多的社会主体进行自治。一方面,政府必须要发挥引导作用,扶持和引导社会组织的发展,最初政府可以挑选一些比较有积极性的人来组建环保组织,随后在实际的工作中,逐渐扩大组织的影响力,吸引更多的人参与到生态环境治理的进程中,扩大环保组织的规模。在环保组织实现了规范化发展后,政府退出,让能人或精英接管,逐步扩大组织的影响力,不断吸引其他社会公众参与。另一方面,培育社会资本,激发公众参与生态环境治理的内生动力。

在生态环境保护和治理的过程中,加强社会公众间关系网络的建立,对于帮助其维护共同的利益也会起到积极的作用。强化内外部网络之间的信息交流与资源共享,保障参与网络的有效运转,让广大的社会公众联系在一起,投身于生态环境的治理过程中,为我国经济的可持续发展贡献力量。政府是生态环境治理的主导者,是社会组织的管理者和社会组织介入生态环境治理资源的主要提供者,社会组织有着专业的治理理念和创新的治理方式,创建政府与社会组织间的良性互动机制,有助于两者在生态环境治理领域更好地开展关系,形成优势互补,更好地提供公共服务,解决环境问题。

五、创建政府与社会组织间的互动机制

政府是生态环境治理的主导者,是社会组织的管理者和社会组织介入生态环境治理资源的主要提供者。社会组织有着专业的治理理念和创新的治理方式。创建政府与社会组织间的良性互动机制,有助于两者在生态环境治理领域更好地开展关系,形成优势互补,更好地为公众提供服务,解决

环境问题。创建政府与社会组织间的良性互动机制,需要从以下三个方面入手。

首先,正确认识社会组织介入生态环境治理的作用。社会组织在生态环境治理中的活动空间与政府对社会组织的态度紧密相关。现阶段,政府对社会组织的发展持一种矛盾心态:一方面,由于环境问题日趋多样化、复杂化,政府需要社会组织在生态环境治理中提供帮助;另一方面,政府对社会组织介入生态环境治理的动机和能力持怀疑态度。随着社会组织整体发展不断向好,自身能力不断得到提升,其在生态环境治理领域的作用愈发突出,这就需要政府正确认知社会组织介入生态环境治理的作用。同时,政府还要为社会组织介入生态环境治理开辟空间,因势利导地推进社会组织发挥介入生态环境治理的积极作用。近年来,中央也相继出台了一系列的政策文件,支持社会组织参与生态环境治理。在具体实践中,社会组织介入生态环境治理的活动空间还有赖于地方政府对中央政策文件的理解与执行。因此,各级政府要在思想上重视社会组织,正确认知社会组织介入生态环境治理的作用和正当性,引导社会组织在生态环境治理领域发挥其专业治理优势。

其次,加强对社会组织介入生态环境治理的支持力度。在正确认知社会组织介入生态环境治理作用的基础上,政府还需加强对社会组织的支持力度,促进社会组织健康、有序发展。一方面,政府要加强对社会组织的宣传。政府可通过与社会组织的合作,提升社会组织的影响力,也可通过门户网站、微信、微博等途径介绍社会组织在生态环境治理中的作用,并且宣传社会组织介入生态环境治理典型案例,提高公众对社会组织的认知。另一方面,政府要加大对社会组织的资金支持力度。政府可以设立专项财政资金,资助社会组织的成立和发展,还可以通过制定适当的政策鼓励社会捐赠,进而为社会组织提供资金支持。国外非政府组织的大部分资金都来自社会捐赠,而我国社会捐赠对社会组织的支持相对较少。因此,政府可以通过制定适当的政策激发企业和个人的捐赠热情,比如提高企业和个人的社会捐赠免税比例,表彰主动为社会组织捐赠的企业和个人等。

最后,拓展政府与社会组织间的互动沟通渠道。需疏通两者间的互动沟通渠道,保持社会组织与政府的信息畅通。第一,政府要为社会组织提供更加开放的政策参与空间。在涉及环境议题的公共政策讨论中,需要广泛关注社会组织态度,放下身段倾听社会组织的呼声与诉求。第二,建立正式的交流机制,并以一般制度化的形式固定下来。继续完善听证制度、政策咨询制度等制度化的沟通渠道,设立专门机构负责与社会组织对接工作,引导社会组织有序参与相关政策议题的讨论与制定。第三,建立和完善社会组织的沟通反馈机制。在相关政策议题的讨论与制定中,不仅要关注社会组织参与的过程,还要对社会组织提出的意见给予及时的反馈,说明有关诉求和意见是否被吸收、采纳,及时给出明确答复并解释原因。第四,充分利用新媒体。在经济条件允许的地区,政府可以通过政务 APP、电子调查问卷等方式与社会组织进行沟通与交流,降低沟通成本,提高交流效率,从而加大政府与社会组织的互动沟通密度,确保两者沟通渠道的有效畅通。

六、多主体搭建文化支撑体系

生态环境整体性协作治理是一项长期、复杂的社会系统工程,需要政府、企业和消费者、社会团体等各方主体相互配合与共同努力。生态环境治理是一个以实现生态环境友好、可持续为目标,并通过大力引导企业绿色生产、消费者绿色消费、政府和其他组织协同治理等路径,最终实现人与自然和谐共生的过程。由此可见,企业绿色生产文化、消费者绿色消费文化、政府生态环境共同体文化及"绿水青山就是金山银山"文化和其他社会团体协同治理文化,共同构成了我国生态环境治理与保护的文化支撑体系。

(一) 政府层面

首先,推进科学立法以形成惩恶扬善的生态文明法律法规体系。明确的生态环境保护法律制度是促进生态环境治理与推进生态文明建设的风向标。各级立法部门要高度重视生态文明立法工作,不断完善生态文明法律法规体系,通过制定明确、具体的法律规定,对符合生态文明要求的环境友好行为予以奖励,对背离生态文明要求的环境"无德"行为予以惩罚,从而在全社会形成有利于公民环境道德养成与生态文明建设互动发展的良好风尚。

其次,推进严格执法以形成高效的生态文明法律实施体系。法律的生命力在于执行,如果法律得不到有效的贯彻执行,最后都会沦为一纸空文。严格环境执法,一方面,要加强市、县级环境执法队伍建设,打造基层生态环境保护铁军;另一方面,要强化执法能力保障,将环境监管执法经费纳入同级财政全额保障范围,为环境执法部门和人员配备必要的环境监管执法装备,如保证基层环境执法用车等。

最后,推进公正司法以形成严密的生态文明法律监督体系。鼓励各地探索成立跨行政区域的环境资源审判专门机构,不断提升环境司法专业化水平。要督促司法机关严格依法审理环境资源案件,严厉打击破坏环境的违法行为,以保护人民群众的合法环境权益,彰显环境司法的价值导向,在全社会营造积极向上的生态环境保护舆论氛围。

（二）社会层面

首先,树立正确消费观。只有消费者从根本上改变消费观念,在接受公众媒体开展的知识传播的基础上,自觉培养健康、绿色的消费习惯,并积极参与到各种有关绿色知识传播的活动中去,才能逐步树立正确的消费观。

其次,增加绿色消费需求。消费是社会再生产的最终环节,是生产、交换和分配的最终目的。所以绿色产品消费趋势的上升,能够为我国社会经济建设的持续发展起到促进作用。提高消费领域的绿色需求,不仅有助于经济发展,同时也有助于环境建设走向良性循环的轨道。作为消费者,在满足自身温饱需求的基础上,必须充分认识到新的、更深层次的需求是能够提升生活质量的。在进行消费时,消费者应尽量选择绿色认证的产品,放弃一些在生产过程中对环境存在污染的产品。

最后,增强绿色消费认知。在购买绿色农产品前,消费者需要主动学习相关的知识,学会识别不同农产品的标识,对各种品牌及其质量都有所了解。在对比和评价之后,根据个人需要选择适合的绿色农产品。同时,在购买绿色农产品时,要对农产品的色泽、气味、形态等各方面进行判断,同时注意观察农产品包装上的企业编码和产品信息编码等相关标志,通过判断该产品的真伪,来做出购买决策。

(三) 企业层面

首先,提高企业绿色生产使命感。提高企业绿色生产使命感就是要提高企业绿色认知水平。企业管理者对于环保的意识将很大程度上决定企业的发展方向,决定企业战略发展规划,影响企业的外层偏好水平。当下我国关于企业管理者的社会责任教育体系没有完全建立,企业管理者普遍缺乏商业伦理、企业责任意识,因此要加强对企业管理者的环境责任教育,寻求一条既可以实现企业自身可持续发展又不损害其他利益相关者的企业发展路径。在某些企业中,采取绿色生产行为的压力最初来源于企业员工,员工从自身健康和社会责任角度考量都不愿为环境绩效差的企业服务。

其次,提高绿色产品质量。在追求更好质量与更好服务的今天,一款产品的质量可以说是该产品的生命线。如果说销售手段与经营方式是软技术,那产品的质量安全无疑是它的硬技术。那么如何牢固把握这条生命线,就需要从来料质量、生产加工、售后配套服务上形成"一条龙"的质量保证流程。同时,这也成为真正打开消费市场大门的金钥匙。如此一来,可以增强消费者对绿色消费的信心,减弱其对目前市场的盲目排斥。要想提高绿色产品的质量,需要从五个方面入手:一是研究,研究本企业生产环境现状,探索企业的环境对策;二是减排,搞好废水、废气、废料治理,消除或减少有害废弃物排放;三是循环,回收利用各类废料,节约有限资源的同时增加企业效益;四是再开发,将普通材料产品转变为绿色材质产品;五是保护,企业积极参加社会上环境保护活动,对企业员工和社会公众进行环境保护宣教,也借此树立企业绿色生产的形象。五个环节环环相扣,才能提高绿色产品的质量。

最后,营造价值契合的企业绿色文化,增强企业绿色文化认同感。企业文化是指企业及企业员工在生产经营中形成的一整套价值观、世界观及文化体系,企业文化实质是企业战略发展思想的直接体现。企业文化同时是企业发展的根基,通过企业文化可以明确企业的发展方向和发展目标。良好、健康的企业文化能增强企业凝聚力,并提高员工的主人翁意识。发展绿色生产模式的前提是形成企业绿色生产文化。绿色企业文化追求人、自然、企业三者之间的动态和谐发展,崇尚保护环境、节约资源、人与自然的和谐发展。此外,企业的绿色发展战略和绿色文化对企业行为的影响也不能忽视,企业的绿色发展战略和绿色文化只有得到企业所有员工的认可和支持,企业绿色行为开展才能更加顺利。同时企业应将自身的绿色文化与企业发展规模、成长阶段和行业特点相结合,制定相适应的企业绿色发展战略。

(四) 其他组织

社会互动理论认为,社会的本质存在于社会成员间不断进行的互动过程中。除企业法人、消费者和机关法人外,我国还存在大量的事业单位法人、社会团体法人、捐助法人等社会组织。在生态环境治理过程中,要形成以企业、消费者、政府为主导,其他社会组织各尽其力,多主体协同治理的治理格局,在社会中营造绿色文化,提高企业和消费者的绿色意识,促进我国居民绿色生产、绿色消费,形成企业和消费者良性绿色互动的局面,引导社会公众形成节能环保型生活模式,提供一个低成本、可操作、简便高效的方式。

一要加强家庭对生态环境保护意识的正确引导。家庭在生态环境保护意识的培育中起到了不可忽视的重要作用。家长应当发挥模范带头作用,积极为子女树立榜样,选择绿色的生活方式,改正非绿色的生活行为,以润物细无声的方式逐渐促进子女环保观的形成。

二要利用社会团体在社会中的影响力,促进节能环保生活观的传播。例如,"中国绿色消费年"这一具有较强社会影响力的活动,就是由中国消费者协会提议举办的。"中国绿色消费年"活动不仅取得了良好的社会效益,而且也促进了绿色消费理念在不同年龄阶段公民之间的传播。大众传媒在传播绿色文化信息的过程中,应当承担起"道德人"责任,积极宣传绿色发展理念的重要性和绿色消费的紧迫性,引导人们树立尊重自然、顺应自然、保护自然的意识,杜绝负面消费传播,发挥对奢侈、挥霍消费的监督作用。通过适当形式不定期曝光社会铺张浪费、恶化环境的典型案例及其造成的负面影响,发挥警示教育的作用,激发人们保护生态环境的责任感,拒绝不文明、不环保、不健康的行为。

参 考 文 献

［1］洪银兴、刘伟、高培勇、金碚、闫坤、高世楫、李佐军:《"习近平新时代中国特色社会主义经济思想"笔谈》,《中国社会科学》2018年第9期。

［2］李捷:《习近平新时代中国特色社会主义思想对毛泽东思想的坚持、发展和创新》,《湘潭大学学报(哲学社会科学版)》2019年第1期。

［3］赵中源:《新时代社会主要矛盾的本质属性与形态特征》,《政治学研究》2018年第2期。

［4］华启和:《山水林田湖草生命共同体建设的江西实践》,《福建师范大学学报(哲学社会科学版)》2020年第3期。

［5］黄润秋:《推进生态环境治理体系和治理能力现代化》,《环境保护》2021年第9期。

［6］胡鞍钢:《中国实现2030年前碳达峰目标及主要途径》,《北京工业大学学报(社会科学版)》2021年第3期。

［7］方世南:《习近平生态文明思想的永续发展观研究》,《马克思主义与现实》2019年第2期。

［8］田玉麒、陈果:《跨域生态环境协同治理:何以可能与何以可为》,《上海行政学院学报》2020年第2期。

［9］郧正、蔡禾、洪大用、雷洪、李培林、李强、王思斌、张文宏、周晓虹:《"转型与发展:中国社会建设四十年"笔谈》,《社会》2018年第6期。

［10］张雪:《跨区域环境治理中纵向府际关系协调探析》,《地方治理研究》2019年第1期。

［11］邓纲、许恋天:《我国流域生态保护补偿的法治化路径——面向"合作与博

弈"的横向府际治理》,《行政与法》2018 年第 4 期。

[12]金凤君:《黄河流域生态保护与高质量发展的协调推进策略》,《改革》2019 年第 11 期。

[13]彭智敏:《实现长江经济带生态保护优先绿色发展的路径》,《决策与信息》2016 年第 4 期。

[14]冯秀萍:《构建长江经济带横向生态补偿机制的进展与建议》,《河北环境工程学院学报》2020 年第 6 期。

[15]王维:《长江经济带"4E"协调发展时空格局研究》,《地理科学》2017 年第 9 期。

[16]刘冬、杨悦、邹长新:《长江经济带大保护战略下长江上游生态屏障建设的思考》,《环境保护》2019 年第 18 期。

[17]赵小姣:《长江经济带绿色发展的法治化思考》,《兰州学刊》2021 年第 2 期。

[18]刘鸿渊、蒲萧亦、刘菁儿:《长江上游城市群高质量发展:现实困境与策略选择》,《重庆社会科学》2020 年第 9 期。

[19]任保平、李禹墨:《新时代我国高质量发展评判体系的构建及其转型路径》,《陕西师范大学学报(哲学社会科学版)》2018 年第 3 期。

[20]曾刚、曹贤忠、王丰龙:《长江经济带城市协同发展格局及其优化策略初探》,《中国科学院院刊》2020 年第 8 期。

[21]罗来军、文丰安:《长江经济带高质量发展的战略选择》,《改革》2018 年第 6 期。

[22]林尚立:《重构府际关系与国家治理》,《探索与争鸣》2011 年第 1 期。

[23]Feiock,Richard C.Rational Chioce and Regional Governance,Journal of Urban Affairs,2007(1),pp.47-63.

[24]Lin Ye,Regional Government and Governance in China and the United States,Public Administration Review,2009(69),pp.116-121.

[25]Stern R. E.,From Dispute to Decision:Suingpolluters in China.China Quarterly,2011:(206),pp.294-312.

[26]杨龙:《府际关系调整在国家治理体系中的作用》,《南开学报(哲学社会科学版)》2015 年第 6 期。

[27]Ostrom V.,Bish R. L.,Ostrom E.,Localgovernment in the United States,San Fran-cisco:ICS Press,1988,pp.72-80.

[28]朱喜群:《生态治理的多元协同:太湖流域个案》,《改革》2017 年第 2 期。

［29］Provan K.,Kenis P.,Modes of Network Governance:Structure,Management,and Effectiveness,Journal of Public Administration Research and Theory,2008（2）,pp. 229-252.

［30］张楠、卢洪友:《官员垂直交流与环境治理——来自中国 109 个城市市委书记（市长）的经验证据》,《公共管理学报》2016 年第 1 期。

［31］冉冉:《中国地方环境政治:政策与执行之间的距离》,中央编译出版社 2015 年版,第 13—15 页。

［32］Oi Jean C.,Fiscal Reform and the Economic Foundations of Local State Corporatism in China,World Politics,1992,45（01）:99-126.

［33］荣敬本、崔之元、何增科等:《从压力型体制向民主合作体制的转变:县乡两级政治体制改革》,中央编译出版社 1998 年版,第 28 页。

［34］周黎安:《转型中的地方政府:官员激励与治理》,格致出版社 2018 年版,第 200—210 页。

［35］王猛:《府际关系、纵向分权与环境管理向度》,《改革》2015 年第 8 期。

［36］谢庆奎:《中国政府的府际关系研究》,《北京大学学报（哲学社会科学版）》2000 年第 1 期。

［37］邢华:《我国区域合作治理困境与纵向嵌入式治理机制选择》,《政治学研究》2014 年第 5 期。

［38］张艳娥:《嵌入式整合:执政党引导乡村社会自治良性发展的整合机制分析》,《湖北社会科学》2011 年第 6 期。

［39］邢华:《我国区域合作治理困境与纵向嵌入式治理机制选择》,《政治学研究》2014 年第 5 期。

［40］邢华:《我国区域合作治理困境与纵向嵌入式治理机制选择》,《政治学研究》2014 年第 5 期。

［41］吴建南、文婧、秦朝:《环保约谈管用吗? ——来自中国城市大气污染治理的证据》,《中国软科学》2018 年第 11 期。

［42］Hawkins C.V.,Andrew S.A.,Understanding Horizontal and Vertical Relations in the Context of Economic Development Joint Venture Agreements.Urban Affairs Review,2011（3）,p.47.

［43］何艳玲:《"嵌入式自治":国家—地方互嵌关系下的地方治理》,《武汉大学学报（哲学社会科学版）》2009 年第 4 期。

［44］邢华:《我国区域合作治理困境与纵向嵌入式治理机制选择》,《政治学研究》

2014 年第 5 期。

[45][美]弗鲁博顿、[德]芮切特:《新制度经济学:一个交易费用分析范式》,姜建强、罗长远译,格致出版社、上海三联书店、上海人民出版社 2015 年版,第 31 页。

[46][美]曼瑟尔·奥尔森:《集体行动的逻辑》,陈郁、郭宇峰、李崇新译,生活·读书·新知三联书店、上海人民出版社 1995 年版,第 59—60 页。

[47]陈瑞莲、杨爱平:《从区域公共管理到区域治理研究:历史的转型》,《南开学报(哲学社会科学版)》2012 年第 2 期。

[48]范永茂、殷玉敏:《跨界环境问题的合作治理模式选择——理论讨论和三个案例》,《公共管理学报》2016 年第 2 期。

[49]菲沃克·C.R.:《大都市治理:冲突、竞争与合作》,许源源、江胜珍译,重庆大学出版社 2012 年版,第 13—14 页。

[50]全永波:《海洋环境跨区域治理的逻辑基础与制度供给》,《中国行政管理》2017 年第 1 期。

[51][挪威]阿恩·纳斯:《生态,社区与生活方式:生态智慧纲要》,曹荣湘译,商务印书馆 2020 年版,第 12 页。

[52]俞可平主编:《治理与善治》,社会科学文献出版社 2000 年版,序言第 10 页。

[53]俞可平主编:《全球治理引论》,《马克思主义与现实》2002 年第 1 期。

[54]范永茂、殷玉敏:《跨界环境问题的合作治理模式选择——理论讨论和三个案例》,《公共管理学报》2016 年第 2 期。

[55]张华:《地区间环境规制的策略互动研究——对环境规制非完全执行普遍性的解释》,《中国工业经济》2016 年第 7 期。

[56]秦颖、孙慧:《自愿参与型环境规制与企业研发创新关系——基于政府监管与媒体关注视角的实证研究》,《科技管理研究》2020 年第 4 期。

[57]黎明主编:《公共管理学》,高等教育出版社 2003 年版。

[58]吴仲平、周公旦:《公共产品理论视角下公共图书馆社会合作路径选择》,《图书馆》2020 年第 10 期。

[59]徐双敏主编:《公共管理学》,北京大学出版社 2007 年版。

[60]Perri 6,Diana Leat,Kimberly Sletzer and Gerry Stoker,Towards Holistic Government:The New Reform Agenda,New York:Palgrave,2002.

[61]Pollitt C.,Joined-up Government:a Survey,Political Studies Review,2010(1),pp.34-49.

[62]竺乾威:《从新公共管理到整体性治理》,《中国行政管理》2008 年第 10 期。

［63］胡佳:《跨行政区环境治理中的地方政府协作研究》,复旦大学博士论文,
2010 年。

［64］詹国辉:《跨区域水环境、河长制与整体性治理》,《学习与实践》2018 年第
3 期。

［65］陈丽君、童雪明:《科层制、整体性治理与地方政府治理模式变革》,《政治学
研究》2021 年第 4 期。

［66］杨莉、康国定、戴明忠、刘宁、陆根法:《区际生态环境关系理论初探——兼论
江苏省与周边省市的环境冲突与合作》,《长江流域资源与环境》2008 年第 4 期。

［67］张康之:《论合作》,《南京大学学报(哲学·人文科学·社会科学版)》2007
年第 4 期。

［68］Gash A. A., Collaborative Governance in Theory and Practice, Journal of Public
Administration Research & Theory J Part, 2008(4), pp.543–571.

［69］Amirkhanyan A. A., Collaborative Performance Measurement: Examining and Ex-
plaining the Prevalence of Collaboration in State and Local Government Contracts, Journal of
Public Administration Research & Theory, 2008(3), pp.523–554.

［70］郁建兴、任泽涛:《当代中国社会建设中的协同治理——一个分析框架》,《学
术月刊》2012 年第 44 期。

［71］Ling T., Delivering joined-up government in the UK: Dimensions, issues and prob-
lems.Public Administration, 2002(4), pp.615–642.

［72］刘锦:《地方政府跨部门协同治理机制建构——以 A 市发改、国土和规划部
门"三规合一"工作为例》,《中国行政管理》2017 年第 4 期。

［73］周凌一:《纵向干预何以推动地方协作治理? ——以长三角区域环境协作治
理为例》,《公共行政评论》2020 年第 13 期。

［74］史晨、马亮:《协同治理、技术创新与智慧防疫——基于"健康码"的案例研
究》,《党政研究》2020 年第 4 期。

［75］江涛:《网络治理——公共管理的新框架》,《中小企业管理与科技(上旬刊)》
2021 年第 1 期。

［76］刘波、王少军、王华光:《地方政府网络治理稳定性影响因素研究》,《公共管
理学报》2011 年第 1 期。

［77］肖条军:《博弈论及其应用》,上海三联书店 2004 年版,第 1—4 页。

［78］赵星:《整体性治理:破解跨区域水污染治理碎片化的有效路径——以太湖流
域为例》,《江西农业学报》2017 年第 29 期。

[79]陈建成、赵哲、汪婧宇、李民桓:《"两山理论"的本质与现实意义研究》,《林业经济》2020 年第 42 期。

[80]王金南、万军、王倩、苏洁琼、杨丽阎、肖旸:《改革开放 40 年与中国生态环境规划发展》,《中国环境管理》2018 年第 10 期。

[81]范永茂、殷玉敏:《跨界环境问题的合作治理模式选择——理论讨论和三个案例》,《公共管理学报》2016 年第 13 期。

[82]曹莉萍、周冯琦、吴蒙:《基于城市群的流域生态补偿机制研究——以长江流域为例》,《生态学报》2019 年第 39 期。

[83]王佳宁、罗重谱:《政策演进、省际操作及其趋势研判——长江经济带战略实施三周年的总体评价》,《南京社会科学》2017 年第 4 期。

[84]史丹:《绿色发展与全球工业化的新阶段:中国的进展与比较》,《中国工业经济》2018 年第 10 期。

[85]Martin S., Sanderson I., Evaluating Public Policy Experiments Measuring Outcomes, Monitoring Processes or Managing Pilots? Evaluation, 1999(3), pp.245-258.

[86]Sanderson I. Evaluation, Policy Learning and Evidence-Based Policy Making, Public Administration, 2010(1), 1-22.

[87]胡鞍钢:《中国:创新绿色发展》,中国人民大学出版社 2012 年版。

[88]Bull A. T., Holt G., Hardman D. J., Environmental Pollution Policies in Light of Biotechnological Assessment: Organisation for Economic Cooperation, United Kingdom, and European Economic Council Perspectives, Basic Life Sciences, 1988, 45.

[89]Charles S.Colgan, "Sustainable Development" and Economic Development Policy: Lessons from Canada, Economic Development Quarterly, 1997(2).

[90]Gavin Hilson, Sustainable Development Policies in Canada's Mining Sector: an Overview of Government and Industry Efforts, Environmental Science and Policy, 2000(4).

[91]Chernos, Saul, Toronto's Green Development Policies get a Passing grade. Daily Commercial News and Construction Record, 2008(114).

[92]钱浩祺:《环境大数据应用的最新进展与趋势》,《环境经济研究》2020 年第 5 期。

[93]Tang F., Yuan D. L., Guang-Hua L. I., Development, Problems and Countermeasures of Green Building in Zhejiang Province, Building Energy Efficiency, 2013.

[94]Chen Q., Li J., Dong C., The Science and Technology Policy of Establishing Water-saving and Pollutant-reducing Green Industrial Structure in Guangzhou, The Interna-

tional Conference on E – Business and E – Government, ICEE 2010, 7 – 9 May 2010, Guangzhou, China, Proceedings. IEEE, 2010.

［95］侯元兆:《"里约+20"的绿色发展思想及其展望》,《中国地质大学学报(社会科学版)》2012 年第 12 期。

［96］李钢、蓝石:《公共政策内容分析方法:理论与应用》,重庆大学出版社 2007 年版。

［97］Michael Laver, Kenneth Benoit, John Garry, Extracting Policy Positions from Political Texts Using Words as Data, The American Political Science Review, 2003(2).

［98］Li Hui, Dong Xiucheng, Jiang Qingzhe, Dong Kangyin, Policy Analysis for High – speed Rail in China: Evolution, Evaluation, and Expectation, Transport Policy, 2021, 106.

［99］Stephen J. Ball, What is Policy? Texts, Trajectories and Toolboxes, Discourse: Studies in the Cultural Politics of Education, 1993(2).

［100］封铁英、南妍:《公共危机治理中社会保障应急政策评价与优化——基于 PMC 指数模型》,《北京理工大学学报(社会科学版)》2021 年第 23 期。

［101］臧维、张延法、徐磊:《我国人工智能政策文本量化研究——政策现状与前沿趋势》,《科技进步与对策》2021 年第 38 期。

［102］Kuang B., Han J., Lu X., et al., Quantitative Evaluation of China's Cultivated Land Protection Policies Based on the PMC-Index model. Land Use Policy, 2020, 99.

［103］Rong Peng, Qingkang Chen, Xin Li, Kaixin Chen, Evaluating the Consistency of Long-term Care Insurance Policy Using PMC Index Model, Science and Engineering Research, 2007.

［104］Estrada M. R., Yap S. F., Nagaraj S., Beyond the Ceteris Paribus Assumption: Modeling Demand and Supply Assuming Omnia Mobilis, Social Science Electronic Publishing, 2010.

［105］Estrada M., A New Optical Visualization of Demand & Supply Curves: A Multi-Dimensional Perspective, Social Science Electronic Publishing, 2007.

［106］邴正等:《"转型与发展:中国社会建设四十年"笔谈》,《社会》2018 年第 38 期。

［107］李兰冰等:《"十四五"时期中国新型城镇化发展重大问题展望》,《管理世界》2020 年第 36 期。

［108］洪银兴等:《"习近平新时代中国特色社会主义经济思想"笔谈》,《中国社会

科学》2018 年第 9 期。

[109]蒋嫒嫒:《长江经济带战略对长三角一体化的影响》,《上海经济》2016 年第 2 期。

[110]黄贤金:《长江经济带资源环境与绿色发展》,南京大学出版社 2020 年版,第 559 页。

[111]周茂等:《人力资本扩张与中国城市制造业出口升级:来自高校扩招的证据》,《管理世界》2019 年第 35 期。

[112]胡咏梅、唐一鹏:《公共政策或项目的因果效应评估方法及其应用》,《华中师范大学学报(人文社会科学版)》2018 年第 57 期。

[113]孙晓华:《"配第-克拉克定理"的理论反思与实践检视——以印度产业发展和结构演化为例》,《当代经济研究》2020 年第 3 期。

[114]韩永辉等:《产业政策推动地方产业结构升级了吗?——基于发展型地方政府的理论解释与实证检验》,《经济研究》2017 年第 52 期。

[115]毕克新等:《制造业产业升级与低碳技术突破性创新互动关系研究》,《中国软科学》2017 年第 12 期。

[116]孙亚梅等:《论长江经济带大气污染防治的若干问题与防治对策》,《中国环境管理》2018 年第 10 期。

[117]蔡昉:《中国经济改革效应分析——劳动力重新配置的视角》,《经济研究》2017 年第 52 期。

[118]娱竹:《泰晤士河的百年沧桑》,《中华建设》2015 年第 4 期。

[119]W. Chen, A Tale of Water in Two Cities: Water Supply in Shanghai and Suzhou (1860-1937), The Chinese University of Hong Kong(Hong Kong), 2016.

[120]傅广生:《英国旅游文化史》,南京大学出版社 2019 年版。

[121]许建萍等:《英国泰晤士河污染治理的百年历程简论》,《赤峰学院学报(汉文哲学社会科学版)》2013 年第 34 期。

[122]郑成美、毛利霞:《1858 年泰晤士河"大恶臭"及其治理探析》,《鄱阳湖学刊》2019 年第 2 期。

[123]孙炼、李春晖:《世界主要国家水资源管理体制及对我国的启示》,《国土资源情报》2014 年第 9 期。

[124]刘敏:《泰晤士河也曾臭名昭著》,《现代青年(细节版)》2009 年第 3 期。

[125]史虹:《泰晤士河流域与太湖流域水污染治理比较分析》,《水资源保护》2009 年第 25 期。

［126］贾秀飞、叶鸿蔚:《泰晤士河与秦淮河水环境治理经验探析》,《环境保护科学》2015 年第 4 期。

［127］刘丽等:《英国自然资源综合统一管理中的水资源管理》,《国土资源情报》2016 年第 3 期。

［128］张帅:《美国田纳西河流域开发的启示》,《四川水利》2001 年第 2 期。

［129］钱满素、张瑞华:《美国通史》,社会科学院出版社 2004 年版,第 602 页。

［130］中国水利百科全书编委会:《中国水利百科全书》,中国水利水电出版社 2006 年版,第 1368—1369 页。

［131］高祥峪:《浅议罗斯福时期美国田纳西河流域管理局的环境治理》,《中共山西省委党校学报》2009 年第 32 期。

［132］王文君:《试析成立初期的 TVA(1933—1939)对流域经济的影响》,《内江科技》2010 年第 31 期。

［133］刘旭辉:《美国田纳西河流域开发和管理的成功经验》,《老区建设》2010 年第 1 期。

［134］Crabb P.,Murray-Darling Basin Resources,Murray-Dar—ling Basin Commission,Canberra.Australia,1997:17.

［135］高小芳、刘建林:《国内外流域管理对渭河流域管理的启迪》,《水利科技与经济》2009 年第 15 期。

［136］李涛:《流域水资源治理机制研究》,重庆大学硕士论文,2006 年。

［137］Murray-Darling Basin Commission,The Murray-Darling Basin Agreement,http://www.mdba.gov.au/about/governance/agreement.htm/2004-12-07.

［138］周永军:《我国跨界流域水权冲突与协调研究》,天津财经大学博士论文,2017 年。

［139］夏军等:《海河流域与墨累—达令流域管理比较研究》,《资源科学》2009 年第 31 期。

［140］胡德胜等:《国际水法对长江流域立法的启示和意义》,《自然资源学报》2020 年第 35 期。

［141］高晓龙:《水污染治理的国外借鉴》,《中国生态文明》2014 年第 2 期。

［142］沈晓悦等:《欧洲流域综合管理经验对长江大保护的借鉴和启示》,《环境与可持续发展》2020 年第 45 期。

［143］王思凯等:《莱茵河流域综合管理和生态修复模式及其启示》,《长江流域资源与环境》2018 年第 27 期。

[144]黄燕芬等:《协同治理视域下黄河流域生态保护和高质量发展——欧洲莱茵河流域治理的经验和启示》,《中州学刊》2020年第2期。

[145]胡德胜等:《国际水法对长江流域立法的启示和意义》,《自然资源学报》2020年第35期。

[146]陈维肖等:《大河流域岸线生态保护与治理国际经验借鉴——以莱茵河为例》,《长江流域资源与环境》2019年第28期。

[147]沈桂花:莱茵河水资源国际合作治理困境与突破,《水资源保护》2019年第6期。

[148] CPR. List of Rhine substance]. Technical report no. 215, Koblenz, ISBN 3-941994-63-8.2014.

[149]马明路、王国波:《莱茵河航行安全管理体制机制探索》,《中国海事》2019年第4期。

[150]胡惠良、谈俊益:《江苏太湖流域水环境综合治理回顾与思考》,《中国工程咨询》2019年第3期。

[151]郭玉华:《太湖流域跨界水生态现状及演化的原因分析》,《生态经济》2009年第2期。

[152]中华人民共和国生态环境部:《2020中国生态环境状况公报》,见 https://www.mee.gov.cn/hjzl/sthjzk/zghjzkgb/202105/P020210526572756184785.pdf。

[153]朱威等:《太湖流域水环境综合治理及其启示》,《水资源保护》2016年第32期。

[154]朱喜群:《生态治理的多元协同:太湖流域个案》,《改革》2017年第2期。

[155]朱玫:《太湖流域治理十年回顾与展望》,《环境保护》2017年第4期。

[156]中共中央办公厅、国务院办公厅:《关于全面推行河长制的意见》,2018年2月26日,见 http://www.gov.cn/xinwen/2016-12/11/content_5146628.htm。

[157]申琳:《江苏探索多元化河道管护(全面推行河长制)》,《人民日报》2016年12月14日。

[158]王书明、蔡萌萌:《基于新制度经济学视角的"河长制"评析》,《中国人口·资源与环境》2011年第21期。

[159]沈满洪:《河长制的制度经济学分析》,《中国人口·资源与环境》2018年第1期。

[160]李胜:《基于制度分析的跨行政区流域水污染治理绩效优化研究》,《水土保持通报》2015年第35期。

［161］宋以：《"河长制"政策执行损耗的博弈分析》，《宜宾学院学报》2018年第18期。

［162］任敏：《"河长制"：一个中国政府流域治理跨部门协同的样本研究》，《北京行政学院学报》2015年第3期。

［163］熊烨：《跨区域环境治理：一个"纵向—横向"机制的分析框架——以"河长制"为分析样本》，《北京社会科学》2017年第5期。

［164］李波、于水：《达标压力型体制：地方水环境河长制治理的运作逻辑研究》，《宁夏社会科学》2018年第2期。

［165］武从斌：《减少部门条块分割，形成协助制度——试论我国环境管理体制的改善》，《行政与法》2003年第4期。

［166］周志忍、蒋敏娟：《中国政府跨部门协同机制探析——一个叙事与诊断框架》，《公共行政评论》2013年第6期。

［167］姚引良等：《网络治理理论在地方政府公共管理实践中的运用及其对行政体制改革的启示》，《人文杂志》2010年第1期。

［168］陈剩勇、于兰兰：《网络治理：一种新的公共治理模式》，《政治学研究》2012年第2期。

［169］范从林：《流域涉水网络中的中心角色治理研究》，《科技管理研究》2013年第33期。

［170］易志斌：《跨区域水污染的网络治理模式研究》，《生态经济》2012年第12期。

［171］张克中：《公共治理之道：埃莉诺·奥斯特罗姆理论述评》，《政治学研究》2009年第6期。

［172］李姚姚：《治理场域：一个社会治理分析的中观视角》，《社会主义研究》2017年第6期。

［173］Weiss, *Pathways to Cooperation among Public Agencies*, Policy Analysis and Management, 1987(49)：94−117.

［174］韩艺：《省直管县改革中的市县合作关系——一个组织间关系的"力场"分析框架》，《北京社会科学》2017年第7期。

［175］杨雪冬：《压力型体制：一个概念的简明史》，《社会科学》2012年第11期。

［176］詹国辉：《跨区域水环境、河长制与整体性治理》，《学习与实践》2018年第3期。

［177］陈磊：《建立生态环境违法举报奖励制度斩断污染环境黑手》，《法治日报》

2021 年 6 月 18 日。

[178]冉冉:《中国地方环境政治:政策与执行之间的距离》,中央编译出版社 2015 年版,第 85—86 页。

[179]陈晓红等:《我国生态环境监管体系的制度变迁逻辑与启示》,《管理世界》 2020 年第 36 期。

[180]张凌云等:《从量考到质考:政府环保考核转型分析》,《中国人口·资源与 环境》2018 年第 10 期。

[181]中华人民共和国政府网:《中央环保督察实现全覆盖问责人数超 1.8 万》, 2017 年 12 月 28 日,见 http://www.gov.cn/hudong/2017-12/28/content_5251261.htm。

[182]赵新峰、袁宗威:《京津冀区域政府间大气污染治理政策协调问题研究》, 《中国行政管理》2014 年第 11 期。

[183]韩博天、奥利佛·麦尔敦、石磊:《规划:中国政策过程的核心机制》,《开放 时代》2013 年第 6 期。

[184]国务院:《国务院关于印发大气污染防治行动计划的通知》,2013 年 9 月 10 日,见 https://www.gov.cn/gongbao/content/2013/content_2496394.htm。

[185]周宏春:《APEC 蓝及其对我国大气污染治理的启示》,《中国经济时报》2015 年 3 月 16 日。

[186]范永茂、殷玉敏:《跨界环境问题的合作治理模式选择——理论讨论和三个 案例》,《公共管理学报》2016 年第 13 期。

[187]谢佳沥:《协作小组为何调整为领导小组?》,《中国环境报》2018 年 7 月 13 日。

[188]朱光喜:《政策协同:功能、类型与途径——基于文献的分析》,《广东行政学 院学报》2015 年第 27 期。

[189]吴晓雪:《京津冀生态环境共享共建》,《山西农经》2017 年第 2 期。

[190]董阳、常征:《区域经济发展与资源保护协调机制研究》,《中国行政管理》 2013 年第 4 期。

[191]樊鸿禄等:《建立中俄生态环境安全国际合作共建机制的研究》,《中国林业 经济》2014 年第 4 期。

[192]李明达:《论京津冀生态环境的共建共享》,《燕山大学学报(哲学社会科学 版)》2014 年第 15 期。

[193]刘伟:《经济新常态与供给侧结构性改革》,《管理世界》2016 年第 7 期。

[194]卢丽文等:《长江经济带城市发展绿色效率研究》,《中国人口·资源与环

境》2016 年第 6 期。

　　［195］张丙宣：《支持型社会组织：社会协同与地方治理》，《浙江社会科学》2012 年第 10 期。

　　［196］苏振富：《加快生态文明制度建设强化生态伦理道德教育》，《中国高等教育》2014 年第 2 期。

　　［197］谈佳洁、刘士林：《长江经济带三大城市群经济产业比较研究》，《山东大学学报（哲学社会科学版）》2018 年第 1 期。

　　［198］叶堂林：《生态环境共建共享的国际经验》，《人民论坛》2015 年第 6 期。

　　［199］罗志高、杨继瑞：《流域生态环境生态与经济"共建—共治—共享"的协调发展国际经验及其镜鉴》，《重庆理工大学学报（社会科学）》2019 年第 33 期。

　　［200］姚晓丽：《河长制推行中法律问题探讨》，《四川环境》2019 年第 38 期。

　　［201］曹新富、周建国：《河长制促进流域良治：何以可能与何以可为》，《江海学刊》2019 年第 6 期。

　　［202］史玉成：《流域水环境治理"河长制"模式的规范建构——基于法律和政治系统的双重视角》，《现代法学》2018 年第 40 期。

　　［203］王铮等：《关于"区域管理"的再讨论》，《经济地理》2019 年第 39 期。

　　［204］王文斌：《推进政府和社会资本合作模式的思路与对策研究》，《中外企业家》2020 年第 16 期。

　　［205］夏锦文：《"共建共治"共享的社会治理格局：理论构建与实践探索》，《江苏社会科学》2018 年第 3 期。

　　［206］吴志平：《执行新水法创建新型流域管理体制》，《中国水利》2003 年第 10 期。

　　［207］曾庆庆：《基于流域统一管理的地方政府合作研究》，硕士学位论文，上海交通大学环境与资源保护法学系，2012 年。

　　［208］吕凯：《外部因素对企业环保行为的影响及评价研究》，天津大学博士学位论文，管理科学与工程系，2010 年。

　　［209］郭海晏：《基于合作对策的投资分摊问题分析》，《新西部（理论版）》2015 年第 2 期。

　　［210］章熙春、殷越：《我国安全生产监管体制的演变与走向——基于制度变迁理论视角的考察》，《华南理工大学学报（社会科学版）》2018 年第 20 期。

　　［211］尹珊珊：《区域大气污染地方政府联合防治的激励性法律规制》，《环境保护》2020 年第 48 期。

[212]李捷:《习近平新时代中国特色社会主义思想对毛泽东思想的坚持、发展和创新》,《湘潭大学学报(哲学社会科学版)》2019年第43期。

[213]王娜娜等:《基于环境保护正外部性视角的我国生态补偿研究进展》,《生态学杂志》2015年第34期。

[214]胡熠:《我国流域区际生态利益协调机制创新的目标模式》,《中国行政管理》2013年第6期。

[215]石佑启、陈可翔:《粤港澳大湾区治理创新的法治进路》,《中国社会科学》2019年第11期。

[216]杨树旺、孟楠:《资源开发利益共享模式研究及启示》,《开发研究》2017年第1期。

[217]张长虹:《马克思主义中国化视域下的为政之德研究》,《南开学报(哲学社会科学版)》2017年第6期。

[218]王前进等:《生态补偿的经济学理论基础及中国的实践》,《林业经济》2019年第41期。

[219]黄锡生、何江:《中国能源革命的法律表达:以〈电力法〉修改为视角》,《中国人口·资源与环境》2019年第29期。

[220]李海舰、李燕:《对经济新形态的认识:微观经济的视角》,《中国工业经济》2020年第12期。

[221]余敏江:《智慧环境治理:一个理论分析框架》,《经济社会体制比较》2020年第3期。